高等学校城市地下空间工程专业规划教材

基坑与边坡工程

周 勇 郝 哲 李永靖 主 编

人民交通出版社股份有限公司
China Communications Press Co.,Ltd.

内 容 提 要

本书是"高等学校城市地下空间工程专业规划教材"系列教材之一,结合新规范、规程,系统地从基本概念、基本理论和一般设计方法介绍了常见的基坑与边坡工程相关成果,旨在培养城市地下空间开发利用的设计、研究、开发利用、施工等领域的技术和管理人才。

全书共八章,内容包括:绪论、土钉墙支护技术、排桩与地下连续墙支护技术、内支撑支护技术、框架预应力锚杆支护技术、基坑降水、基坑和边坡工程监测、边坡支护设计与施工。

本书适用于城市地下空间工程专业的本科生,也可供城市地下商业与工业空间、基础工程、地下铁道、地下隧道与管廊、地下储库等工程的设计、研究、施工、管理、开发等部门相关专业工程技术人员参考。

图书在版编目(CIP)数据

基坑与边坡工程 / 周勇,郝哲,李永靖主编. — 北京:人民交通出版社股份有限公司,2017.9

高等学校城市地下空间工程专业规划教材

ISBN 978-7-114-14130-0

Ⅰ.①基… Ⅱ.①周… ②郝… ③李… Ⅲ.①市政工程—地下工程—基坑工程—高等学校—教材②市政工程—地下工程—边坡—高等学校—教材 Ⅳ.①TU94

中国版本图书馆 CIP 数据核字(2017)第 213542 号

高等学校城市地下空间工程专业规划教材

书　　名:	基坑与边坡工程
著 作 者:	周　勇　郝　哲　李永靖
责任编辑:	张征宇　赵瑞琴
出版发行:	人民交通出版社股份有限公司
地　　址:	(100011)北京市朝阳区安定门外外馆斜街 3 号
网　　址:	http://www.ccpress.com.cn
销售电话:	(010)59757973
总 经 销:	人民交通出版社股份有限公司发行部
经　　销:	各地新华书店
印　　刷:	北京市密东印刷有限公司
开　　本:	787×1092　1/16
印　　张:	16.25
字　　数:	394 千
版　　次:	2017 年 9 月　第 1 版
印　　次:	2023 年 1 月　第 3 次印刷
书　　号:	ISBN 978-7-114-14130-0
定　　价:	38.00 元

(有印刷、装订质量问题的图书由本公司负责调换)

高等学校城市地下空间工程专业规划教材

编 委 会

序　言

近年来,我国城市建设以前所未有的速度加快发展,规模不断扩大,人口急剧膨胀,不同程度地出现了建设用地紧张、生存空间拥挤、交通阻塞、基础设施落后等问题,城市可持续发展问题突出。开发利用城市地下空间,不但能为市民提供创业、居住环境,同时也能提供公共服务设施,可极大地缓解城市交通、购物等困难。

为适应城市地下空间工程的发展,2012年9月,教育部颁布的《普通高等学校本科专业目录》(以下简称专业目录)中,将城市地下空间工程专业列为特设专业。目前国内已有数十所高校设置了城市地下空间工程专业并招生,而在这个前所未有的发展时期,城市地下空间工程专业系列教材的建设明显滞后,一些已出版的教材与学生实际需求存在较大差距,部分教材未能反映最新的规范或标准,也没有形成体系。为满足高校和社会对于城市地下空间工程专业教材的多层次要求,人民交通出版社股份有限公司组织了全国十余所高等学校编写"高等学校城市地下空间工程专业规划教材",并于2013年4月召开了第一次编写工作会议,确定了教材编写的总体思路,于2014年4月召开了第二次编写工作会议,全面审定了各门教材的编写大纲。在编者和出版社的共同努力下,目前这套规划教材陆续出版。

这套教材包括《地下工程概论》《地铁与轻轨工程》《岩体力学》《地下结构设计》《基坑与边坡工程》《岩土工程勘察》《隧道工程》《地下工程施工》《地下工程监测与检测技术》《地下空间规划设计》《地下工程概预算》和《轨道交通线路与轨道工程》12门课程,涵盖了城市地下空间工程专业的主要专业核心课程。该套教材的编写原则是"厚基础、重能力、求创新,以培养应用型人才为主",体现出"重应用"及"加强创新能力和工程素质培养"的特色,充分考虑知识体系的完整性、准确性、正确性和适用性,强调结合新规范、增大例题、图解等内容的比例,做到通俗易懂,图文并茂。

为方便教师的教学和学生的自学,本套教材配有多媒体教学课件,课件中除教学内容外,还有施工现场录像、图片、动画等内容,以增加学生的感性认识。

反映城市地下空间工程领域的最新研究成果、最新的标准或规范,体现教材的系统性、完整性和应用性,是本套教材力求达到的目标。在各高校及所有编审人员的共同努力下,城市地下空间工程专业系列规划教材的出版,必将为我国高等学校城市地下工程专业建设起到重要的促进作用。

高等学校城市地下空间工程专业规划教材编审委员会

人民交通出版社股份有限公司

前　言

在城市地下商业与工业空间、基础工程、地下铁道、地下隧道与管廊、地下储库等项目建设时均面临深基坑开挖工程，在山区修建铁路与公路时也会遇到大量边坡开挖与回填问题，为防止滑坡或可能诱发的滑坡灾害，必然要用结构对基坑与边坡工程进行支挡。近年来，随着我国土木工程建设的快速发展，基坑与边坡工程也取得了长足进步，原有基坑与边坡工程建设理念已经不能完全适应当前社会发展的需求，迫切需要在传统设计、施工和监测技术的基础上，融入最新规范要求，将一些新型支挡结构、设计方法和设计理念进行梳理，以促进基坑与边坡工程又好又快发展。

作为应用型的专业基础课，为适应土木工程专业的教学需要，本书参照土木工程专业教学指导委员会的教学大纲，并结合我国现行的各种最新规范编写而成，除系统介绍基坑与边坡工程的基本概念、体系和基本设计计算理论外，还介绍了常见支挡结构在基坑与边坡工程中的工程实例，同时每章后均附有复习思考题。本课程具有涉及面广、实践性强、发展迅速的特点。在编写过程中，主要结合本科教学及工程实际需要，力求理论清晰，框架合理，不少内容均来源于编者系统的理论研究和丰富的工程实践。

在选择内容时，兼顾了基础知识与专业知识的结合，做到专业方向知识的全面性和系统性。本课程应在学习《材料力学》《土力学》《水力学》《工程结构荷载与可靠度设计原理》之后开设。学习本课程前应具备微分方程和一般结构的受力、变形强度等基本知识及基本计算技能，能正确使用国际单位制。本课程的后续课程是《地下结构设计》《地下工程施工技术》《隧道工程》《路基路面》《桥梁工程》等。

全书共分为八章，周勇、郝哲、李永靖担任主编。5所高校老师为主共同完成，编写分工如下：

第一章、第三章由郝哲(沈阳大学)完成，第二章由李永靖(辽宁工程技术大学)完成，第四章、第五章、第八章由周勇(兰州理工大学)完成，第六章由刘熙媛(河北工业大学)完成，第七章由乔京生(唐山学院)完成，全书由周勇统稿。

本书在编写过程中，得到了国内很多兄弟院校的支持和编者研究生的帮助，在此表示诚挚的谢意。

由于基坑与边坡工程发展迅速，加之编者水平所限，不足之处在所难免，敬请读者批评指正。

编　者

2017 年 6 月

目　　录

第一章 绪 论

第一节 概 述

一、基坑工程的基本概念、历史发展及展望

1.基本概念

基坑:为进行建(构)筑物地下部分的施工由地面向下开挖出的空间。

基坑工程:为保证基坑的开挖、主体地下结构的施工和周围环境的安全,而采取的土方开挖、支护和降水工程。

深基坑工程:一般指开挖深度超过5m(含5m)的基坑土方开挖、支护、降水工程;或开挖深度虽未超过5m,但地质条件、周围环境和地下管线复杂,影响毗邻建(构)筑物安全的基坑土方开挖、支护、降水工程。

基坑支护:为保证地下结构施工及基坑周边环境的安全,对基坑侧壁及周边环境采用的支挡、加固与保护的措施。支护结构一般包括具有挡土、止水功能的围护结构和维持围护结构平衡的支、锚体系两部分。

基坑工程施工如图1-1、图1-2所示。

图1-1 央视CCTV基坑工程(排桩+土钉墙)

图1-2 国家大剧院基坑工程(排桩+地下连续墙)

2.基坑的类型

基坑的类型主要包括以下几种:

1)高层、超高层建筑基坑

我国已建和在建高层、超高层建筑的基坑深度,已由6~8m发展到20m以上,如:福州新世纪大厦基坑达24m,天津津塔挖深23.5m,苏州东方之门最大挖深22m。基坑的平面尺寸也

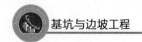

越来越大,如上海仲盛广场基坑开挖面积为 5 万 m^2,天津市 117 大厦基坑面积为 9.6 万 m^2,上海虹桥综合交通枢纽工程开挖面积达 35 万 m^2 等。

2)地铁站基坑

北京、上海、广州、天津、青岛、南京、沈阳等均有地铁在建,这些地铁沿线地下车站百余座多采用明挖法施工,如:广州地铁 2 号线海珠广场站基坑最大深度达 26.4m,上海地铁 4 号线董家渡修复基坑则深达 41m。上海徐家汇地铁车站为亚洲最大地铁车站,开挖宽 23m、长 660m。

3)市政工程地下设施基坑

近几年来各地兴建了许多大型市政地下设施,例如:上海人民广场地下车库和商场,建筑面积 5 万 m^2;上海合流污水治理工程彭约浦泵站是目前世界最大的污水治理泵站,基坑深达 26.45m;哈尔滨奋斗路地下街长 300m、宽 16m;屹立在黄浦江畔的亚洲第一电视塔"东方明珠",基坑深 12.5m,基底面积约为 2700m^2;石家庄站前地下商场建筑面积 4 万 m^2;北京王府井大型三层地下商业街长 780m、宽 40m,与地铁 4 个车站及东安商场、东方广场的地下室分别相通。

4)工业基坑

我国目前已有不少规模较大的工业深基坑,例如:宝钢热扎厂铁皮坑深 32m,上海世博500kV 地下变电站挖深 34m,浦东耀华皮尔金顿浮法玻璃溶窖坑,亚洲最高烟囱北仑港电厂240m 的高烟囱深基坑。

这些深、大基坑通常都位于密集城市中心,常常紧邻建筑物、交通干道、地铁隧道及地下管线等,施工场地紧张、施工条件复杂、工期紧迫。这导致深基坑工程的设计和施工难度越来越大,重大恶性基坑事故不断发生,工程建设的安全生产形势越来越严峻。

3. 基坑工程的内容和特点

1)基坑工程的内容

基坑工程的内容包括基坑工程勘察;支护结构的设计和施工;基坑土方工程的开挖和运输;地下水位控制;基坑土方开挖过程中的工程监测和环境保护等。基坑工程涉及土力学、基础工程、结构力学、工程结构、施工技术、监测技术等多学科领域,其理论性和实践性都很强。

基坑开挖工艺有两种:放坡开挖(无支护开挖)和在支护体系保护下开挖(有支护开挖)。前者简单且经济,在空旷地区或周围环境允许时能保证边坡稳定的条件下应优先选用。但事实上,在城市中心地带、建筑物稠密地区、很难具备放坡开挖的条件。因为放坡开挖需要基坑平面以外有足够的空间供放坡之用,如在此空间内存在临近建(构)筑物基础、地下管线、运输道路等,都不允许放坡,此时就只能采用在支护结构保护下进行垂直开挖的方法。采用支护结构开挖基坑,基坑工程的费用要提高,一般工期亦要延长。但在一定条件下又是必需的,因此对支护结构应进行精心的设计和施工。

对地下水位较高的软土地区,支护结构一般都要求降水或挡水。在开挖基坑土方过程中坑外的地下水在支护结构阻挡下,一般不会进入坑内。但基坑土方本身有较高的含水率,在软土地区往往呈饱和状态,该类地区的深基坑工程在坑内一般都采取帷幕止水措施,以便基坑土方开挖和有利于保护环境。

2）基坑工程的特点

基坑工程是当前岩土工程领域十分关注的工程热点和难点,给岩土工程施工提出了许多技术难题。基坑工程一般具有下述特点:

(1)基坑支护体系是临时结构,安全储备较小,具有较大的风险性

一般情况下,基坑支护是临时措施,地下室主体施工完成时支护体系即完成任务。与永久性结构相比,临时结构的安全储备要求可低一些。基坑支护体系安全储备较小,因此具有较大的风险性。基坑工程施工过程中应进行监测,并应有应急措施。在施工过程中一旦造成安全事故,容易发生群死群伤。

(2)基坑工程的区域性及土压力特点

岩土工程区域性强,岩土工程中的基坑工程区域性更强。同一城市不同区域也有差异。基坑工程的土方开挖,特别是支护体系设计与施工要因地制宜,根据本地情况进行,外地的经验可以借鉴,但不能简单搬用。

基坑支护在考虑地下水对土压力的影响时,是采用水土压力分算,还是水土压力合算较符合实际情况,在学术界和工程界认识还不一致,各地对此制定的技术规范也有差异。结构承受的土压力一般介于主动土压力和静止土压力之间或介于被动土压力和静止土压力之间。目前土压力理论还很不完善,在考虑地下水对土压力的影响时,是采用水土压力分算,还是水土压力合算较符合实际情况,还未取得共识。各地对此制定的技术规范也有差异。

(3)基坑工程具有明显的环境效应

基坑工程的安全可靠性不仅影响基坑工程本身,而且往往会影响周边环境。基坑开挖势必引起周围地基中地下水位的变化和应力场的改变,导致周围地基土体的变形,与基坑相邻建筑物、构筑物及市政地下管线的位置等变化。有时,保护相邻建(构)筑物和市政设施的安全是基坑工程设计与施工的关键。

(4)基坑工程是综合性很强的系统工程

基坑工程涉及土力学中稳定、变形和渗流三个基本问题,三者融合在一起,需要综合处理。土方开挖的施工组织是否合理将对基坑支护能否成功可能会产生重要影响。不合理的土方开挖方式、步骤和速度可能导致支护结构过大的变形,甚至引起支护体系失稳。在施工过程中应加强监测,力求实行信息化施工。

(5)基坑工程具有较强的时空效应

土体是蠕变体,特别是软黏土具有较强的蠕变性,蠕变能使作用在支护结构上的土压力随时间增大,使土体强度降低,土坡稳定性变小,可见基坑工程具有很强的时间效应。同时,基坑的深度和平面形状对支护体系的稳定性和变形亦有较大影响,在基坑支护体系设计中要注意基坑工程的空间效应。

(6)基坑支护的非唯一性

基坑支护实施途径的非唯一性主要表现在:①支护方案的非唯一性:目前我国工程实践中应用的基坑支护形式不少于数十种,如果从构成基坑支护方案的各子项的组合来看,支护方案多达160多种,采用何种支护方案直接影响支护工程的成败和投资的效益。②设计理论的非唯一性:从设计准则上看,有强度和稳定性设计准则、变形控制设计方法和极限分析理论;从设计方法上看,有常规设计方法、弹性地基梁法和有限元法等。不同

的设计理论和方法有不同的适用条件,相应设计结果也可能相差悬殊,特别是基坑支护工程实践往往超越其设计理论的发展,从而导致实施过程中一些设计理论的失败。③支护结构参数的非唯一性:同一支护方案,由于设计参数的选用不同,既可能失败也可能成功,或偏于保守造成浪费。

由于基坑工程的不确定性和非唯一性,在基坑工程设计中应采用优化设计。深入讨论基坑支护设计方法,对更好地设计基坑支护结构,减少基坑工程事故的发生有着重要的意义。

4. 基坑工程的历史发展

基坑工程是基础工程和地下工程中一个古老的传统课题。最早的放坡开挖和简易木桩围护可以追溯到远古时代,人类的土木工程活动促进了基坑工程的发展。1943 年,Terzaghi 和 Peck 提出了预估挖方稳定程度和支撑荷载大小的总应力法;1956 年,Bjerrun 和 Eide 给出了分析深基坑底板隆起的方法;20 世纪 60 年代开始,在奥斯陆和墨西哥城软黏土深基坑中使用了仪器进行监测。随着大量高层、超高层建筑以及地下工程等的不断涌现,基坑的开挖深度和面积逐渐加大,基坑围护与开挖技术的复杂程度也在不断提高,促使工程技术人员以新的眼光去审视基坑工程这一古老课题,使许多新理论和新技术得以出现和成熟。

深基坑工程在我国起步较晚,20 世纪 70 年代以前的基坑深度较小,国内只有少数开挖深度达 10m 以上的基坑工程;进入 80 年来以来,随着北京、深圳、上海、广州、天津等城市的大规模建设,高层、超高层建筑和市政设施及地铁的建设,基坑开挖深度不断地增大,复杂程度也不断提高,并积累了很多的设计和施工经验。进入 90 年代,许多地区已经开始编制深基坑支护设计与施工的有关技术规范和法规。近 20 年来,我国万幢高楼拔地而起(10 层以上的建筑物已逾 1 亿 m²),其中高度逾百米者已有 200 多座。上海金茂大厦高 420m,深圳地王大厦高 325m,广州中天大厦高 322m,广州国际金融中心高 442m,上海环球金融中心建筑高度 492m,上海中心大厦总高 632m,它们已跻身于世界百座超级巨厦之列;一些大城市,如北京、上海、广州、武汉、重庆、沈阳地铁工程相继全面展开;各大中城市大型市政地下设施也屡见不鲜。因此,深基坑工程的深度随之迅速增加,目前深度超过 20m 基坑已为数不少,一些工业基坑深度甚至超过 30m。

当前,深基坑工程出现的问题越来越多,深基坑的设计与施工不仅引起了业内和职能部门的高度重视,也引起了社会各界的广泛重视。随着土工试验技术的进步以及先进监测技术的应用与计算机技术的普及,设计方法不断革新,施工工艺也日益完善,但深基坑工程出现的问题也越来越复杂,迫切要求深基坑工程的理论研究与施工方法进一步革新。

5. 基坑工程的发展展望

1)基坑工程规模向更大、更深方向发展

基坑工程的发展反映在基坑工程本身的规模、支护体系设计理论的发展、施工技术和监测技术的进步等方面。深基坑工程中的"深"已经在规模上反映了基坑工程的发展方向。随着高层和超高层建筑的发展和人们对地下空间的开发和利用日益增多,深基坑工程不仅数量会增多,而且会向更大、更深方向发展。

2)土压力的空间和时间效应将得到进一步的重视

深基坑设计理论的发展关键是如何正确计算作用在支护结构上的土压力。常规设计中土压力一般取静止土压力或极限状态下的主动土压力和被动土压力,而作用在支护结构上的实际土压力一般介于它们之间。实际土压力是与支护结构位移、支护结构空间形状有关,而且还与土体扰动、固结、蠕变有关。人们将重视发展考虑空间效应和时间效应的土压力理论。另外,在支护结构设计中人们将更加重视考虑土与结构相互作用,以及土与结构变形的正确估算。

3)基坑支护结构选型将更加合理

基坑开挖及基础工程的费用,在整个工程成本中占有很大的比例。合理选择支护形式,采用相应的施工工艺,协调好安全、经济、可行三者之间的关系,是岩土工程界进行深基坑支护设计的关键。深基坑地基土的类别、地下水位的高低,以及周边环境等,都是深基坑支护结构选型时需要考虑的十分重要的因素。如果支护结构形式选择合理,就可以做到整个基坑以及整个建筑物的安全可靠,还可以带来可观的经济与社会效益;如果支护结构形式选择不合理,不但会危及基坑及整个建筑物的安全,还会影响周边环境。所以,基坑工程发展的一个必然趋势就是如何使支护结构选型更加合理。

4)新技术的推广应用

(1)人工冻结围护深基坑技术。通过在拟开挖场地周围土体中插入冻结管,以冻结土体形成具有一定结构强度墙体作为基坑施工的围护结构。该技术具有土体强度提高幅度大、防渗性好、适应性强、环境影响小等优点。目前,国内许多常规支护方法的基坑都不同程度地出现过基坑倒塌失稳事故,造成了巨大经济损失。而人工冻结施工的冻结墙体兼具有结构强度和防渗性双重作用,特别是对于挖深超过10m的深基坑,其造价显著低于常规方法,而且效果很好。此方法在国外广泛使用,目前国内采用还很少,应该大力推广,以促进我国基坑工程技术的发展。

(2)SMW工法。于20世纪70年代在日本问世的SMW(Soil Mixing Wall)工法,又称劲性水泥土搅拌桩,是把水泥土的止水性能和芯材(一般为H型钢,也可为混凝土等其他劲性材料)的高强度特性有效地组合而成的一种抗渗性好、刚度高、经济的围护结构。如何考虑桩体组合结构的复合刚度,在确保工程安全性基础上最大限度地利用SMW刚度是工程设计中的一个难点。

5)基坑工程对周围环境的影响更受重视

大量深基坑工程集中在市区,施工场地狭小,施工条件复杂,如何减小基坑开挖对周围建(构)筑物、道路和各种市政设施的影响,发展控制基坑开挖扰动环境的理论和方法将引起人们进一步的关心和重视。人们将更加重视深基坑工程对周围环境的影响研究,包括基坑开挖前周围建筑及市政设施的初始应力场、位移状态的调查评价,基坑开挖对它们引起的附加应力的计算,以及它们抵抗破坏的能力与受害等级的划分等。

6)信息化施工进一步推广

鉴于深基坑工程事故的增多,以及由此造成的严重的损失,所以在今后应该大力普及信息化施工。实现信息化施工,可以通过计算机对基坑施工过程中的变形进行监测,提供支护体系及环境的受力状态以及变形数据,并可以及时反馈数据。通过分析数据,适时地进行加固,实现毫米级的变形控制,可以保证基坑工程的稳定安全,发挥它的真正作用。

二、边坡工程基本概念、稳定分析及发展展望

1.基本概念

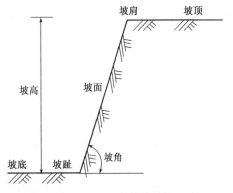

图1-3 边坡构成要素

边坡：一般指天然边坡（自然斜坡、河流水岸坡、台塬塬边、崩滑流堆积体）以及人工边坡（交通道路、露天采矿、建筑场地与基础工程等所形成）等坡体形态的总称；也可以广义定义为地球表面具有倾向临空的地质体，主要由坡顶、坡面、坡脚及下部一定范围内的坡体组成。

边坡横断面外形和各部位名称如图1-3所示。

边坡工程：为满足工程需要而对自然边坡和人工边坡进行改造，称为边坡工程。

图1-4～图1-7为不同行业的边坡工程。

图1-4 水利边坡

图1-5 公路边坡

图1-6 露天矿边坡

图1-7 建筑边坡

高边坡工程：不同行业高边坡的界定标准是不同的。对于建筑边坡，根据《建筑边坡工程技术规范》（GB 50330—2013）的规定：对于土质边坡高度大于20m、小于100m或岩质边坡高度大于30m、小于100m的边坡，其边坡高度因素将对边坡稳定性产生重要作用和影响，其边

坡稳定性分析和防护加固工程设计应进行个别或特别设计计算,被称为高边坡。

2.边坡的形态与分类

在实际工程中,为满足不同工程用途的需要,边坡形态多种多样,如图 1-8 所示,其分类通常有以下几种:

(1)按照边坡的成因,可分为天然边坡和人工边坡。天然边坡是自然形成的山坡和江河湖海的岸坡。

(2)按照构成边坡坡体的岩土性质,可分为黏性土类边坡、碎石类边坡、黄土类边坡和岩石类边坡。

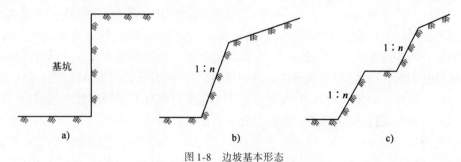

图 1-8 边坡基本形态

a)直立式边坡;b)倾斜式边坡;c)台阶式边坡

(3)按照边坡的稳定性程度,可分为稳定性边坡、基本稳定边坡、欠稳定边坡和不稳定边坡。这种分类方法一般根据边坡的稳定性系数的大小进行划分,但无严格的规定。

(4)按照边坡的高度,可分为高边坡和一般边坡。

(5)根据边坡的断面形式,可分为直立式边坡、倾斜式边坡和台阶式边坡,如图 1-8 所示。根据这三种形式可构成复合形式的边坡,如图 1-9 所示。

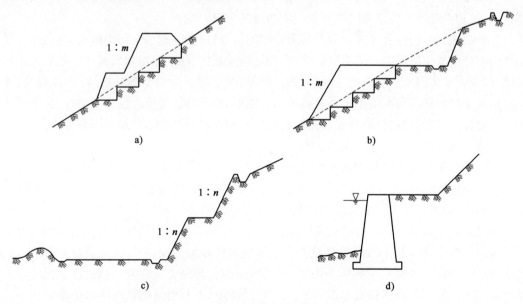

图 1-9 复合形态边坡

（6）根据使用年限，分为临时性边坡和永久性边坡。临时性边坡是指工作年限不超过2年的边坡，基坑边坡就属于临时性边坡；永久性边坡是指工作年限超过2年的边坡。

3. 边坡稳定问题

边坡稳定问题是工程建设中经常遇到的问题，例如水库的岸坡、渠道边坡、隧洞进出口边坡、拱坝坝肩边坡以及公路或铁路的路堑边坡等，都涉及稳定性问题。边坡的失稳，轻则影响工程质量和施工进度；重则造成人员伤亡和国民经济的重大损失。因此，不论土木工程还是水利水电工程，边坡的稳定问题经常成为需要重点考虑的问题。

边坡按组成物质可分为岩质边坡和土质边坡。岩质边坡失稳与土质边坡失稳的主要区别在于土质边坡中可能滑动面的位置并不明显，而岩质边坡中的滑动面则往往较为明确，无须像土质边坡那样通过大量试算才能确定。岩质边坡中结构面的规模、性质及其组合方式在很大程度上决定着岩质边坡失稳时的破坏形式；结构面的产状或性质稍有改变，岩质边坡的稳定性将会受到显著影响。因此，要正确解决岩质边坡稳定性问题，首先需搞清结构面的性质、作用、组合情况以及结构面的发育情况等，在此基础上不仅要对破坏方式做出判断，而且对其破坏机制也必须进行分析，这是保证岩质边坡稳定性分析结果正确性的关键。

边坡是否稳定受多种因素的影响，主要有：①岩土性质的影响，包括岩土的坚硬程度、抗风化能力、抗软化能力、强度、组成、透水性等；②岩层的构造与结构的影响，表现在节理裂隙的发育程度及其分布规律、结构面的胶结情况、软弱面和破碎带的分布与边坡的关系、下伏岩土界面的形态以及坡向坡角等；③水文地质条件的影响，包括地下水的埋藏条件、地下水的流动及动态变化等；④地貌因素，如边坡的高度、坡度和形态等；⑤风化作用的影响，主要体现为风化作用将减弱岩土的强度，改变地下水的动态；⑥气候作用的影响，气候引起岩土风化速度、风化厚度以及岩石风化后的机械、化学变化，同时引起地下水（降水）作用的变化；⑦地震作用除了使岩土体增加下滑力外，还常常引起孔隙水压力的增加和岩土体的强度的降低；⑧人类活动的开挖、填筑和堆载等人为因素同样可能造成边坡的失稳。

一个边坡的失稳往往是多种因素共同作用的结果，这些因素可归结为两大类：一是外界力的作用破坏了岩土体原来的应力平衡状态，如路堑或基坑开挖、路堤填筑或边坡顶面上作用外荷载，以及岩土体内水的渗流力、地震力的作用等，改变原有应力平衡状态，使边坡坍塌；另一是边坡岩土体的抗剪强度由于受外界各种因素的影响而降低，促使边坡失稳破坏，如气候等自然条件使岩土时干时湿、收缩膨胀、冻结融化等，水的渗入、软化效应、地震引起砂土液化等，均将造成强度降低。

边坡在自然与人为因素作用下的破坏形式主要表现为滑坡、滑塌、崩塌和剥落。①滑坡（slides）是斜坡部分岩土体在重力作用下，沿一定的软弱面，缓慢地整体向下移动，具有蠕动变形、滑动破坏和渐趋稳定三个阶段，有时也具有高速急剧移动现象。②滑塌（slip - slumps）是因开挖、填筑、堆载引起斜坡的滑动或塌落，一般较突然，黏性土类边坡有时也会出现一个变形发展过程。③崩塌（fall - slumps）是整个岩土体块脱离母体，突然从较陡的斜坡上崩落、翻转、跳跃、堆落在坡脚，规模巨大的称为山崩，规模较小的称为塌方。④剥落（falls）是斜坡岩土长期遭受风化、侵蚀，在冲刷和重力作用下，岩（土）屑（块）不断沿斜坡滚落堆积在坡脚。

由于地质条件复杂，加之设计施工方法不当，因边坡稳定造成灾害的事故频繁发生，给运营安全留下重大隐患。边坡失稳与破坏的形式很多,这些在表面上看似斜坡岩土体运动的不同表现形式,随时都有可能带来严重的破坏,甚至是灾难。美国布法罗的煤矿废物泥浆挡坝的倒塌造成 125 人死亡;1963 年北意大利的 Vaiont 水库左岸滑坡,使得 25000 万 m³ 的滑体以 28m/s 的速度下滑到水库,形成 250 多米高的涌浪,造成下游 2500 多人丧生。1980 年我国湖北运安盐池河磷矿发生山崩,100 万 m³ 的岩体崩落,摧毁了矿务局和坑道的全部建筑物,造成 280 人死亡。1989 年 7 月 10 日,华蓥市溪口镇因崩塌形成的滑坡、泥石流造成 222 人死亡。1994 年宜宾市兴文县久庆镇,因建设切坡脚,诱发滑坡,导致楼房倒塌,赶集村民一次死亡 48 人,伤 40 人。1995 年 10 月,330 国道青田县茅洋村路段边坡崩塌,途经此地至金华大客车被埋,车内 37 人全部身亡,车辆报废。1998 年美姑县乐约乡特大滑坡,导致 150 余人失踪。1999 年,古蔺县滑坡、泥石流灾害死亡 41 人。2001 年 5 月 1 日重庆市武隆县县城江北西段发生山体滑坡,造成一栋 9 层居民楼房垮塌,死亡 79 人,阻断了 319 国道新干道,几辆停靠和正在通过的汽车也被掩埋在滑体中。世界上每年由于人工边坡或自然边坡失稳造成的经济损失数以亿计,如 1978 年 Schuster 收集的资料显示,在美国仅加利福尼亚州由于边坡失稳造成的损失每年可达 33 亿美元,除此之外,在美国平均每年至少有 25 人死于这种灾害;1984 年英国的 Carsington 大坝滑动,使耗资近 1500 万英镑的主堤几乎完全破坏。在我国,据不完全统计,1998 年以来福建省先后发生的崩塌、滑坡、泥石流、地面塌陷等 21300 多起,涉及 40 多个县(市、区),造成 300 余人死亡,伤 500 余人,毁房 500 余间,经济损失高达 10 多亿元;四川省近 10 年以来,每年地质灾害造成的损失达数亿元,死亡人数在 300 人左右;三峡库区的最新统计表明,1982 年以来库区两岸发生滑坡、崩塌、泥石流 70 多处,规模较大的 40 多处,死亡 400 人,直接经济损失数千万元。云南省的公路边坡灾害调查数据显示,1990—1999 年,云南公路边坡发生大、中型崩塌、滑坡、泥石流 135~144 次,造成 1000 余座桥梁被毁,经济损失达 168 余亿元,并对全省 2220km 公路的运营构成严重威胁。

4. 边坡稳定分析方法

1) 极限平衡法

土力学和岩石力学的成就与发展决定了对岩土边坡研究的完善程度。第二次世界大战前后,边坡稳定分析主要借鉴土力学的理论,采用圆弧法计算边坡稳定性。圆弧法早在 1916 年由瑞典人 Perttson 首先提出,之后由 Fellenius 和 Taylors 等人不断改进,逐渐完善成为现在通称的所谓简单条分法或瑞典圆弧法。它是基于平面应变假定,视滑面为一个圆筒面,分析时通常将滑体分成许多竖条,以条为基础进行力的分析,各条之间的力大小相等,其方向平行于滑面,以整个滑面的稳定力矩与滑动力矩之比作为安全系数。此后,许多学者在土力学及其工程研究中对极限平衡方法做了进一步研究,建立了 Bishop 法(1955 年)、Janbu 法(1957 年)、Morgenstern – Price 法(1965 年)、Spener 法(1967 年)及 Sarma 法(1973)等,各种方法的主要区别是破坏面形状的不同以及划分条块后条间力的处理不同。极限平衡法计算简单、实用性强、能够直接提供坝体稳定性的定量结果,所以应用较广,积累了丰富的工程经验。但极限平衡法是建立在滑体是沿假定的简单滑面滑动,忽略了内部的变形和破坏,同时假定滑面的安全系数为常数,而且必须给出孔隙水压力,没有考虑变形和孔隙压力的耦合作用。因此,极限平衡方法缺乏必要的物理基础,基本上是经验方法,因此只能达到对坝体的稳定性作出粗略的估计。

岩石边坡的研究依赖于岩石力学的发展,早期人们将简单均质弹性、弹塑性理论为基础的半经验半理论边坡分析方法用于岩质边坡的稳定性研究,但其计算结果与工程实际有较大差异。在 20 世纪 60 年代初期,随着大型工程的建设,所形成的边坡规模加大,地质条件也变得极其复杂,特别是 1963 年意大利 Vaiont 水库左岸的滑坡等一系列水电工程事故的发生后,促使人们对岩石力学进行深入的研究,岩石边坡稳定性研究也向前迈进了一大步,人们清楚地认识到在边坡稳定性分析中,必须将地质分析与力学机制分析紧密结合起来,从而形成了 60 年代初期的刚体极限平衡法,以及结构面的力学特性对岩体滑动的影响研究。1967 年人们第一次尝试用有限元研究边坡的稳定性问题,给定量评价边坡的稳定性创造条件,并使其逐步过渡到数值方法,从而使边坡稳定性研究进入模式机制和作用过程研究成为可能,同时以概率论为基础的可靠度方法也被引入边坡稳定性研究中。同一时期,我国在边坡工程稳定性研究方面也取得了丰硕的成果,如岩体结构理论及相应的边坡岩体稳定性分析的岩体工程地质力学方法等。

2)数值分析法

20 世纪 80 年代后,由于计算技术的发展及岩体力学性质研究的进展,各种复杂的数值计算方法广泛地应用于边坡研究。1983 年孙玉科对盐池河山崩变形机制作了平面有限元分析;1989 年陈宗基对抚顺露天矿边坡按照 19°、24°、34°的坡角以及坡角为 19°并有深部开采的不同模式进行有限元分析;1991 年 Jons 对英国威尔士煤田边坡稳定性与采矿沉陷性状的相关性进行了有限元分析,并用模型实验进行验证。1971 年 Cundall 提出了非连续介质的离散元,用于模拟边坡的渐进破坏,1991 年 Toshihisa 运用该方法分析了日本 305 国道的岩石边坡的破坏过程。1986 年 FLAC 的出现,为边坡分析提供了一种极其有效的方法,它不但可以处理大变形问题,而且可以模拟某一软弱面的滑动变形,能真实反映实际材料的动态行为,并可考虑锚杆、挡土墙、抗滑桩等支护结构与围岩的相互作用,被公认为是岩土力学数值模拟行之有效的方法;1988 年 Brady 运用它对矿山倾斜采场的加固方案进行了模拟,1993 年 Billaux 对 6m 高冲填体进行了模拟,1995 年王泳嘉将 FLAC 引入国内,先后在水电、隧洞、边坡中广泛使用。

3)不确定性分析法

传统方法将影响边坡状态的诸因素看作确定性量,然而大量的试验和工程实践证明,影响边坡状态的因素中有许多具有很大的随机性,如边坡岩土的强度参数、外界荷载、边界条件、地下水、岩土体内的各种不连续面等,用确定性方法进行计算评价会带来很大的误差,甚至结果失真。20 世纪 90 年代以来,各种不确定分析方法应运而生,包括:可靠性分析法、模糊评价方法、灰色理论方法、神经网络法、时序分析法等。

可靠性分析方法即概率分析法,认为影响边坡稳定性的诸多因素具有随机性和变异性,是具有一定概率分布的随机变量;通过大量的现场调查,运用数理统计方法求出它们的各自的概率分布及其特征参数;建立边坡稳定性分析的功能函数;求解边坡岩体的失效概率和边坡稳定性的可靠指标。概率分析法可建立在极限平衡法或数值分析法的基础上,进一步给出边坡的稳定性概率或坝体失稳破坏的概率,通过指标参数的灵敏度分析和可靠度计算来评价边坡稳定性。

模糊综合评价方法是将模糊数学理论运用到边坡稳定性分析与评价中,在处理边坡稳定性分析中的模糊性时具有一定的优势。它首先找出边坡稳定性的影响因素,并进行分类,分别赋予一定的权值;用隶属函数代替确定论中非此即彼的特征函数来描述其中具有模糊性的影响因素;然后根据最大隶属度原则判断边坡单元的稳定性。其缺点是各个影响因素的权重选取带有主观判断的性质。

5. 边坡工程发展展望

随着国民经济的发展,大量铁路、公路、水利、矿山、城镇等设施的修建,特别是在丘陵和山区建设中,人类工程活动中开挖和堆填的边坡数量越来越多,高度越来越大。如北京—福州高速公路福建段 200 余公里内高度大于 40m 的边坡达 180 多处;云南省元江—磨黑高速公路 147km 内高度大于 50m 的边坡 160 余处;宝成铁路陕西省宝鸡至四川省绵阳段,通过的地段大部分为深山峡谷区,河道蜿蜒,山坡陡立,自然斜坡一般接近其临界坡度,稳定性较差,据不完全统计,这段铁路的边坡开挖多达 293 处,累计 79.7km,其中接近或超过临界安全坡度的有 123 处,累计长 423km,占边坡开挖长度的 53.0%。通常水利和矿山建设中的边坡高度更高、范围更大。水利建设中黄河上的龙羊峡、李家峡、刘家峡、小浪底电站,长江上的三峡、葛洲坝电站,其他如小湾、漫湾、二滩、五强溪、龙滩、天生桥、溪洛渡、锦屏电站等都存在大量的岩石高边坡,有些边坡高达 500m。矿山工程中露天矿与地下矿的开采都会造成工程边坡。此外,尾矿坝、排土场也会形成许多高边坡,如著名的有抚顺西露天煤矿、平朔露天煤矿等。我国是一个多山的国家,尤其是我国西部地区及东南沿海的福建、广西、广东、海南等地,随着我国西部开发的进展,大量民用与工业建筑不断兴起,数量众多的建筑边坡应运而生,成为我国边坡工程的重要组成部分。例如,著名的山城重庆,仅市中心区建筑边坡就数以万计;香港地区有记录的建筑边坡就有 5 万多个。

边坡的治理费用在工程建设中也是极其昂贵的,根据 1986 年 E. N. Brohead 的统计,用于边坡治理的费用占地质和自然灾害的 25% ~ 50%。如在英国的北 Kent 海岸滑坡处治中,平均每公里混凝土挡墙耗资高达 1500 万英镑;在伦敦南部的一个仅 2500m² 的小型滑坡处理中,勘察滑动面耗资 2 万英镑,而建造上边坡抗滑桩、挡土墙及排水系统花去 15 万英镑,如果包括下边坡,费用将翻倍。在我国,随着大型工程建设的增多,用于边坡处治的费用在不断增大,如三峡库区仅用于一期的边坡处治国家投资高达 40 亿元;特别是在我国西部高速公路建设中,用于边坡处治的费用占总费用 30% ~ 50%,因此对边坡进行合理地设计和有效治理将直接影响国家对基础建设的投资以及安全运营。

第二节 基坑和边坡工程支护常用方法

一、基坑工程支护常用方法

1. 基坑开挖、支护与地下水控制方法

1) 基坑开挖

基坑工程是基坑开挖、支护结构施工以及地下水控制的系统工程,基坑开挖对周边环境的影响,甚至基坑工程的安全都非常重要。同样类型的基坑,采用相同的设计方法和支护结构,由于土方开挖的方法、顺序不同,支护结构的位移和对环境影响的程度存在较大差异。"及时支撑、先撑后挖、分层开挖、严禁超挖",是大量深基坑工程设计与施工的实践经验总结,也是深基坑开挖应遵循的基本原则。在大面积深基坑工程中,基坑开挖过程的时空效应十分明显。土方开挖方式应结合基坑规模、开挖深度、平面形状以及支护设计方案综合确定。

基坑应分层进行土方开挖,分层位置应结合支护体系的特点确定,如多级放坡的分级位置、锚杆、土钉、内支撑或结构梁板的标高位置等,必要时还可在以上分层的基础上进一步细分。对于平面面积较大的基坑工程,土方开挖应分段、分块进行。

土方分块时应考虑主体结构分缝、后浇带位置、现场施工组织等因素,土方分块开挖宜间隔、对称进行,开挖到位的区块应及时进行支撑(锚杆)施工或形成垫层,减少基坑周边支护结构的无支撑暴露长度。

按照分块开挖的顺序不同,深基坑开挖的方式可分为分段(块)退挖、岛式开挖和盆式开挖等,现场应根据支护布置形式确定合理的开挖方式。基坑开挖方式的不同对周边环境的影响也有所不同:岛式开挖更有利于控制基坑开挖过程中的中部土体的隆起变形,盆式开挖则能够利用周边的被动区留土在一定程度上减少支护结构的侧向变形。

土方开挖产生的渣土应及时外运出场至指定地点,不应在基坑开挖过程中在基坑周边设置大面积的填土堆载。确需进行坑外堆载时,应经过复核并对相应的支护体系进行加强后方可实施。土方开挖后,应及时跟进支撑或垫层的施工,控制无支撑暴露时间,以有利于控制支护结构的变形和基坑内部的隆起变形,减少对周边环境的影响。

2)基坑支护

基坑支护结构的传统方法是板桩支撑系统或板桩锚拉系统。经过多年的探索与工程实践,目前我国基坑工程所采用的支护结构形式多样,按受力性能大致可分为五大类,即悬臂式支护结构、重力式支护结构、锚喷(网)支护结构、单(多)支点混合支护结构及拱式支护结构,如图1-10所示。

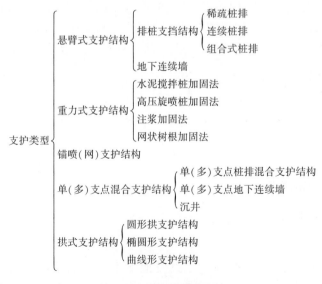

图1-10　基坑支护结构类型

3)基坑地下水控制

地下水控制与基坑工程的安全以及周边环境的保护都密切相关。在地下水位较高的地区,基坑降水(降压)配合排水是为了满足基坑工程安全和方便现场施工的需要,隔水是出于对环境保护的考虑。这些都将直接关系基坑工程的成败,因此地下水控制是基坑工程的设计和施工必须要考虑的重要问题。

地下水控制主要有以下三种处理方式:降水、排水和隔水。其中,降水是深基坑开挖过程中最为常见的地下水处理方式,目的在于降低地下水位、增加边坡稳定性、给基坑开挖创造便利条件;当基坑开挖到基底高程时,承压含水层覆土的重量不足以抵抗承压水头的顶托力时,需要降压以防止坑底突涌。降水系统的有效工作需要通畅的排水系统,但除了将坑内抽降的地下水及时排出外,排水系统还包括地表明水、开挖期间的大气降水等的及时排除。为避免降、排水造成地面沉降,影响周边建筑物、市政管线的正常使用,需要设置隔水(止水)帷幕,切断基坑内外的水力联系和补给,既避免坑外的水位下降,也能够有效减少坑内降水的水量。这三种地下水处理方式,作用不同,在基坑工程中常常需要组合使用,才能保护地下水处理的合理、可行、有效的实施。

2.基坑支护结构选型

支护结构选型时,应综合考虑下列因素:

(1)基坑深度;

(2)土的性状及地下水条件;

(3)基坑周边环境对基坑变形的承受能力及支护结构一旦失效可能产生的后果;

(4)主体地下结构及其基础形式、基坑平面尺寸及形状;

(5)支护结构施工工艺的可行性;

(6)施工场地条件及施工季节;

(7)经济指标、环保性能和施工工期。

支护结构应按表1-1选择其形式。

各类支护结构的适用条件

表 1-1

结 构 类 型		适 用 条 件	
		安全等级	基坑深度、环境条件、土类和地下水条件
支挡式结构	锚拉式结构	一级、二级、三级	适用于较深的基坑
	支撑式结构		适用于较深的基坑
	悬臂式结构		适用于较浅的基坑
	双排桩		当锚拉式、支撑式和悬臂式结构不适用时,可考虑采用双排桩
	支护结构与主体结构结合的逆作法		适用于基坑周边环境条件很复杂的深基坑

适用条件(基坑深度、环境条件、土类和地下水条件)栏右侧:

1. 排桩适用于可采用降水或截水帷幕的基坑;
2. 地下连续墙宜同时用作主体地下结构外墙,可同时用于截水;
3. 锚杆不宜用在软土层和高水位的碎石土、砂土层中;
4. 当邻近基坑有建筑物地下室、地下构筑物等,锚杆的有效锚固长度不足时,不应采用锚杆;
5. 当锚杆施工会造成基坑周边建(构)筑物的损害或违反城市地下空间规划等规定时,不应采用锚杆

续上表

结构类型		适用条件	
	安全等级	基坑深度、环境条件、土类和地下水条件	
土钉墙 单一土钉墙	二级、三级	适用于地下水位以上或经降水的非软土基坑,且基坑深度不宜大于12m	当基坑潜在滑动面内有建筑物、重要地下管线时,不宜采用土钉墙
预应力锚杆复合土钉墙		适用于地下水位以上或经降水的非软土基坑,且基坑深度不宜大于15m	
水泥土桩垂直复合土钉墙		用于非软土基坑时,基坑深度不宜大于12m;用于淤泥质土基坑时,基坑深度不宜大于6m;不宜用在高水位的碎石土、砂土、粉土层中	
微型桩垂直复合土钉墙		适用于地下水位以上或经降水的基坑,用于非软土基坑时,基坑深度不宜大于12m;用于淤泥质土基坑时,基坑深度不宜大于6m	
重力式水泥土墙	二级、三级	适用于淤泥质土、淤泥基坑,且基坑深度不宜大于7m	
放坡	三级	1. 施工场地应满足放坡条件; 2. 可与上述支护结构形式结合	

注:1. 当基坑不同部位的周边环境条件、土层性状、基坑深度等不同时,可在不同部位分别采用不同的支护形式。

  2. 支护结构可采用上、下部以不同结构类型组合的形式。

不同支护形式的结合处,应考虑相邻支护结构的相互影响,其过渡段应有可靠的连接措施。

当坑底以下为软土时,可采用水泥土搅拌桩、高压喷射注浆等方法对坑底土体进行局部或整体加固。水泥土搅拌桩、高压喷射注浆加固体宜采用格栅或实体形式。

二、边坡工程支护常用方法

1. 边坡支护方法

1)放坡

放缓边坡(放坡)是边坡处治的常用措施之一,通常为首选措施。边坡失稳破坏通常是由于边坡过高、坡度太陡所致。通过削坡,削掉一部分边坡不稳定岩土体,使边坡坡度放缓,稳定性提高。放坡优点是施工简便、经济、安全可靠。基坑开挖采用放坡或支护结构上部采用放坡时,应验算边坡的滑动稳定性。

2)支挡

支挡(挡墙、抗滑桩等)是边坡处治的基本措施。对于不稳定的边坡岩土体,使用支挡结构(挡墙、抗滑桩等)对其进行支护,是一种较为可靠的处治手段。它的优点是可从根本上解决边坡的稳定性问题,达到根治的目的。

3)加固

(1)注浆加固

当边坡坡体较破碎、节理裂隙较发育时,可采用压力注浆这一手段,对边坡坡体进行加固。灌浆液在压力的作用下,通过钻孔壁周围切割的节理裂隙向四周渗透,对破碎边坡岩土体起到胶结作用,形成整体;此外,砂浆柱对破碎边坡岩土体起到螺栓连接作用,达到提高坡体整体性及稳定性的目的。

注浆加固可对边坡进行深层加固。

(2)锚杆加固

当边坡坡体破碎,或边坡地层软弱时,可打入一定数量的锚杆,对边坡进行加固。锚杆加固边坡的机理相当于螺栓的作用。

锚杆加固为一种中浅层加固手段。

(3)土钉加固

对于软质岩石边坡或土质边坡,可向坡体内打入足够数量的土钉,对边坡起到加固作用。土钉加固边坡的机理类似于群锚的作用。

与锚杆相比,土钉加固具有"短"而"密"的特点,是一种浅层边坡加固技术。两者在设计计算理论上有所不同,但在施工工艺上是相似的。

(4)预应力锚索加固

当边坡较高、坡体可能的潜在破裂面位置较深时,预应力锚索不失为一种较好的深层加固手段。目前,在高边坡的加固工程中,正逐渐发展成为一种趋势,被越来越多的人所接受。

在高边坡加固工程中,与其他加固措施相比,预应力锚索的优点有:

①受力可靠;

②作用力可均匀分布于需加固的边坡上,对地形、地质条件适应力强,施工条件易满足;

③主动受力;

④无须爆破开挖,对坡体不产生扰动和破坏,能维持坡体本身的力学性能不变;

⑤施工速度快。

4)防护

边坡防护包括植物防护和工程防护。

(1)植物防护

植物防护是在坡面上栽种树木、植被、草皮等植物,通过植物根系发育,起到固土,防止水土流失的一种防护措施。这种防护措施一般适用于边坡不高、坡角不大的稳定边坡。

(2)工程防护

①砌体封闭防护

当边坡坡度较陡、坡面土体松散、自稳性差时,可采用圬工砌体封闭防护措施。砌体封闭防护包括浆砌片石、浆砌块石、浆砌条石、浆砌预制块、浆砌混凝土空心砖等。

②喷射素混凝土防护

对于稳定性较好的岩质边坡,可在其表面喷射一层素混凝土,防止岩石继续风化、剥落,达到稳定边坡的目的。这是一种表层防护处治措施。

③挂网锚喷防护

对于软质岩石边坡或石质坚硬但稳定性较差的岩质边坡,可采用挂网锚喷防护。挂网锚喷是在边坡坡面上铺设钢筋网或土工塑料网等,向坡体内打入锚杆(或锚钉)将网钩牢,向网上喷射一定厚度的素混凝土,对边坡进行封闭防护。

5)排水

(1)截水沟

为防止边坡以外的水流进入坡体,对坡面进行冲刷,影响边坡稳定性,通常在边坡外缘设置截水沟,以拦截坡外水流。

(2)坡内排水沟

除在边坡外缘设置截水沟外,在边坡坡体内应设置必要的排水沟,使大气降雨能尽快排出坡体,避免对边坡稳定产生不利影响。

2.边坡支护方案选型

边坡支护方案主要取决于地层的工程性质、水文地质条件、荷载的特性、使用要求、原材料供应及施工技术条件等因素。方案选择的原则是:力争做到使用上安全可靠、施工技术上简便可行、经济上合理。因此,一般应做几个不同方案的比较,从中选出较为适宜而又合理的设计方案与施工方案。

边坡支护结构形式,可根据场地地质和环境条件、边坡侧压力的大小和特点、边坡高度、对边坡变形的控制要求以及边坡工程安全等级等因素,按表1-2选定。

边坡支护结构常用形式 表1-2

支护结构＼条件	边坡环境条件	边坡高度 $H(\mathrm{m})$	边坡工程安全等级	备　注
重力式挡墙	场地允许,坡顶无重要建(构)筑物	土质边坡,$H \leqslant 10$ 岩质边坡,$H \leqslant 12$	一、二、三级	土方开挖后边坡稳定较差时不应采用
悬臂式挡墙、扶壁式挡墙	填方区	悬臂式挡墙,$H \leqslant 6$ 扶壁式挡墙,$H \leqslant 10$	一、二、三级	适用于土质边坡
桩板式挡墙		悬臂式 $H \leqslant 15$ 锚拉式 $H \leqslant 25$	一、二、三级	桩嵌固段土质较差时不宜采用,当对挡墙变形要求较高时宜采用锚拉式桩板挡墙
板肋式或格构支护		土质边坡 $H \leqslant 15$ 岩质边坡 $H \leqslant 30$	一、二、三级	坡高较大或稳定性较差时宜采用逆作法施工;对挡墙变形有较高要求的边坡,宜采用预应力锚杆
排桩式锚杆挡墙	坡顶建(构)筑物需要保护,场地狭窄	土质边坡 $H \leqslant 15$ 岩质边坡 $H \leqslant 30$	一、二级	适用于较软弱的土质边坡、有外倾软弱结构面的岩质边坡、垂直逆作法开挖施工尚不能保证稳定的边坡
岩石锚喷		Ⅰ类岩质边坡,$H \leqslant 30$	一、二、三级	适用于岩质边坡
		Ⅱ类岩质边坡,$H \leqslant 30$	二、三级	
		Ⅲ类岩质边坡,$H \leqslant 15$	二、三级	
坡率法	坡顶无重要建(构)筑物,场地有放坡条件	土质边坡,$H \leqslant 10$ 岩质边坡,$H \leqslant 25$	一、二、三级	不良地质段,地下水发育区、流塑状土时不应采用

规模大、破坏后果很严重、难以处理的滑坡、危岩、泥石流及断层破碎带地区,不应修筑建筑边坡。

山区工程建设时宜根据地质、地形条件及工程要求,因地制宜设置边坡,避免形成深挖高填的边坡工程。对稳定性较差且坡高较大的边坡工程宜采用后仰放坡或分阶放坡方式进行治理。

当边坡坡体内洞室密集而对边坡产生不利影响时,应根据洞室大小、深度及与边坡间的传力关系等因素采取相应的加强措施。

存在临空的外倾软弱结构面的岩质边坡和土质边坡,支护结构的基础必须置于软弱面以下稳定的地层内。

边坡工程的平面布置、竖向及立面设计应考虑对周边环境的影响,做到美化环境,体现生态保护要求。

当施工期边坡垂直变形较大时,应采用设置竖向支撑的支护结构方案。

第三节 基坑和边坡工程的设计原则与要求

一、设计原则与安全等级

1.基坑设计原则与安全等级

基坑工程的设计应包括支护结构的选型、计算和构造,并对施工、监测及质量验收提出要求。基坑支护结构设计原则为:

(1)满足边坡和支护结构稳定的要求,即不产生倾覆、滑移和整体或局部失稳,基坑底部不产生隆起、管涌,锚杆系统不致抗拔失效。

(2)满足支护结构构件受荷后不致弯曲折断、剪断和压屈。

(3)水平位移和地基沉降不超过允许值。

(4)应根据工程用途的要求、地形及地质等条件,综合考虑以确定支护结构的平面布置及其高度。

(5)应认真分析地形、地质条件、周围建(构)筑物、各种管线、荷载条件及现场技术经济条件,确定支护结构类型。

(6)保证支护结构设计符合相应规范、规程的要求。

(7)提出监测内容、要求及控制和报警指标。

(8)应对施工给出指导性意见。

基坑支护结构设计安全等级见表1-3。

基坑支护结构设计的安全等级 表1-3

安全等级	破坏后果
一级	支护结构失效、土体过大变形对基坑周边环境或主体结构施工安全的影响很严重
二级	支护结构失效、土体过大变形对基坑周边环境或主体结构施工安全的影响严重
三级	支护结构失效、土体过大变形对基坑周边环境或主体结构施工安全的影响不严重

2.边坡设计原则与安全等级

边坡设计应符合下列原则：

(1)边坡设计应保护和整治边坡环境,对边坡水系应因势利导,设置排水设施,对于稳定的边坡,应采取保护及营造植被的防护措施。

(2)建筑物的布局应依山就势,防止大挖大填。场地平整时,应采取确保周边建筑物安全的施工顺序和工作方法。由于平整场地而出现的新边坡,应及时进行支挡或构造防护。

(3)在边坡工程设计前,应进行详细的工程地质勘察,并应对边坡的稳定性作出准确的评价;对周围环境的危害性作出预测;对岩石边坡的结构面调查清楚,指出主要结构面的所在位置;提供边坡设计所需要的各项参数。

(4)对边坡的支挡结构应进行排水设计。对于可以向坡外排水的支挡结构,应在支挡结构上设置排水孔。排水孔应沿着横竖两个方向设置,其间距应取 2 ~ 3m,排水孔外斜坡度宜为5%,孔眼尺寸不宜小于100mm。支挡结构后面应做好滤水层,必要时应作排水暗沟。支挡结构后面有山坡时,应在坡脚处设置截水沟。对于不能向坡处排水的边坡,应在支挡结构后面设置排水暗沟。

(5)支挡结构后面的填土,应选择透水性强的填料。当采用黏性土作填料时,宜掺入适量的碎石。在季节性冻土地区,应选择炉渣、碎石、粗砂等非冻胀性填料。

建筑边坡工程应按其损坏后可能造成的破坏后果(危及人的生命、造成经济损失、产生社会不良影响)的严重性、边坡类型和坡高等因素,按表1-4确定建筑边坡工程安全等级。

建筑边坡工程安全等级　　　　　　　　　　　　　　　　　表1-4

边坡岩体类型		边坡高度 H(m)	破坏后果	安全等级 II
岩质边坡	I 或 II	H≤30 II	很严重	一级
			严重	二级
			不严重	三级
	III 或 IV	15 < H≤30	很严重	一级
			严重	二级
		H≤15	很严重	一级
			严重	二级
			不严重	三级
土质边坡		10 < H≤15	很严重	一级
			严重	二级
		H≤10	很严重	一级
			严重	二级
			不严重	三级

注:1. 一个边坡工程的各段,可根据实际情况采用不同的安全等级。

　　2. 对危害性极严重、环境和地质条件复杂的边坡工程,其安全等级应根据工程情况适当提高。

破坏后果很严重、严重的下列边坡工程，其安全等级应定为一级：

(1)由外倾软弱结构面控制的边坡工程；

(2)工程滑坡地段的边坡工程；

(3)边坡和基坑塌滑区内或塌方影响区内有重要建(构)筑物的边坡工程。

二、设计要求

基坑与边坡支护设计的好坏，取决于设计人员对岩土工程的理解和想象，取决于设计人员的经验，因此，这种设计更具有挑战性，应该在理解的基础上，尽量简化计算，重视案例分析，重视积累经验，在实际中学习、探索。

1. 基坑结构设计要求

1) 两种极限状态的要求

基坑支护作为一个结构体系，应满足稳定和变形的要求，即通常规范所说的承载能力极限状态和正常使用极限状态两种极限状态的要求。

所谓承载能力极限状态，对基坑支护来说就是支护结构破坏、倾倒、滑动或周边环境的破坏，出现较大范围的失稳。一般的设计要求是不允许支护结构出现这种极限状态的。承载能力极限状态的主要特征为：

(1)支护结构构件或连接因超过材料强度而破坏，或因过度变形而不适于继续承受荷载，或出现压屈、局部失稳；

(2)支护结构及土体整体滑动；

(3)坑底土体隆起而丧失稳定；

(4)对支挡式结构，坑底土体丧失嵌固能力而使支护结构推移或倾覆；

(5)对锚拉式支挡结构或土钉墙，土体丧失对锚杆或土钉的锚固能力；

(6)重力式水泥土墙整体倾覆或滑移；

(7)重力式水泥土墙、支挡式结构因其持力土层丧失承载能力而破坏；

(8)地下水渗流引起的土体渗透破坏。

正常使用极限状态则是指支护结构的变形或是由于开挖引起周边土体产生的变形过大，影响正常使用，但未造成结构的失稳。正常使用极限状态的主要特征为：

(1)造成基坑周边建(构)筑物、地下管线、道路等损坏或影响其正常使用的支护结构位移；

(2)因地下水位下降、地下水渗流或施工因素而造成基坑周边建(构)筑物、地下管线、道路等损坏或影响其正常使用的土体变形；

(3)影响主体地下结构正常施工的支护结构位移；

(4)影响主体地下结构正常施工的地下水渗流。

2) 两种极限状态的计算

基坑支护设计相对于承载力极限状态要有足够的安全系数，不致使支护产生失稳，而在保证不出现失稳的条件下，还要控制位移量，不致影响周边建筑物的安全使用。因此，作为设计的计算理论，不但要能计算支护结构的稳定问题，还应计算其变形，并根据周边环境条件，控制

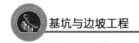

变形在一定的范围内。

（1）承载能力极限状态

①支护结构构件或连接因超过材料强度或过度变形的承载能力极限状态设计,应符合下式要求:

$$\gamma_0 S_d \leqslant R_d \tag{1-1}$$

式中:γ_0——支护结构重要性系数:对安全等级为一级、二级、三级的支护结构,γ_0 分别不应小于 1.1、1.0、0.9;

S_d——作用基本组合的效应(轴力、弯矩等)设计值;

R_d——结构构件的抗力设计值。

对临时性支护结构,作用基本组合的效应设计值应按下式确定:

$$S_d = \gamma_F S_k \tag{1-2}$$

式中:γ_F——作用基本组合的综合分项系数,不应小于 1.25;

S_k——作用标准组合的效应。

②坑体滑动、坑底隆起、挡土构件嵌固段推移、锚杆与土钉拔动、支护结构倾覆与滑移、基坑土的渗透变形等稳定性计算和验算,均应符合下式要求:

$$\frac{R_k}{S_k} \geqslant K \tag{1-3}$$

式中:R_k——抗滑力、抗滑力矩、抗倾覆力矩、锚杆和土钉的极限抗拔承载力等土的抗力标准值;

S_k——滑动力、滑动力矩、倾覆力矩、锚杆和土钉的拉力等作用标准值的效应;

K——稳定性安全系数。

（2）正常使用极限状态

由支护结构的位移、基坑周边建筑物和地面的沉降等控制的正常使用极限状态设计,应符合下式要求:

$$S_d \leqslant C \tag{1-4}$$

式中:S_d——作用标准组合的效应(位移、沉降等)设计值;

C——支护结构的位移、基坑周边建筑物和地面的沉降的限值。

应按下列要求设定支护结构水平位移控制值和基坑周边环境的沉降限值:

①当基坑开挖影响范围内有建筑物时,支护结构水平位移控制值、建筑物的沉降控制值应按不影响其正常使用的要求确定,并应符合国家标准《建筑地基基础设计规范》(GB 50007—2011)中对地基变形允许值的规定;当基坑开挖影响范围内有地下管线、地下构筑物、道路时,支护结构水平位移控制值、地面沉降控制值应按不影响其正常使用的要求确定,并应符合现行相关规范对其允许变形的规定。

②当支护结构构件同时用作主体地下结构构件时,支护结构水平位移控制值不应大于主体结构设计对其变形的限值。

③当无上述两种情况时,支护结构水平位移控制值应根据地区经验按工程的具体条件确定。

3）基坑支护设计应满足的施工要求

（1）基坑侧壁与主体地下结构的净空间和地下水控制应满足主体地下结构及防水的施工要求；

（2）采用锚杆时，锚杆的锚头及腰梁不应妨碍地下结构外墙的施工；

（3）采用内支撑时，内支撑及腰梁的设置应便于地下结构及防水的施工。

4）抗剪强度指标的选取要求

土压力及水压力计算、土的各类稳定性验算时，土压力、水压力的分、合算方法及相应的土的抗剪强度指标应按下列规定选取：

（1）对地下水位以上的各类土，土压力计算、土的滑动稳定性验算时，对黏性土、黏质粉土，土的抗剪强度指标应采用三轴固结不排水抗剪强度指标 c_{cu}、φ_{cu} 或直剪固结快剪强度指标 c_{cq}、φ_{cq}，对砂质粉土、砂土、碎石土，土的抗剪强度指标应采用有效应力强度指标 c'、φ'。

（2）对地下水位以下的黏性土、黏质粉土，可采用土压力、水压力合算方法，土压力计算、土的滑动稳定性验算可采用总应力法；此时，对正常固结和超固结土，土的抗剪强度指标应采用三轴固结不排水抗剪强度指标 c_{cu}、φ_{cu} 或直剪固结快剪强度指标 c_{cq}、φ_{cq}；对欠固结土，宜采用有效自重压力下预固结的三轴不固结不排水抗剪强度指标 c_{uu}、φ_{uu}。

（3）对地下水位以下的砂质粉土、砂土和碎石土，应采用土压力、水压力分算方法，土压力计算、土的滑动稳定性验算应采用有效应力法；此时，土的抗剪强度指标应采用有效应力强度指标 c'、φ'，对砂质粉土，缺少有效应力强度指标时，也可采用三轴固结不排水抗剪强度指标 c_{cu}、φ_{cu} 或直剪固结快剪强度指标 c_{cq}、φ_{cq} 代替，对砂土和碎石土，有效应力强度指标 φ' 可根据标准贯入试验实测击数和水下休止角等物理力学指标取值；土压力、水压力采用分算方法时，水压力可按静水压力计算；当地下水渗流时，宜按渗流理论计算水压力和土的竖向有效应力；当存在多个含水层时，应分别计算各水层的水压力。

（4）有可靠的地方经验时，土的抗剪强度指标尚可根据室内、原位试验得到的其他物理力学指标，按经验方法确定。

2. 边坡工程设计要求

1）两种极限状态的要求

承载能力极限状态：对应于支护结构达到最大承载能力、锚固系统失效、发生不适于继续承载的变形或坡体失稳。边坡工程在下列情况下应采用承载能力极限状态：确定支护结构或构件的基础底面积及埋深或桩基数量时；边坡与支护结构的稳定性计算时；支护结构或构件承载能力计算时；锚杆钢筋面积、锚杆杆体与锚固砂浆间的锚固长度及锚固体锚入岩土层的锚固长度时。

正常使用极限状态：对应于支护结构和边坡达到支护结构本身或邻近建（构）筑物的正常使用所规定的变形限值或达到耐久性要求的某项限值。边坡工程在下列情况下应采用正常使用极限状态：支护结构或构件变形计算时；支护结构或构件抗裂计算时；锚杆变形计算时；支护结构及边坡水平位移与垂直位移计算时；支护结构地基沉降计算时。

2）两种极限状态的计算

（1）承载能力极限状态

①确定支护结构或构件的基础底面积及埋深或桩基数量时，应满足式（1-5）的要求：

$$\gamma_0 N_k \leqslant R_f \tag{1-5}$$

式中：γ_0——支护结构重要性系数，对安全等级为一级的边坡取 1.1，二级边坡取 1.0，三级边坡取 0.9；

$\quad N_k$——荷载效应标准组合下，作用于基础顶面的作用力；

$\quad R_f$——基承载力特征值或单桩承载力特征值。

②边坡与支护结构的稳定性计算时，应采用荷载效应标准组合，相应的岩土抗滑力等抗力应采用标准值；

③支护结构或构件截面尺寸和配筋设计，应满足式（1-6）的要求：

$$\gamma_0 S \leqslant R \tag{1-6}$$

式中：S——荷载效应基本组合下的设计值；

$\quad R$——结构构件抗力的设计值。

④确定锚杆面积、锚杆锚固体与地层的锚固长度时，应满足式（1-7）的要求：

$$KN_{ak} \leqslant R_k \tag{1-7}$$

式中：N_{ak}——锚杆轴向拉力标准值；

$\quad R_k$——锚杆极限抗拔力标准值；

$\quad K$——锚杆安全系数，应按表 1-5 和表 1-6 的规定采用。

锚杆杆体抗拉安全系数 　　表 1-5

边坡工程 安全等级	最小安全系数	
	临时锚杆	永久锚杆
一级	1.8	2.2
二级	1.6	2
三级	1.4	1.8

岩土锚杆锚固体抗拔安全系数 　　表 1-6

边坡工程 安全等级	最小安全系数	
	临时锚杆	永久锚杆
一级	1.8	2.4
二级	1.6	2.2
三级	1.4	2.0

（2）正常使用极限状态

支护结构抗裂计算时，荷载效应组合应采用荷载效应的标准组合和准永久组合；支护结构或构件变形、锚杆变形及地基沉降计算时，荷载效应组合应采用荷载效应的准永久组合，不计入风荷载和地震作用，并均应采用式（1-8）：

$$S_c \leqslant C \tag{1-8}$$

式中：S_c——正常使用极限状态的荷载效应组合值；

$\quad C$——边坡、支护结构构件达到正常使用要求所规定的变形、裂缝宽度和地基沉降的限值。

3）抗震设防区的验算

抗震设防区，支护结构或构件基础、边坡与支护结构的稳定性应采用地震作用效应和荷载效应标准组合进行验算。

抗震设防区,支护结构或构件承载能力应采用地震作用效应和荷载效应基本组合进行验算,并采用国家标准《建筑结构荷载规范》(GB 50009—2012)规定的荷载分项系数、组合值系数和承载力调整系数 γ_{RE}。

地震区边坡工程应按下列原则考虑地震作用的影响:

(1)对抗震设防的边坡工程,其地震作用计算应按国家现行有关标准执行;地震设防烈度为 6 度的地区,边坡工程的支护结构可不进行地震作用计算,6 度以上时应进行地震作用计算;基坑工程可不作抗震计算。

(2)边坡工程的抗震设防烈度可采用地震基本烈度,且不应低于边坡破坏影响区内建筑物的设防烈度。

(3)对支护结构和锚杆外锚头等,应按本地区抗震设防烈度要求采取相应的抗震构造措施。

4)边坡支护设计的计算和验算要求

(1)支护结构及其基础的抗压、抗弯、抗剪及局部抗压承载力的计算及支护结构基础的地基承载力计算;

(2)锚杆锚固体的抗拔承载力及锚杆杆体抗拉承载力的计算;

(3)支护结构整体及局部稳定性验算;

(4)地下水控制计算;

(5)对变形有较高要求的边坡工程,还应结合当地经验进行变形验算。

第四节 基坑与边坡工程支护设计的内容与流程

一、概述

一个完整的深基坑工程和边坡工程的设计,应包括以下几个方面的内容和流程:

(1)深基坑与边坡支护的总体策划和布置;

(2)支护结构的内力计算与细部设计;

(3)基坑与边坡土方开挖方案设计;

(4)深基坑工程和边坡工程监测设计;

(5)深基坑工程的防渗与降水设计;

(6)边坡工程排水设计。

二、支护结构内力计算与细部设计

支护结构包括挡土结构和支撑结构两大部分。

1.挡土结构

基坑工程中,挡土结构主要有地下连续墙、钢筋混凝土灌注排桩、预制桩和水泥土搅拌墙。边坡工程中,挡土结构主要有土钉墙、框架(格构梁和挡土板)等。另外,挡土结构不仅可以用

于基坑和边坡支护,还可以用于加固基坑和边坡周边建筑物的地基,从而减小基坑和边坡开挖对周围建筑物的影响。

2. 支撑结构

水平支撑结构主要有钢支撑(型钢、钢管、组合钢梁等)、钢筋混凝土支撑、预应力锚杆(索)、土钉和水平高压喷射灌注桩。

三、基坑与边坡土方开挖施工组织设计

土方开挖方案施工组织方案设计是指导现场施工活动的技术经济文件,是基坑和边坡开挖前必须具备的。在施工组织设计中,应根据工程的具体特点、建设要求、施工条件和施工管理要求,选择合理的施工方案,制定施工进度计划、规划施工现场平面布置,组织施工技术物资供应,以降低工程成本、保证工程质量和施工安全。

在制定基坑和边坡开挖施工组织设计前,应认真研究工程场地的工程地质和水文地质条件、气象资料、场地内和相邻地区地下管线图和有关资料以及邻近建筑物、构筑物的结构、基础情况等。土方开挖工程施工组织设计一般包括:

(1)开挖机械的选择;

(2)开挖程序的确定;

(3)施工现场平面布置;

(4)降、排水措施及冬季、雨季、汛期施工措施的拟定;

(5)施工监测计划的拟定;

(6)应急措施的拟定。

四、深基坑与边坡工程监测

监测是深基坑和边坡工程的一个重要环节,组织良好的监测能将施工中各方面信息及时反馈给基坑和边坡开挖组织着者。根据这些信息,可以对基坑和边坡工程支护体系变形计稳定状态加以评价,并预测进一步开挖施工后导致的变形计稳定状态的发展;根据预测判定施工对周围环境造成影响的程度,制定下一步施工策略,实现信息化施工。在施工前应制定严格的监测防范方案。监测方案设计主要包括:

(1)确定监测目的;

(2)确定监测内容;

(3)确定监测位置和监测频率;

(4)建立监测成果反馈制度;

(5)制定监测点的保护措施;

(6)监测方案设计应密切配合施工组织设计。

五、深基坑防渗和降水设计

1. 基本要求

对于存在地下水的深基坑,均应进行防渗和降水设计。

深基坑的防渗设计主要是确定能够保证基坑渗流安全的入土(岩)深度和防渗体的总深度。需要通过深基坑的渗流分析和降水计算,结合已建成工程的成功经验,最后选择一个入土深度和总深度。

需要说明的是,这个最小入土深度不一定是由渗流分析得到的。当基坑底部的透水层很深,地下连续墙无法深入下面的不透水层而成为悬空状态时,此时基坑的最小入土深度应由基坑防渗和降水计算两方面的综合比较后确定。

由于深基坑的开挖,改变了地基土和地下水的应力、位移和渗流条件,需要根据相应的条件选定基坑防渗和降水方案。

(1)防渗方案。将垂直挡土结构深入到不透水的土层或岩层内,切断渗流通道。

(2)降水方案。此时不设置防渗设施,通过强力抽水将地下水位降到基坑底部以下。由于强力抽水对基坑周边地下水影响很大,所以此法只在周边环境开阔、基坑深度较小或者土层情况较好时使用。

(3)防渗和降水相结合方案。此方案是在基坑上部设置防渗结构、下部则采用抽排地下水的方法,以降低地下水位。在城市建设中多采用这种方法。

2.防渗措施

(1)地下连续墙,墙底深入不透水层。

(2)水泥灌浆帷幕。

(3)高压喷射灌浆帷幕。

(4)水泥土搅拌墙(SMW、TRD)。

(5)地下防渗墙(塑性混凝土、砂浆或自硬泥浆、薄墙)。

(6)冻结法。

3.降水工法

根据地下水的类型、埋深和基坑特性,可以采用以下几种降水方法:

(1)明排水;

(2)井点降水;

(3)管井排水;

(4)辐射井排水。

当基坑周边建(构)筑物离得较近容易引起位移时,有时需要在基坑外边采取回灌措施,以保持该处地下水位不变或不会降低太大。

六、边坡工程排水设计

边坡工程中,对于坡体内的水应以"截、排和引导"为原则修建排水工程。通常,排水工程中所修建的排水构筑物可分为地表排水构筑物和地下排水构筑物两大类型。对于地表水采用多种形式的截水沟、排水沟、急流槽来拦截和排引;对地下水则用截水渗沟、盲沟、纵向或横向渗沟、支撑渗水沟、汇水隧洞、立井、渗井、平孔排水、垂直钻孔群等排水措施来疏干和排引。通过这些排水措施,使水不再进入或停留在边坡范围内,并排除和疏干其中已有的水,以增加边坡的稳定性。

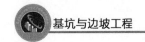

第五节 本课程学习的重点和难点

一、课程学习要求

通过《基坑与边坡工程》课程的学习,了解国内外当前基坑工程与边坡工程的设计和施工现状;掌握基坑工程的支护方案的选型;掌握挡土结构设计与计算;掌握基坑工程降水的设计与施工;掌握边坡工程支护结构的选型;掌握不同类型边坡的稳定性分析;掌握常见的边坡支护结构的设计与计算。达到进一步掌握土力学的基本理论知识,培养处理实际工程问题的能力,为以后从事岩土与地下结构工程专业工作和进行科学研究打下基础。

二、各章主要内容、重点和难点

本课程内涵十分广泛,鉴于学时所限,为顺利完成教学计划,授课时应分清主次、重点突出,并进行适当的压缩和删减。将课程各章节的重点及难点叙述如下:

第一章 绪论

内容:概述;基坑和边坡工程支护常用方法简介;基坑和边坡工程的设计原则与安全等级;基坑与边坡工程支护设计的内容与流程。

以基本概念为主。

重点:基坑和边坡工程的主要内容;基坑工程支护方法;基坑支护结构选型;边坡支护方法;边坡支护方案优化;基坑和边坡工程安全等级、设计内容和流程。

第二章 土钉墙支护技术

内容:概述;土钉墙的作用机理;土钉墙的特点和适用性;土钉墙支护设计;土钉加锚杆复合土钉墙支护设计;土钉墙支护施工;土钉墙与复合土钉墙支护实例。

以基本理论为主,本课程重点之一。

重点:土钉墙的设计计算;土钉墙的稳定性分析;复合土钉墙的设计与计算;复合土钉墙的稳定性分析。

难点:土钉墙的作用机理。

第三章 排桩与地下连续墙支护技术

内容:概述;支点力和嵌固深度计算;桩(墙)内力计算;锚杆设计计算;设计要求;施工要求;桩锚支护设计实例。

以基本理论和计算为主,本课程重点之一。

重点:悬臂和单支点支挡结构的嵌固深度计算;弹性支点法计算内力和变形;锚杆的承载力计算;设计要求。

难点:荷载计算;多支点结构稳定性计算;弹性支点法计算内力。

第四章 内支撑支护技术

内容:概述;内支撑支护结构的组成;内支撑支护结构的设计原则;水平支撑的计算方法;竖向支撑的设计;施工要求;内支撑支护设计实例。

以基本理论和计算为主。

重点:水平支撑系统和竖向支撑系统的设计;水平支撑系统的计算方法;立柱设计。

难点:水平支撑系统的计算;立柱计算。

第五章 框架预应力锚杆支护技术

内容:概述;框架预应力锚杆支护结构设计计算;框架预应力锚杆支护结构整体稳定性验算;框架预应力锚杆支护结构构造要求;设计、施工注意事项;框架预应力锚杆支护设计实例。

以基本理论和计算为主。

重点:锚杆计算;抗倾覆稳定性验算;抗滑移稳定性验算。

难点:立柱和横梁计算;整体稳定性验算。

第六章 基坑降水

内容:概述;降水设计与计算;降水方法及其施工;基坑降水对周围环境的影响及其防治措施。

以基本理论和计算为主,本课程重点之一。

重点:轻型井点降水设计与计算;降水管井设计与计算。

难点:真空管井;电渗管井。

第七章 基坑和边坡工程监测

内容:概述;基坑和边坡支护结构监测;监测工程实例。

以基本概念和方法为主。

重点:监测点布置;监测预警值。

第八章 边坡支护设计与施工

内容:概述;重力式挡土墙;悬臂式挡土墙;扶壁式挡土墙;边坡支护工程实例。

以基本概念和计算方法为主。

重点:重力式、悬臂式、扶壁式挡土墙设计。

思考题与习题

1.1 建筑基坑指什么?为什么说基坑支护是岩土工程的一个综合性难题?

1.2 基坑工程的主要内容有哪些?

1.3 基坑支护结构的形式有哪几种?其各自的适用条件如何?

1.4 基坑支护结构方案的选型需要考虑哪些影响因素?

1.5 基坑地下水控制的方法有哪些?各自的适用条件如何?

1.6 导致边坡失稳的因素有哪些?对于濒临失稳的边坡使之稳定的手段有哪些?

1.7 简述影响边坡稳定性的主要因素(内因、外因)?

1.8 边坡支护方法有哪些?各自的适用条件是什么?

第二章　土钉墙支护技术

第一节　概　述

一、土钉墙支护的概念

土钉墙支护是在基坑开挖过程中,将较密排列的细长杆件(土钉)置于原位土体中,注入水泥浆或水泥砂浆形成与周围土体全长紧密结合的加筋注浆体,并在坡面上喷射钢筋混凝土面层,通过土钉、土体和喷射混凝土面层的共同工作,形成复合土体。土钉墙支护充分利用了土层介质的自承力,形成自稳结构,承担较小的变形压力,土钉主要承受拉力。同时,由于土钉排列较密,通过高压注浆扩散后使土体性能提高。

土钉墙支护如图 2-1 所示。

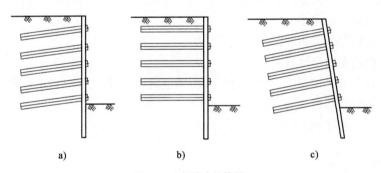

a)　　　　　　　　b)　　　　　　　　c)

图 2-1　土钉墙支护简图

土钉墙支护技术是用于土体开挖和边坡稳定的一种新的挡土技术。由于其在实际施工中可做到边开挖边支护,具有节约投资、施工占地少、速度快、安全可靠等优点,在深基坑开挖支护工程中得到广泛的应用。

二、土钉墙的基本结构

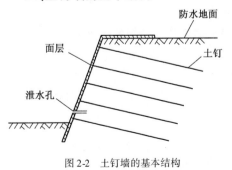

图 2-2　土钉墙的基本结构

土钉墙主要由土钉、面层、被加固的原位土体以及必要的防排水系统组成,如图 2-2 所示。其结构参数与土体特性、地下水状况、支护面坡度、周边环境、使用年限及要求等因素相关。

1. 土钉类型

土钉是土钉墙支护结构中的主要受力构件。常用的土钉有以下几种:

1）成孔注浆型

成孔注浆型土钉是先用钻机等机械设备在土体中钻孔,成孔后置入杆体,然后沿全长注水泥浆。钻孔注浆型土钉几乎适用于各种土层,抗拔力较高,质量较可靠,造价较低,是最常用的土钉类型。

成孔注浆型钢筋土钉的构造应符合下列要求:

①成孔直径宜取 70～120mm;

②土钉钢筋宜采用 HRB400、HRB335 级钢筋,钢筋直径应根据土钉抗拔承载力设计要求确定,且宜取 16～32mm;

③应沿土钉全长设置对中定位支架,其间距宜取 1.5～2.5m,土钉钢筋保护层厚度不宜小于 20mm;

④土钉孔注浆材料可采用水泥浆或水泥砂浆,其强度不宜低于 20MPa。

2）直接打入型

直接打入型土钉是在土体中直接打入钢管、角钢等型钢,以及钢筋、毛竹、圆木等,不再注浆。由于直接打入型土钉直径小,与土体间的黏结摩阻力强度低,承载力低,钉长又受到限制,所以布置较密,可用人力或振动冲击钻、液压锤等机具打入。直接打入型土钉的优点是无须预先钻孔,对原位土的扰动较小,施工速度快,但在坚硬黏土中很难打入,不适用于服务年限大于2 年的永久性支护工程,杆体采用金属材料时造价稍高。对易塌孔的松散或稍密的砂土、稍密的粉土、填土,或易缩径的软土宜采用打入式钢管土钉。

3）打入注浆型

打入注浆型土钉是在钢管中部及尾部设置注浆孔成为钢花管,直接打入土中后压灌水泥浆形成土钉。钢花管注浆土钉具有直接打入型土钉的优点且抗拔力较高,特别适合于成孔困难的淤泥、淤泥质土等软弱土层。

钢管土钉及注浆的构造应符合下列要求:

①钢管的外径不宜小于48mm,壁厚不宜小于3mm;钢管的注浆孔应设置在钢管里端 $l/2$～$2l/3$ 范围内,此处,l 为钢管土钉的总长度;每个注浆截面的注浆孔宜取 2 个,且应对称布置,注浆孔的孔径宜取 5～8mm,注浆孔外应设置保护倒刺;

②钢管土钉的连接采用焊接时,接头强度不应低于钢管强度;可采用数量不少于 3 根、直径不小于 16mm 的钢筋沿截面均匀分布拼焊,双面焊接时钢筋长度不应小于钢管直径的 2 倍。

2. 面层及连接件

1）面层

土钉墙的面层不是主要受力构件,但可以约束坡面的变形,并将土钉连成整体。

土钉墙的墙面坡度(墙面垂直高度与水平宽度的比值)需要视场地环境条件而定。当基坑较深、土的抗减强度较低时,宜取较小坡度。对砂土、碎石土、松散填土,确定土钉墙坡度时尚应考虑开挖时坡面的局部自稳能力。坡度越小,土的稳定性越好,算出的土钉墙越经济。土钉墙墙面坡度不宜大于 1:0.2。

面层一般采用喷射混凝土,并在其中配置钢筋网,也可采用现浇,或用水泥砂浆代替混凝土。

土钉墙高度一般不大于 12m,喷射混凝土面层的构造应满足下列要求:

①喷射混凝土面层厚度宜取 80～100mm；

②喷射混凝土设计强度等级不宜低于 C20；

③喷射混凝土面层中应配置钢筋网和通长的加强钢筋,钢筋网宜采用 HPB300 级钢筋,钢筋直径宜取 6～10mm,钢筋网间距宜取 150～250mm,钢筋网间的搭接长度应大于300mm,加强钢筋的直径宜取 14～20mm。当充分利用土钉杆体的抗拉强度时,加强钢筋的截面面积不应小于土钉杆体截面面积的 1/2。

2）连接件

连接件是面层的一部分,不仅要把面层和土钉可靠地连接在一起,还要使土钉之间相互连接。

土钉与面层的连接一般采用螺栓连接或钢筋焊接连接,其连接应满足承受土钉拉力的要求,当在土钉拉力作用下喷射混凝土面层的局部受冲切承载力不足时,应设置承压钢板或井字形加强钢筋等构造措施,如图 2-3 所示。

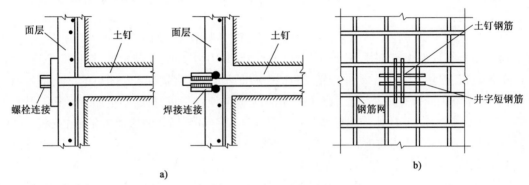

图 2-3 土钉与面层的连接

a）螺栓连接；b）钢筋焊接连接

3. 防排水系统

水流入边坡是造成土钉墙边坡失稳的重要原因。一方面,土体的含水率增加会使土的自重增加,土体的滑动力增大,同时水的渗流会对边坡土体产生一定的动水压力。另一方面,土体内含水率增加会使土体的内摩擦角大大减小,抗剪强度降低,同时会使土钉的承载能力和对土的约束能力降低,最终可能导致边坡失稳,因而土钉墙支护应设置防排水系统。

土钉墙支护的防排水系统包括三个部分：

1）地表防水

基坑四周支护范围内的地表应加以修整,采用水泥砂浆或混凝土护面,并修筑散水坡和排水沟,防止地表水向下渗透。

2）坡面泄水

在边坡面层中可根据具体情况设置导流管,将面层后面的积水引到坑内排走。导流管的直径一般不小于 40mm,长度为 400～600mm,间距为 1.5～2.0m。

3）坡底排水

基坑底面设置排水沟和集水井,以排除集聚在基坑内的渗水和雨水。排水沟一般距离坡脚0.5～1.0m,内部砂浆抹面,防止渗漏。当土中地下水高于基坑底面时,应采取降水或截水措施。

三、土钉墙支护的发展

1. 国外发展

现在土钉技术是从 20 世纪 70 年代出现的。德国、法国和美国几乎在同一时期各自独立开始了土钉墙的研究和应用。1972 年法国首先在工程中应用土钉墙技术，德国于 1979 年首先在 Stuttgart 建造了第一个永久性土钉工程（高 14m），并进行了长达 10 年的工程测量，获得了许多有价值的数据。至 1992 年，德国已建成 500 个土钉墙工程。为了减少支护变形对附近建筑物设施造成的影响，德国工程师认为上排土钉宜加长或改用锚杆，他们曾在一个 28m 的边坡开挖中（坡度 82°）用 10 排长 15m 的土钉，上排加用两排 30m 长的锚杆。美国最早应用土钉墙技术是在 1974 年。其中一项有名的土钉工程是匹兹堡 PPG 工业总部的深基坑开挖，由于有建筑物与其紧挨，所以开挖时对土体进行了注浆处理，并对土钉区内已有建筑物基础用微型桩作了托换。

2. 国内发展

我国在 1980 年将土钉技术应用于山西柳湾煤矿的边坡支护中，这是我国应用土钉技术的首例工程。近年来，中冶集团建筑研究总院、北京工业大学、清华大学、广州军区建筑工程设计院和总参工程兵科研三所等单位，在土钉墙的研究开发应用方面做了不少工作。在一些地质条件较好的城市建设中，土钉墙作为边坡或基坑支护手段已被广泛应用于工程实际中，并取得了理想的工程效果。土钉与锚杆的联合应用（图 2-4），使土钉墙的应用变得更为广泛，给工程建设带来了更大的经济效益。

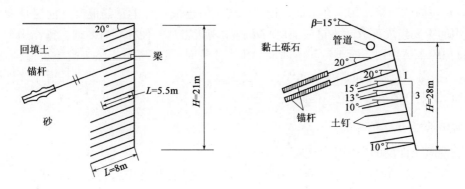

图 2-4　土钉与锚杆的联合应用

第二节　土钉墙支护体系的工作性能分析

一、土钉墙支护的基本原理

1. 整体作用机制

土体的抗剪强度较低，抗拉强度几乎为零，但土体具有一定的整体性，在基坑开挖时存在使土体保持直立的临界高度,超过这个高度土体将发生突发性、整体性破坏。在土体中放置土钉与土体共同工作,形成复合土体,从而有效地提高了土体的整体刚度,弥补了土体抗拉、抗剪强度的不足。土钉与土体间通过相互作用和应力重分布,使土体自身结构强度的潜力得到充分发挥,改变了土体的破坏形态。土钉是一种主动制约机制,从这个意义上来说,可将土钉加固视为一种土体改良。

土钉与土体间的相互作用改变了基坑侧壁的变形与破坏形态,显著提高了基坑侧壁的整体稳定性。此外,土钉墙延缓了塑性变形发展阶段,而且明显地呈现出渐进变形与开裂破坏并存且逐步扩展的现象,即把突发性的脆性破坏转变为塑性破坏,直至丧失承受更大荷载的能力,一般也不会发生整体性滑塌破坏。

2. 土钉的作用

土钉在土钉墙中起主导作用,其作用可概括为以下几点:

(1)箍束骨架作用。土钉制约着土体变形,使土钉之间能够形成土拱从而使复合土体获得了较大的承载力,并将复合土体构成一个整体。

(2)承担主要荷载作用。由于土钉有较高的抗拔强度、抗剪强度和抗弯刚度,因而当土体进入塑性状态后,应力逐渐向土钉转移,延缓了复合土体塑性区的开展及渐进开裂面的出现。当土体开裂时,土钉分担作用更为突出。

(3)应力传递与扩散作用。依靠土钉与土的相互作用,土钉将所承受的荷载沿全长向周围土体扩散及向深处土体传递,复合土体内的应力水平及集中程度比素土侧壁大大降低,从而推迟了开裂的形成与发展。

(4)对坡面的约束作用。在坡面上设置的与土钉连成一体的钢筋混凝土面层是发挥土钉有效作用的重要组成部分。土钉使面层与土体紧密接触从而使面层有效地发挥作用。

(5)加固土体作用。对土钉孔洞内进行压力注浆时,浆液顺着土体中裂隙扩渗,形成网状胶结,从而提高了原位土的强度。对于打入型土钉,打入过程中土钉位置处原有土体被强制性挤向四周,使土钉周边一定范围内的土层受到压缩,密实度提高。

3. 面层的作用

钢筋混凝土面层的作用主要有以下几点:

(1)承受作用到面层上的土压力,防止坡面局部坍塌,并将压力传递给土钉,这在松散的土体中尤为重要。

(2)限制土体侧向膨胀变形。

(3)通过与土钉紧密连接及相互作用,增强了土钉的整体性,使全部土钉共同发挥作用,在一定程度上均衡了土钉个体之间受力不均匀的程度。

(4)防止雨水、地表水冲刷边坡及渗透,是土钉墙防水系统的重要组成部分。

二、土钉墙的受力过程分析

土钉墙受力时,荷载首先通过土钉与土之间的相互摩擦作用,其次通过面层与土之间的土-结构相互作用,逐步施加及转移到土钉上。土钉墙受力大致可分为四个阶段:

（1）土钉安设初期基本不受拉力或承受较小的力，面层完成后，对土体的卸载变形有一定的限制作用，可能会承受较小的压力并将其传递给土钉。此阶段土压力主要由土体承担。

（2）随着下一层土方的开挖，边坡土体产生向坑内位移的趋势，主动土压力一部分通过钉与土摩擦作用直接传递给土钉，一部分作用在面层上，使面层与土钉连接处产生应力集中，对土钉产生拉力。此时，土钉受力特征为：离面层近处受力较大，越远越小；最下边 2~3 排土钉离开挖面较近，承担了主要荷载，有阻止土体应力及位移向上排土钉传递的作用。土钉通过应力传递及扩散等作用，调动周边更大范围内土体共同受力，体现了土钉主动约束机制，土体进入塑性变形阶段。

（3）土体继续开挖，各排土钉的受力继续加大，土体塑性变形不断增加，土体发生剪胀，钉、土之间局部相对滑动，使剪应力沿土钉向土层内部传递，受力较大的土钉拉力峰值从靠近面层处向中部转移，土钉通过钉与土摩阻力分担应力的作用增大，约束作用加强，下排土钉分担了更多的荷载。土钉拉力在水平及竖直方向上均表现为中间大、两头小的枣核状。土体中逐渐出现剪切裂缝，地表开裂，土钉逐渐进入受弯、拉、剪等复杂应力状态，其刚度开始发挥功效，通过分担及扩散作用，抑制和延缓了剪切破裂面的扩展，土体进入渐进性开裂破坏阶段。

（4）土体达到抗剪强度，但剪切位移继续增加，土体开裂剩余残余强度，土钉承受主要荷载，土钉在弯剪、拉剪等复杂应力状态下注浆体破裂，钢筋屈服，破裂面贯通，土体进入破坏阶段。

三、土钉墙支护的工作性能

（1）土钉墙支护面位移沿高度呈线性变化，类似绕趾部向外转动。最大水平位移发生在顶部，墙体内的水平变形随离开墙面距离的增加而减少。最大水平位移 δ_{max} 与开挖深度 H 及设计安全系数有关，δ_{max}/H 为 1‰~3‰。

（2）土钉在土体内空间排列形成空间骨架，起约束土体变形的作用，并与土体共同承担外荷载。在土体进入塑性状态后应力重分布，土钉分担应力增加，并在可能的破坏面上达到峰值，破坏时土体碎裂，土钉屈服或被拉出。

（3）同一深度处土钉的拉力沿其长度变化，最大拉力部位随着基坑的开挖，从开始时靠近面层的端部，逐渐向里转移，最大值一般在土体可能失稳的破坏面上。

（4）土钉拉应力沿深度变化，中间大、两头小，接近梯形分布。临近破坏时底部土钉拉应力显著增大，复合土体通过土钉的传递与扩散作用，将滑裂域内部分拉应力传递到后边稳定的土体中，并扩散在较大的范围内，降低了应力集中程度。

（5）土钉墙墙体后的土压力沿高度分布呈中间大、上下小的形态。压力的合力值远低于经典土压力理论给出的计算值，这表明土钉墙支护不同于一般的挡土墙，土压力的减小体现了土体和土钉的整体作用效果。

（6）土钉墙破坏时明显带有平移和转动性质，类似于重力式挡墙，其破坏形式有内部稳定破坏（局部滑动面破坏）和外部整体稳定破坏（滑移与倾覆）。

第三节　土钉墙支护的特点和适用性

排桩等支护体系虽然可以承受土体的侧压力,并限制土体的位移,但它没有改变土体内的受力性质,属于被动制约机制的支护结构;而土钉墙与土体形成复合土体,提高了土体的强度和整体刚度,属于主动制约机制的支护结构。

一、土钉墙的优点

(1)土钉墙与土体形成复合土体,共同工作,提高了土体的稳定性和承载能力。

(2)土钉墙增强了土体破坏的延性,延缓了土体失稳的发展过程。这为施工人员及早发现险情、阻止灾害、加固土体提供了充足的时间。

(3)若对土钉墙施工进行信息化管理,边施工边监测,并根据试验、监测情况及时调整土钉的间距和长度,可减少施工风险,保障施工安全。

(4)土钉墙工程施工机具轻便,技术工艺简单易行,有利于文明施工。土钉成孔主要采用小型钻机或洛阳铲等,整个施工过程设备轻便,占用场地小,对环境干扰小,有利于文明施工。钻孔、注浆和喷射混凝土等工艺成熟,易于掌握,便于推广。

(5)和其他支护方法相比,可缩短基坑施工工期。一般支护方法(如排桩、地下连续墙、水泥土墙等)需要在土方开挖前施工,单独占用施工工期。而土钉墙可与土方开挖组成流水施工,节约工期。

(6)经济效益较好。基坑侧壁单位面积上土钉墙支护所需的材料用量要比排桩等支护方法少得多,而且机械使用费用低廉,其总成本相对较低。与排桩支护相比,土钉墙支护可节约造价1/3以上。

二、土钉墙的局限性

(1)土钉的位置必须考虑周围建筑基础、地下管道的限制。

(2)由于土钉墙施工与土方开挖配合进行,分层分段施工,每层各段先挖土,后做土钉,这就要求每层土方开挖后,该层土钉到达设计强度之前,土方边坡能够保持稳定。设计时必须对这些工程进行验算,施工时必须从施工开始就进行监测。

(3)在软土中不宜单独采用土钉墙支护。因为在软土中土钉与土体之间的摩阻力较低,土钉承载力较小,土体变形较大,而且成孔困难。在上海、深圳等软土地区多采用复合土钉支护。

(4)土钉墙的变形会比具有预应力支撑或锚杆的排桩和地下连续墙支护略大。

三、土钉墙的适用范围

土钉墙支护适用于地下水位以上或经降水后的杂填土、黏性土、粉土及有一定胶结能力和密实程度的砂土层。

土钉墙支护在以下土层中不适用：

(1)含水丰富的粉细砂、中细砂及含水较为丰富的中粗砂、砾砂和卵石层。

(2)缺少黏聚力、过于干燥的砂层及相对密度较小、均匀度较好的砂层。

(3)淤泥质土、淤泥等软弱土层。

(4)膨胀土。

(5)强度过低的土,如新填土等。

除地质条件外,土钉墙还不适用于以下条件:

(1)对变形要求较为严格的基坑,土钉墙不适合于一级基坑工程。

(2)较深的基坑,通常认为,土钉墙适用于深度不大于12m的基坑支护工程。

(3)建筑物地基为灵敏度较高的土层。

(4)对用地红线有严格限制的场地。

第四节　土钉墙支护设计

一、土钉墙的设计内容

土钉墙工程设计应包括以下内容:

(1)确定土钉墙的结构尺寸及分段施工长度与高度;

(2)设计土钉的长度、间距及布置、孔径、钢筋直径等;

(3)进行内部和外部稳定性分析计算;

(4)设计面层和注浆参数,必要时,进行土钉墙变形分析;

(5)进行构造设计及制定质量控制要求。

二、土钉墙的设计参数与构造设计

1. 基坑侧壁平、剖面尺寸以及分段施工高度设计

基坑侧壁的平、剖面尺寸是根据基础尺寸、建筑红线等因素确定,同时土钉墙墙面坡度不宜大于1:0.2。分段施工高度主要由设计的土钉竖向间距确定,土钉水平间距和竖向间距宜为1～2m,但由于混凝土面层内钢筋网的搭接长度要求,因此分段施工高度必须大于土钉竖向间距,一般低于土钉300～500mm,如土钉竖向间距为1500mm,则分段施工高度为1800～2000mm。

2. 土钉布置方式、间距以及直径、长度、倾角设计

土钉可采用矩形或梅花形布置;土钉钢筋宜采用 HRB400、HRB500 钢筋,直径宜为 16～32mm,钻孔直径宜为 70～120mm;土钉与水平面夹角宜为 5°～20°,土钉水平间距、竖向间距及长度经验值见表 2-1。

土钉长度与间距经验值 表 2-1

土 的 名 称	土 的 状 态	水平间距（m）	竖向间距（m）	土钉长度与基坑深度比
素填土	—	1.0～1.2	1.0～1.2	1.2～2.0
淤泥质土	—	0.8～1.2	0.8～1.2	1.5～3.0
黏性土	软塑	1.0～1.2	1.0～1.2	1.5～2.5
	可塑	1.2～1.5	1.2～1.5	1.0～1.5
	硬塑	1.4～1.8	1.4～1.8	0.8～1.2
	坚硬	1.8～2.0	1.8～2.0	0.5～1.0
粉土	稍密、中密	1.0～1.5	1.0～1.4	1.2～2.0
	密实	1.2～1.8	1.2～1.5	0.6～1.2
砂土	稍密、中密	1.2～1.6	1.0～1.5	1.0～2.0
	密实	1.4～1.8	1.4～1.8	0.6～1.0

注：本表取自《复合土钉墙基坑支护技术规范》（GB 50739—2011）。

3. 注浆设计

注浆材料宜采用水泥浆或水泥砂浆，水泥浆的水灰比宜为 0.5～0.55，水泥砂浆的水灰比宜取 0.4～0.45，同时，灰砂比宜取 0.5～1.0，拌和用砂宜选用中粗砂，按重量计的含泥量不得大于 3%；施工时加入适量的速凝剂和减水剂，水泥浆或水泥砂浆的强度不宜低于 20MPa；水泥应采用普通硅酸盐水泥，强度不低于 42.5 级。

根据土质的不同和土钉倾角大小的不同，注浆方式可采用重力无压注浆、低压（0.4～0.6MPa）注浆、高压（1～2MPa）注浆、二次注浆等方式。当采用重力无压注浆时，土钉倾角宜大于 15°；当土质较差、土钉倾角水平或较小时，可采用低压注浆或高压注浆，此时应配有排气管；当必须提供较大的土钉抗拔力时，可采用二次注浆。

4. 喷射混凝土面层及土钉和面层的连接设计

土钉墙高度一般不大于 12m，面层喷射混凝土强度等级不宜低于 C20，面层厚度宜取 80～100mm；面层宜配置钢筋网，钢筋直径宜为 6～10mm，间距宜为 150～250mm；钢筋保护层厚度不宜小于 20mm；坡面上下段钢筋网搭接长度应大于 300mm。

土钉必须与面层有效连接，应设置承压板或加强钢筋等构造措施。承压板应与土钉螺栓连接，承压板一般采用厚度不小于 70mm、内配构造钢筋的多边形混凝土预制板；加强钢筋应与土钉钢筋焊接连接，加强钢筋一般采用长度不小于 0.4m，直径宜取 14～20mm，当充分利用土钉杆体的抗拉强度时，加强钢筋的截面面积不应小于土钉杆体截面面积的 1/2。

5. 坡顶防护及防排水设计

土钉墙墙顶应采用砂浆或混凝土护面，坡顶护面在坡顶 1m 内应配置与墙面内相同的钢筋，1m 外在地表做防水处理即可。当地下水位高于基坑底面时，应采取降水或截水措施。

坡顶和坡脚处应设置排水措施。排水措施主要是设置排水沟,坡顶排水沟应设置在最可能产生滑动面的位置;坡脚排水沟应设置在基坑内离坡脚0.5～1.0m处;排水沟的尺寸视现场实际情况确定。

三、土钉墙支护设计的计算

1. 土钉抗拔承载力计算

1)单根土钉的极限抗拔承载力计算

按式(2-1)计算:

$$\frac{R_{k,j}}{N_{k,j}} \geq K_t \tag{2-1}$$

式中:K_t——土钉抗拔安全系数;安全等级为二级、三级的土钉墙,K_t分别不应小于1.6、1.4;

$R_{k,j}$——第j层单根土钉的极限抗拔承载力标准值(kN),按式(2-2)计算;

$N_{k,j}$——第j层单根土钉的轴向拉力标准值(kN),按式(2-3)计算。

2)单根土钉的极限抗拔承载力标准值计算

按式(2-2)计算,计算简图如图2-5所示,计算结果需经《建筑基坑支护技术规程》(JGJ 120—2012)规定的土钉抗拔试验进行验证。

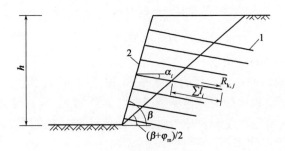

图2-5　土钉抗拔承载力计算

1-土钉;2-喷射混凝土面层

$$R_{k,j} = \pi d_j \sum q_{sk,i} l_i \tag{2-2}$$

式中:d_j——第j层土钉的锚固体直径(m),对成孔注浆土钉,按成孔直径计算,对打入钢管土钉,按钢管直径计算;

$q_{sk,i}$——第j层土钉与第i土层的极限黏结强度标准值(kPa),应根据工程经验并结合表2-2取值;

l_i——第j层土钉滑动面以外的部分在第i土层中的长度(m),直线滑动面与水平面的夹角取$\dfrac{\beta + \varphi_m}{2}$;

β——土钉墙坡面与水平面的夹角(°);

φ_m——基坑底面以上各土层按厚度加权的等效内摩擦角平均值(°)。

土钉的极限黏结强度标准值

表 2-2

土 的 名 称	土 的 状 态	q_{sk_i}(kPa)	
		成孔注浆土钉	打入钢管土钉
素填土		15 ~ 30	20 ~ 35
淤泥质土		10 ~ 20	15 ~ 25
黏性土	$0.75 < I_L \leqslant 1$	20 ~ 30	20 ~ 40
	$0.25 < I_L \leqslant 0.75$	30 ~ 45	40 ~ 55
	$0 < I_L \leqslant 0.25$	45 ~ 60	55 ~ 70
	$I_L \leqslant 0$	60 ~ 70	70 ~ 80
粉土		40 ~ 80	50 ~ 90
砂土	松散	35 ~ 50	50 ~ 65
	稍密	50 ~ 65	65 ~ 80
	中密	65 ~ 80	80 ~ 100
	密实	80 ~ 100	100 ~ 120

注:本表取自《建筑基坑支护技术规程》(JGJ 120—2012)。

3)单根土钉的轴向拉力标准值计算

按式(2-3)计算:

$$N_{k,j} = \frac{1}{\cos\alpha_j}\zeta\eta_j p_{ak,j}s_{x,j}s_{z,j} \tag{2-3}$$

式中:$N_{k,j}$——第 j 层单根土钉的轴向拉力标准值(kN);

α_j——第 j 层土钉的倾角(°);

ζ——墙面倾斜时的主动土压力折减系数,按式(2-4)计算;

η_j——第 j 层土钉轴向拉力调整系数,按式(2-5)和式(2-6)计算;

$p_{ak,j}$——第 j 层土钉处的主动土压力强度标准值(kN),按式(2-7)~式(2-12)计算;

$s_{x,j}$——土钉的水平间距(m);

$s_{z,j}$——土钉的垂直间距(m)。

坡面倾斜时的主动土压力折减系数可按下式计算:

$$\zeta = \tan\frac{\beta - \varphi_m}{2}\left(\frac{1}{\tan\dfrac{\beta + \varphi_m}{2}} - \frac{1}{\tan\beta}\right)\bigg/\tan^2\left(45° - \frac{\varphi_m}{2}\right) \tag{2-4}$$

土钉轴向拉力调整系数,可按下列公式计算:

$$\eta_j = \eta_a - (\eta_a - \eta_b)\frac{z_j}{h} \tag{2-5}$$

$$\eta_a = \frac{\sum(h - \eta_b z_j)\Delta E_{aj}}{\sum(h - z_j)\Delta E_{aj}} \tag{2-6}$$

式中:z_j——第 j 层土钉至基坑顶面的垂直距离(m);

h——基坑深度(m);

ΔE_{aj}——作用在以 $s_{x,j}$、$s_{z,j}$ 为边长的面积内的主动土压力标准值(kN);

η_a——计算系数;

η_b——经验系数,可取 $0.6 \sim 1.0$。

作用在支护结构外侧的主动土压力强度标准值、支护结构内侧的被动土压力强度标准值宜按下列公式计算(图2-6):

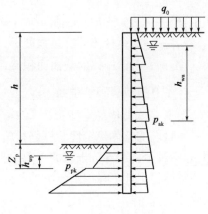

(1)对地下水位以上或水土合算的土层:

$$p_{ak} = \sigma_{ak}K_{a,i} - 2c_i \sqrt{K_{a,i}} \qquad (2\text{-}7)$$

$$K_{a,i} = \tan^2\left(45° - \frac{\varphi_i}{2}\right) \qquad (2\text{-}8)$$

$$p_{pk} = \sigma_{pk}K_{p,i} + 2c_i \sqrt{K_{p,i}} \qquad (2\text{-}9)$$

$$K_{p,i} = \tan^2\left(45° - \frac{\varphi_i}{2}\right) \qquad (2\text{-}10)$$

图2-6 土压力计算

式中:p_{ak}——支护结构外侧,第 i 层土中计算点的主动
    土压力强度标准值(kPa);当 $p_{ak} < 0$ 时,应取 $p_{ak} = 0$;

σ_{ak}、σ_{pk}——分别为支护结构外侧、内侧计算点的土中竖向应力标准值(kPa);

$K_{a,i}$、$K_{p,i}$——分别为第 i 层土的主动土压力系数、被动土压力系数;

c_i、φ_i——分别为第 i 层土的黏聚力(kPa)、内摩擦角(°);

p_{pk}——支护结构内侧、第 i 层土中计算点的被动土压力强度标准值(kPa)。

(2)对于水土分算的土层:

$$p_{ak} = (\sigma_{ak} - u_a)K_{a,i} - 2c_i \sqrt{K_{a,i}} + u_a \qquad (2\text{-}11)$$

$$p_{ak} = (\sigma_{pk} - u_p)K_{p,i} + 2c_i \sqrt{K_{p,i}} + u_p \qquad (2\text{-}12)$$

$$u_a = \gamma_w h_{wa} \qquad (2\text{-}13)$$

$$u_p = \gamma_w h_{wp} \qquad (2\text{-}14)$$

式中:u_a、u_p——分别为支护结构外侧、内侧计算点的水压力(kPa);

γ_w——地下水的重度(kN/m³),取 $\gamma_w = 10$kN/m³;

h_{wa}——基坑外侧地下水位至主动土压力强度计算点的垂直距离(m),对承压水,地下
    水位取测压管水位,当有多个含水层时,应计算点所在含水层地下水位为准;

h_{wp}——基坑内侧地下水位至被动土压力强度计算点的垂直距离(m);对承压水,地下
    水位取测压管水位。

对成层土,土压力计算时的各土层计算厚度应符合以下规定:

①当土层厚度较均匀、层面坡度较平缓时,宜取邻近勘察孔的各土层厚度,或同一计算剖面内各土层厚度的平均值;

②当同一计算剖面内各勘察孔的土层厚度分布不均时,应取最不利勘察孔的各土层厚度;

③对复杂地层且距勘探孔较远时,应通过综合分析土层变化趋势后确定土层的计算厚度;

④当相邻土层的土性接近,且对土压力的影响可以忽略不计或有利时,可归并为同一计算土层。

4)土钉杆体的受拉承载力计算

应满足式(2-15)要求:

$$N_j \leqslant f_y A_s \tag{2-15}$$

式中：N_j——第 j 层土钉的轴向拉力设计值（kN）；

f_y——土钉杆体的抗拉强度设计值（kPa）；

A_s——土钉杆体的截面积（m^2）。

2. 土钉墙的稳定性验算

1）土钉墙整体稳定性验算

土钉墙的整体稳定性验算是指施工过程中，边坡土体中可能出现的破坏面发生在支护内部，并穿过全部或部分土钉的现象。根据《建筑基坑支护技术规程》（JGJ 120—2012）规定，土钉墙整体稳定性可采用圆弧滑动条分法进行验算，如图2-7所示，并按下列公式进行整体稳定性验算。

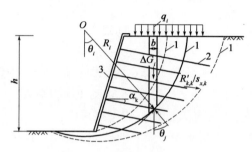

图2-7　土钉墙整体稳定性验算
1-滑动面；2-土钉；3-喷射混凝土面层

$$\min\{K_{s,1}, K_{s,2}, \cdots, K_{s,i}, \cdots\} \geqslant K_s \tag{2-16}$$

$$K_{s,i} = \frac{\sum\left[c_j l_j + (q_j b_j + \Delta G_j)\cos\theta_j\tan\varphi_j\right] + \sum R'_{k,k}\left[\cos(\theta_k + \alpha_k) + \psi_v\right]/s_{x,k}}{\sum(q_j b_j + \Delta G_j)\sin\theta_j} \tag{2-17}$$

式中：K_s——圆弧滑动稳定安全系数；安全等级为二级、三级的土钉墙，K_s 分别不应小于1.3、

1.25；

$K_{s,i}$——第 i 个圆弧滑动体的抗滑力矩与滑动力矩的比值；抗滑力矩与滑动力矩之比的最小值宜通过搜索不同圆心及半径的所有潜在滑动圆弧确定；

$c_j、\varphi_j$——分别为第 j 土条滑弧面处土的黏聚力（kPa）、内摩擦角（°）；

b_j——第 j 土条的宽度（m）；

θ_j——第 j 土条滑弧面中点处的法线与垂直面的夹角（°）；

l_j——第 j 土条的滑弧长度（m），取 $l_j = \dfrac{b_j}{\cos\theta_j}$；

q_j——第 j 土条上的附加分布荷载标准值（kPa）；

ΔG_j——第 j 土条的自重（kN），按天然重度计算；

$R'_{k,k}$——第 k 层土钉在滑动面以外的锚固段的极限抗拔承载力标准值与杆体受拉承载力标准值的较小值（kN）；锚固段的极限抗拔承载力应按式（2-2）计算，但锚固段应取圆弧滑动面以外的长度；

α_k——第 k 层土钉的倾角(°);

θ_k——滑弧面在第 k 层土钉处的法线与垂直面的夹角(°);

$s_{x,k}$——第 k 层土钉的水平间距(m);

ψ_v——计算系数;可取 $\psi_v = 0.5\sin(\theta_k + \alpha_k)\tan\varphi$。

2)土钉墙基坑坑底抗隆起稳定性验算

基坑底面下有软土层的土钉墙结构,应进行坑底抗隆起稳定性验算,如图 2-8 所示,验算可采用下列公式。

$$\frac{\gamma_{m2}DN_q + cN_c}{(q_1b_1 + q_2b_2)/(b_1 + b_2)} \geqslant K_b \tag{2-18}$$

$$N_q = \tan^2\left(45° + \frac{\varphi}{2}\right)e^{\pi\tan\varphi} \tag{2-19}$$

$$N_c = \frac{N_q - 1}{\tan\varphi} \tag{2-20}$$

$$q_1 = 0.5\gamma_{m1}h + \gamma_{m2}D \tag{2-21}$$

$$q_2 = \gamma_{m1}h + \gamma_{m2}D + q_0 \tag{2-22}$$

式中:K_b——抗隆起安全系数,安全等级为二级、三级的土钉墙,K_b 分别不应小于1.6、1.4;

q_0——地面均布荷载(kPa);

γ_{m1}——基坑底面以上土的天然重度(kN/m³),对多层土取各层土按厚度加权的平均重度;

h——基坑深度(m);

γ_{m2}——基坑底面至抗隆起计算平面之间土层的天然重度(kN/m³),对多层土取各层土按厚度加权的平均重度;

D——基坑底面至抗隆起计算平面之间土层的厚度(m),当抗隆起计算平面为基坑底平面时,取 $D = 0$;

N_c、N_q——承载力系数;

c、φ——分别为抗隆起计算平面以下土的黏聚力(kPa)、内摩擦角(°);

b_1——土钉墙坡面的宽度(m),当土钉墙坡面垂直时取 $b_1 = 0$;

b_2——地面均布荷载的计算宽度(m),可取 $b_2 = h$。

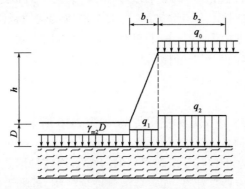

图 2-8　土钉墙基坑底面抗隆起稳定性验算

3)土钉墙支护外部稳定性验算

土钉墙与土体组成复合土体,其整体工作性能类似于重力式挡墙,可将土钉加固的整个土体视作重力式挡土墙分别验算。验算时,墙体宽度等于最下一排土钉的水平投影长度,验算项目如下:

①整个土钉墙支护体系沿底面水平滑动,如图2-9a)所示。

②整个土钉墙支护体系绕基坑底角倾覆,并验算此时支护底面的地基承载力,如图2-9b)所示。

③整个土钉墙支护连同外部土体沿深部的圆弧破坏面失稳,如图2-9c)所示。

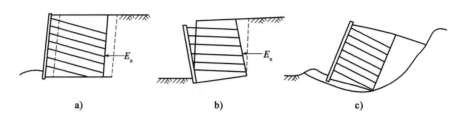

图2-9　土钉墙外部整体稳定性验算

可以参考《建筑基坑支护技术规程》(JGJ 120—2012)重力式水泥土墙进行验算,计算时可近似取墙体背面的土压力为水平作用的朗肯主动土压力。抗水平滑移的安全系数应不小于1.2;抗整体倾覆的安全系数应不小于1.3,且此时的墙体底面最大竖向压力应不大于墙底土体作为地基持力层的地基承载力设计值的1.2倍。

第五节　复合土钉墙支护设计

单纯土钉墙支护技术在许多情况下受到限制,特别是在土质较差、开挖深度较大、地下水位较高时,其变形往往无法达到要求。针对这种情况,近十几年来,许多学者和工程技术人员提出了一种新型的基坑支护方式,即复合土钉墙支护技术。

所谓复合土钉墙,是将土钉墙与其他的一种或几种支护技术(如有限放坡、截水帷幕、微型桩、水泥土墙、锚杆等)有机组合成的复合支护体系,它是一种改进或加强型土钉墙。复合土钉墙能克服单纯土钉墙的技术弱点和缺陷,扩大土钉墙的使用范围,在很多情况下,甚至能够取代排桩或地下连续墙支护方式,支护工期大大缩短,费用大大降低,取得显著经济效益和社会效益。因此,越来越多的工程开始使用复合土钉墙进行基坑支护。

一、复合土钉墙的类型

目前,复合土钉墙主要有以下几种实用类型,如图2-10所示。

(1)土钉墙+预应力锚杆

土坡较高或对边坡的水平位移要求较严格时经常采用这种形式,如图2-10a)所示。预应力锚杆可以增加边坡的稳定性。此外,如需要限制坡顶位移,可将锚杆布置在边坡的上部。因锚杆造价较高,为降低成本,通常将锚杆与土钉间隔布置,效果较好。

(2)土钉墙+截水帷幕

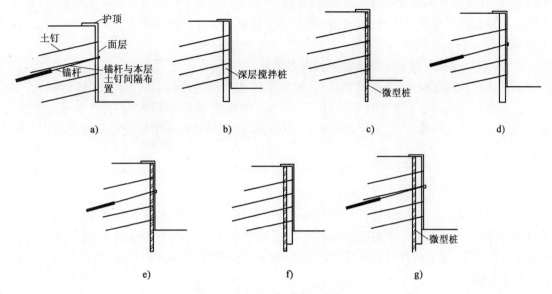

图 2-10 复合土钉墙的类型

这种复合支护形式在南方地区较为常见,多用于土质较差、基坑开挖深度不深的情况,如图 2-10b)所示。截水帷幕可采用深层搅拌法,高压喷射注浆法及压力注浆法等方法形成,其中搅拌桩截水帷幕效果较好,造价便宜,但在卵石层等地层中搅拌桩难以施工,多以旋喷桩或摆喷桩代替。

(3)土钉墙 + 微型桩

土钉墙 + 微型桩支护形式,如图 2-10c)所示。当地层中没有砂层等强透水层或地下水位较低,截水帷幕效用不大,且土体较为软弱(如填土、软塑状黏性土等),需要设置竖向构件来增强整体性、复合体强度及开挖面的自立性,此种情况下,可采用断续的、不起挡水作用的微型桩来取代截水帷幕,与土钉墙组成复合支护体系,可有效减小基坑变形。这种复合土钉支护在地质条件较差时及北方地区较为通用。

(4)土钉墙 + 截水帷幕 + 预应力锚杆

这是应用最为广泛的一种复合土钉支护体系,如图 2-10d)所示。这种支护体系一方面通过截水帷幕能有效地降低地下水对基坑工程施工的影响,另一方面通过设置预应力锚杆来提高复合土钉墙的稳定性并限制其位移,满足周围环境对支护结构变形的限制要求。

(5)土钉墙 + 微型桩 + 预应力锚杆

当基坑开挖面离建筑物红线和周边建筑物很近,且土质的自稳性又较差时,开挖前需要对土质进行加固,这时可使用各类微型桩进行超前支护,开挖后再实施土钉墙 + 预应力锚杆来保证土体的稳定性,限制土钉墙的位移。因而,这种支护形式变形小、稳定性好,在不需要截水帷幕的地区能满足大多数工程的实际需要,应用较为广泛,特别在北方地区应用较多,如图 2-10e)所示。

(6)土钉墙 + 微型桩 + 搅拌桩

搅拌桩抗弯及抗剪强度较低,在淤泥类软土中强度更低,在软土较厚时往往不能满足基底

抗隆起要求,或者不能满足局部抗剪要求,此时,可在土钉墙 + 搅拌桩复合支护的基础上,加入微型桩构成此种复合支护体系,如图 2-10f) 所示。这种复合支护形式在软土地区应用较多,在土质较好时一般不会采用。

(7) 土钉墙 + 截水帷幕 + 微型桩 + 预应力锚杆

当基坑开挖深度较大、变形要求较高、地质条件和环境条件复杂时,可采用这种形式,如图 2-10g) 所示。这种复合支护体系常可代替排桩 + 锚杆或地下连续墙支护方式。但应注意,这种复合支护体系构件较多,工序较复杂,工期较长,在支护体系选型时应充分进行技术经济比较后选用。

二、复合土钉墙的特点

复合土钉墙施工方便灵活,可与多种支护技术并用,具有单纯土钉墙的全部优点,又克服了其大多缺陷,大大拓宽了土钉墙的应用范围,从而得到了广泛的工程应用。目前,通常只有在基坑开挖不深、地质条件及周边环境较为简单的情况下使用单纯土钉墙支护,更多时采用的是复合土钉墙支护。

复合土钉墙的主要特点有:

(1) 与单纯土钉墙相比,对土层的适用性更广、更强,几乎可适用于各种土层,如杂填土、新近填土、砂砾土、软土等。

(2) 整体稳定性、抗隆起及抗渗流等各种稳定性大大提高,基坑风险相应降低。

(3) 增加了支护深度,能够有效地控制基坑水平位移等变形。

(4) 与桩锚、桩撑等传统支护手段相比,保持了土钉墙造价低、工期快、施工方便、机械设备简单等优点。

三、复合土钉墙稳定性验算

1. 复合土钉墙整体稳定性验算

复合土钉墙必须进行整体稳定性验算,验算可考虑截水帷幕、微型桩、预应力锚杆等构件的作用,根据《复合土钉墙基坑支护技术规范》(GB 50739—2011) 规定,可采用简化圆弧滑移面条分法进行验算,如图 2-11 所示。最危险滑裂面应通过试算搜索求得。验算时应考虑开挖过程中各工况,验算公式宜采用分项系数极限状态表达法。

整体稳定安全系数由下列公式计算:

$$K_s \leqslant K_{s0} + \eta_1 K_{s1} + \eta_2 K_{s2} + \eta_3 K_{s3} + \eta_4 K_{s4} \tag{2-23}$$

且:

$$K_{s0} + K_{s1} + 0.5 K_{s2} \geqslant 1.0$$

其中:

$$K_{s0} = \frac{\sum c_i L_i + \sum W_i \cos\theta_i \tan\varphi_i}{\sum W_i \sin\theta_i} \tag{2-24}$$

$$K_{s1} = \frac{\sum N_{uj} \cos(\theta_j + \alpha_j) + \sum N_{uj} \sin(\theta_j + \alpha_j) \tan\varphi_j}{s_{xj} \sum W_i \sin\theta_i} \tag{2-25}$$

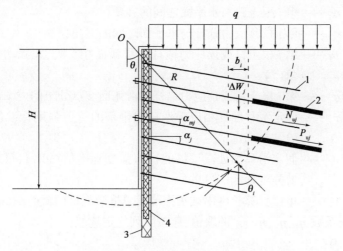

图 2-11　复合土钉墙稳定性分析计算

1-土钉;2-预应力锚杆;3-截水帷幕;4-微型桩

q-地面附加分布荷载;R-假定圆弧滑移面半径;b_i-第 i 个土条的宽度

$$K_{s2} = \frac{\sum P_{uj}\cos(\theta_j + \alpha_{mj}) + \sum P_{uj}\sin(\theta_j + \alpha_{mj})\tan\varphi_j}{s_{2xj}\sum W_i\sin\theta_i} \tag{2-26}$$

$$K_{s3} = \frac{\tau_q A_3}{\sum W_i\sin\theta_i} \tag{2-27}$$

$$K_{s4} = \frac{\tau_y A_4}{s_{4xj}\sum W_i\sin\theta_i} \tag{2-28}$$

式中:　　　K_s ——整体稳定性安全系数;对应于基坑安全等级一、二、三级分别取 1.4、
　　　　　　　　　1.3、1.2;开挖过程中最不利工况下可乘以 0.9 的系数;

K_{s0}、K_{s1}、K_{s2}、K_{s3}、K_{s4} ——整体稳定性分项抗力系数,分别为土、土钉、预应力锚杆、截水帷幕及
　　　　　　　　　微型桩产生的抗滑力矩与土体下滑力矩比;

c_i、φ_i ——第 i 个土条在滑弧面上的黏聚力(kPa)及内摩擦角(°);

L_i ——第 i 个土条在滑弧面上的弧长(m),取 $l_i = b_i/\cos\theta_i$;

W_i ——第 i 个土条重量(kN),包括作用在该土条上的各种附加荷载;

θ_i ——第 i 个土条在滑弧面中点处的法线与垂直面的夹角(°);

η_1、η_2、η_3、η_4 ——土钉、预应力锚杆、截水帷幕及微型桩组合作用折减系数,按后续内
　　　　　　　　　容规定选取;

s_{xj} ——第 j 根土钉与相邻土钉的平均水平间距(m);

s_{2xj}、s_{4xj} ——第 j 根预应力锚杆或微型桩的平均水平间距(m);

N_{uj} ——第 j 根土钉在稳定区(即滑移面外)所提供的摩阻力(kN),可按公式
　　　　　　　　　$N_{uj} = \pi d_j\sum q_{sik}l_{mi,j}$ 计算;

P_{uj} ——第 j 根预应力锚杆在稳定区(即滑移面外)的极限抗拔力(kN),按行
　　　　　　　　　业标准《建筑基坑支护技术规程》(JGJ 120—2012)的有关规定
　　　　　　　　　计算;

α_j——第 j 根土钉与水平面之间的夹角($°$);

α_{mj}——第 j 根预应力锚杆与水平面之间的夹角($°$);

θ_j——第 j 根土钉或预应力锚杆与滑弧面相交处,滑弧切线与水平面的夹角($°$);

φ_j——第 j 根土钉或预应力锚杆与滑弧面交点处土的内摩擦角($°$);

τ_q——假定滑移面处相应龄期截水帷幕的抗剪强度标准值(kPa),根据实验结果确定;

τ_y——假定滑移面处微型桩的抗剪强度标准值(kPa),可取桩体材料的抗剪强度标准值(kPa);

A_3、A_4——单位计算长度内截水帷幕或单根微型桩的截面积(m^2)。

组合作用折减系数 η_1、η_2、η_3、η_4 的取值,应按下列规定选取:

(1)η_1 宜取1.0;

(2)$P_{uj} \leqslant 300kN$ 时,η_2 宜取 $0.5 \sim 0.7$,随着锚杆抗力的增加而减小;

(3)截水帷幕与土钉墙复合作用时,η_3 宜取 $0.3 \sim 0.5$,水泥土抗剪强度取值较高、水泥土墙厚度较大时,η_3 宜取较小值;

(4)微型桩与土钉墙复合作用时,η_4 宜取 $0.1 \sim 0.3$,微型桩桩体材料抗剪强度取值较高、截面积较大时,η_4 宜取较小值。基坑支护计算范围内主要土层均为硬塑状黏性土等较硬土层时,η_4 取值可提高0.1;

(5)预应力锚杆、截水帷幕、微型桩三类构件共同复合作用时,组合作用折减系数不应同时取上限。

2. 复合土钉墙基坑坑底抗隆起稳定性验算

复合土钉墙基坑坑底抗隆起稳定性可按下列公式进行验算,如图2-12所示。

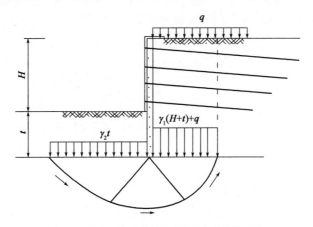

图2-12 复合土钉墙基坑坑底抗隆起稳定性验算

$$\frac{\gamma_2 t N_q + c N_c}{\gamma_1 (H + t) + q} \geqslant K_l \tag{2-29}$$

$$N_q = \exp(\pi \tan\varphi) \tan^2 \left(45° + \frac{\varphi}{2}\right) \tag{2-30}$$

$$N_c = \frac{N_q - 1}{\tan\varphi} \tag{2-31}$$

式中：γ_1、γ_2 ——底面、坑底至微型桩或截水帷幕底部各土层加权平均重度（kN/m^3）；

　　　t ——微型桩或截水帷幕在基坑底面以下的长度（m）；

　　N_q、N_c ——坑底抗隆起验算时的地基承载力系数，见式（2-19）、式（2-20）；

　　　q ——地面及土体中附加荷载（kN/m^2）；

　　c、φ ——支护结构底部土体黏聚力及内摩擦角（°）；

　　　K_l ——坑底抗隆起稳定安全系数，对应于基坑安全等级二、三级时分别取 1.4、1.2。

3. 复合土钉墙基坑抗渗流稳定性验算

有截水帷幕的复合土钉墙，其基坑开挖面以下有砂土或粉土等透水性较强土层且截水帷幕没有穿透该土层时，应进行抗渗流稳定性验算，如图 2-13 所示。

抗渗流稳定性可按下列公式进行验算：

$$\frac{i_c}{i} \geq K_{w1} \tag{2-32}$$

$$i_c = \frac{d_s - 1}{e + 1} \tag{2-33}$$

$$i = \frac{h_w}{h_w + 2t} \tag{2-34}$$

式中：i_c ——基坑底面土体的临界水力梯度；

　　　i ——渗流水力梯度；

　　　d_s ——坑底土颗粒的相对密度（g/cm^3）；

　　　e ——坑底土的空隙比；

　　　h_w ——基坑内外的水头差；

　　　t ——截水帷幕在基坑底面以下的长度（m）；

　　K_{w1} ——抗渗流稳定安全系数，对应基坑安全等级一、二、三级时宜分别取 1.50、1.35、1.20。

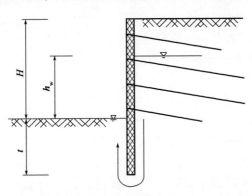

图 2-13　抗渗流稳定性验算

4. 复合土钉墙基坑抗突涌稳定性验算

基坑底面以下存在承压水时，如图 2-14 所示，可按式（2-35）进行抗突涌稳定性计算。当

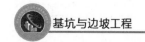

抗突涌稳定性验算不满足时,宜采取降低承压水等措施。

$$\frac{\gamma_{m2} h_c}{P_w} \geq K_{w2} \tag{2-35}$$

式中:γ_{m2}——不透水土层平均饱和重度(kN/m^3);

　　　h_c——承压水层顶面至基坑底面的距离(m);

　　　P_w——承压水水头压力(kPa);

　　　K_{w2}——抗突涌稳定性安全系数,宜取1.1。

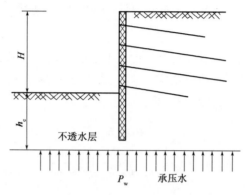

图2-14　抗突涌稳定性验算

四、复合土钉墙的设计及构造要求

(1)复合土钉墙的设计及构造应满足下列要求:

①土钉墙墙面宜适当放坡。

②竖向布置时土钉宜采用中部长上下短或上长下短布置形式。

③平面布置时应减少阳角,阳角处土钉在相邻两个侧面上错开或角度错开布置。

④面层应沿坡顶向外延伸形成不少于0.5m的护肩,在不设置截水帷幕或微型桩时,面层宜在坡脚处向坑内延伸0.3~0.5m形成护脚。

⑤土钉排数不宜少于2排。

(2)复合土钉墙选用土钉的构造应满足下列要求:

①应优先选用成孔注浆土钉。填土、软弱土及砂土等孔壁不易稳定的土层中可选用打入式钢花管注浆土钉。

②土钉与水平面夹角宜为5°~20°。

③成孔注浆土钉的孔径宜为70~130mm;杆体宜选用HRB335级或HRB400级钢筋,钢筋直径宜为16~32mm;全长每隔1~2m设置定位支架。

④钢管土钉杆体宜采用外径不小于48mm、壁厚不小于2.5mm的热轧钢管制作。钢管上应沿杆长每隔0.25~1.0m设置倒刺和出浆孔,孔径宜为5~8mm,管口2~3m范围内不宜设出浆孔。杆体底端头宜制成锥形,杆体接长宜采用帮条焊接,接头承载力不应低于杆体材料承载力。

⑤注浆材料宜选用早强水泥或水泥浆中掺入早强剂,注浆体强度等级不宜低于20MPa。

(3)复合土钉墙面层的构造应满足下列要求:

①应采用钢筋网喷射混凝土面层。

②面层混凝土强度等级不应低于 C20,终凝时间不宜超过 4h,厚度宜为 80～120mm。

③面层中应配置钢筋网。钢筋网可采用 HPB300 级钢筋,直径宜为 6～10mm,间距宜为 150～250mm,搭接长度不宜小于 30 倍钢筋直径。

(4)复合土钉墙连接件的构造应满足下列要求:

①土钉之间应设置通长水平加强筋,加强筋宜采用 2 根直径不小于 12mm 的 HRB335 级或 HRB400 级钢筋。

②喷射混凝土面层与土钉应连接牢固。可在土钉杆端两侧焊接钉头筋,并与面层内连接相邻土钉的加固筋焊接。

(5)复合土钉墙预应力锚杆的设计及构造应满足下列要求:

①锚杆杆体材料可采用钢绞线、HRB335 级、HRB400 级钢筋、精轧螺纹钢及无缝钢管。

②竖向布置预应力锚杆宜布设在基坑的中上部,锚杆间距不宜小于 1.5m。

③钻孔直径宜为 110～150mm,与水平面夹角宜为 10°～25°。

④锚杆自由段长度宜为 4～6m,并应设置隔离套管;钻孔注浆预应力锚杆长度方向每隔 1～2m 设一组定位支架。

⑤锚杆杆体外露长度应满足锚杆张拉锁定的需要,锚具型号及尺寸、垫板截面刚度应能满足预应力值稳定的要求。

⑥锚孔注浆宜采用二次高压注浆工艺,注浆体强度等级不宜低于 20MPa。

⑦锚杆最大张拉荷载宜为锚杆轴向承载力设计值的 1.1 倍(单循环验收试验)或 1.2 倍(多循环验收试验),且不应大于杆体抗拉强度标准值的 80%。锁定值宜为锚杆承载力设计值的 60%～90%。

(6)复合土钉墙截水帷幕的设计及构造应满足下列要求:

①水泥土桩截水帷幕宜选用早强水泥或在水泥浆中掺入早强剂;单位水泥用量水泥土搅拌桩不宜小于原状土质量的 13%,高压喷射注浆不宜小于 20%;水泥土龄期 28d 的无侧限抗压强度不应小于 0.6MPa。

②截水帷幕应满足自防渗要求,渗透系数应小于 0.01m/d。坑底以下插入深度应符合抗渗流稳定性要求,且不用小于 1.5～2m。截水帷幕宜穿透水层进入弱透水层 1～2m。

③相邻两根桩的地面搭接宽度不宜小于 150mm,且应保证相邻两根桩在桩底面处能够相互咬合。对桩间距、垂直度、桩径及桩位偏差等应提出控制要求。

(7)复合土钉墙微型桩的设计及构造应满足下列要求:

①微型桩宜采用小直径混凝土桩、钢管、型钢等。

②小直径混凝土桩、钢管、型钢等微型桩直径或等效直径宜取 100～300mm。

③小直径混凝土桩、钢管、型钢等微型桩间距宜为 0.5～2.0m。嵌固深度不宜小于 2m,桩顶上宜设置通长冠梁。

④微型桩填充胶结物抗压强度等级不宜低于 20MPa。

(8)复合土钉墙防排水的构造应满足下列要求:

①基坑应设置由排水沟、集水井等组成的排水系统,防止地表水下渗。

②未设置截水帷幕的土钉墙应在坡面上设置泄水管,泄水管间距宜为 1.5～2.5m。坡面

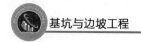

渗水处应适当加密。

③泄水管可采用直径 40～100mm、壁厚 5～10mm 的塑料管制作,插入土体内长度不宜小于 300mm,管身应设置透水孔,孔径宜为 10～20mm,开孔率宜为 10%～20%,宜外裹 1～2 层土工布并扎牢。

第六节　土钉墙施工规范与要求

一、单纯土钉墙各部分的施工规范与要求

土钉墙应按每层土钉及混凝土面层分层设置、分层开挖基坑的顺序施工。当有地下水时,对易产生流砂或塌孔砂土、粉土、碎石土等土层,应通过试验确定土钉施工工艺和措施。

(1)钢筋土钉成孔时应符合下列要求:

①土钉成孔范围内存在地下管线等设施时,应在查明其位置并避开后,再进行成孔作业;

②应根据土层的性状选择洛阳铲、螺旋钻、冲击钻、地质钻等成孔方法,采用的成孔方法应能保证孔壁的稳定性、减小对孔壁的扰动;

③当成孔遇不明障碍物时,应停止成孔作业,在查明障碍物的情况并采取针对性措施后方可继续成孔;

④对易塌孔的松散土层宜采用机械成孔工艺;成孔困难时,可采用注入水泥浆等方法进行护壁。

(2)钢筋土钉杆体的制作安装时应符合下列要求:

①钢筋使用前,应调直并清除污锈;

②当钢筋需要连接时,宜采用搭接焊、帮条焊;应采用双面焊,双面焊的搭接长度或帮条长度应不小于主筋直径的 5 倍,焊缝高度不应小于主筋直径的 0.3 倍;

③对中支架的断面尺寸应符合土钉杆体保护层厚度要求,对中支架可选用直径 6～8mm 的钢筋焊制;

④土钉成孔后应及时插入土钉杆体,遇塌孔、缩径时,应在处理后再插入土钉杆体。

(3)钢筋土钉注浆时应符合下列规定:

①注浆材料可选用水泥浆或水泥砂浆;水泥浆的水灰比宜取 0.5～0.55;水泥砂浆的水灰比宜取 0.40～0.45,同时,灰砂比宜取 0.5～1.0,拌和用砂宜选用中粗砂,按质量计的含泥量不得大于 3%。

②水泥浆或水泥砂浆应拌和均匀,一次拌和的水泥浆或水泥砂浆应在初凝前使用。

③注浆前应将孔内残留的虚土清除干净。

④注浆时,宜采用将注浆管与土钉杆体绑扎、同时插入孔内并由孔底注浆的方式;注浆管端部至孔底的距离不宜大于 200mm;注浆及拔管时,注浆口应始终埋入注浆液面内,应在新鲜浆液从孔口溢出后停止注浆;注浆后,当浆液液面下降时,应进行补浆。

(4)打入式钢管土钉施工时应符合下列规定:

①钢管端部应制成尖锥状;顶部宜设置防止钢管顶部施打变形的加强构造;

②注浆材料应采用水泥浆;水泥浆的水灰比宜取 0.5～0.6;

③注浆压力不宜小于 0.6MPa;应在注浆至管顶周围出现返浆后停止注浆;当不出现返浆时,可采用间歇注浆的方法。

(5)单纯土钉墙喷射混凝土面层施工应符合下列规定:

①细集料宜选用中粗砂,含泥量应小于 3%;

②粗集料宜选用粒径不大于 20mm 的级配砾石;

③水泥与砂石的质量比宜取 1:4～1:4.5,砂率宜取 45%～55%,水灰比宜取 0.4～0.45;

④使用速凝剂等外渗剂时,应做外加剂与水泥的相容性试验及水泥净浆凝结试验,并应通过试验确定外掺剂掺量及掺入方法;

⑤喷射作业应分段依次进行,同一分段内喷射顺序应自下而上均匀喷射,一次喷射厚度宜为 30～80mm;

⑥喷射混凝土时,喷头与土钉墙墙面应保持垂直,其距离宜为 0.6～1.0m;

⑦喷射混凝土终凝 2h 后应及时喷水养护;

⑧钢筋与坡面的间隙应大于 20mm;

⑨钢筋网可采用绑扎固定;钢筋连接宜采用搭接焊,焊缝长度不应小于钢筋直径的 10 倍;

⑩采用双层钢筋网时,第二层钢筋网应在第一层钢筋网被喷射混凝土覆盖后铺设。

(6)单纯土钉墙的施工偏差应符合下列要求:

①钢筋土钉的成孔深度应大于设计深度 0.1m;

②土钉位置的允许偏差应为 100mm;

③土钉倾角允许偏差为 3°;

④土钉杆体长度应大于设计长度;

⑤钢筋网间距的允许偏差应为 30mm;

⑥微型桩桩位的允许偏差应为 50mm;

⑦微型桩垂直度的允许偏差应为 0.5%。

二、复合土钉墙各部分的施工规范与要求

(1)复合土钉墙施工应按以下流程进行:

①施作截水帷幕和微型桩。

②截水帷幕、微型桩强度满足后,开挖工作面,修整土壁。

③施作土钉、预应力锚杆并养护。

④铺设、固定钢筋网。

⑤喷射混凝土面层并养护。

⑥施作围檩,张拉和锁定预应力锚杆。

⑦进入下一层施工,重复第②～第⑥项步骤直至完成。

(2)复合土钉墙截水帷幕的施工应符合下列规定:

①施工前,应进行成桩试验、工艺性试桩数量不应少于 3 根。应通过成桩试验确定注浆流量、搅拌头或喷浆头下沉和提升速度、注浆压力等技术参数,必要时应根据试桩参数调整水泥浆的配合比。

②水泥土桩应采取搭接法施工,相邻桩搭接宽度应符合设计要求。

③桩位偏差不应大于50mm,桩机的垂直度偏差不应超过0.5%。

④水泥土搅拌桩施工要求:

a.宜采用喷浆法施工,桩径偏差不应大于设计桩径的4%。

b.水泥浆液的水灰比宜按照试桩结果确定。

c.应按照试桩确定的搅拌次数和提升速度提升搅拌头。喷浆速度应与提升速度相协调,应确保喷浆量在桩身长度范围内分布均匀。

d.高塑性黏性土、含砂量较大及暗浜土层中,应增加喷浆搅拌次数。

e.施工中如因故停浆,恢复供浆后,应从停浆点返回0.5m,重新喷浆搅拌。

f.相邻水泥土搅拌桩施工间隔时间不应超过24h,如超过24h,应采取补强措施。

g.若桩身插筋,宜在搅拌桩完成后8h内进行。

⑤高压喷射注浆施工要求:

a.宜采用高压旋喷,高压旋喷可采用单管法、二重管法和三重管法,设计桩径大于800mm时宜用三重管法。

b.高压喷射水泥浆液水灰比宜按照试桩结果确定。

c.高压喷射注浆的喷射压力、提升速度、旋转速度、注浆流量等工艺参数应按照土层性状、水泥土固结体的设计有效半径等选择。

d.喷浆管分段提升时的搭接长度不应小于100mm。

e.在高压喷射注浆过程中出现压力陡增或陡降、冒浆量过大或不冒浆等情况时,应查明原因并及时采取措施。

f.应采取隔孔分序作业方式,相邻孔作业间隔时间不宜小于24h。

(3)复合土钉墙微型桩施工应符合下列规定:

①桩位偏差不应大于50mm,垂直度偏差不应大于1.0%。

②成孔类微型桩孔内应充填密实,灌注过程中应防止钢管或钢筋笼上浮。

③桩的接头承载力不应小于母材承载力。

(4)复合土钉墙土钉施工应符合下列规定:

①注浆用水泥浆的水灰比宜为0.45~0.55,注浆应饱满,注浆量应满足设计要求。

②土钉施工中应做好施工记录。

③钻孔注浆法施工要求:

a.成孔机具的选择要适应施工现场的岩土特点和环境条件,保证钻进和成孔过程中不引起塌孔,在易塌孔土层中,宜采用套管跟进成孔。

b.土钉应设置对中架,对中架间距1000~2000mm,支架的构造不应妨碍注浆。

c.钻孔后应进行清孔,清孔后方应及时置入土钉并进行注浆和孔口封闭。

d.注浆宜采用压力注浆,压力注浆时应设置止浆塞,注满后保持压力1~2min。

④击入法施工要求:

a.击入法施工宜选用气动冲击机械,在易液化土层中宜采用静力压入法或自钻式土钉施工工艺。

b.钢管注浆土钉应采用压力注浆,注浆压力不宜小于0.6MPa,并应在管口设置止浆塞,注满后保持压力 1~2min。若不出现返浆时,在排除窜入地下管道或冒出地表等情况外,可采用间歇注浆的措施。

(5)复合土钉墙预应力锚杆的施工应符合下列规定:

①锚杆成孔设备的选择应考虑岩土层性状、地下水条件及锚杆承载力的设计要求,成孔应保证孔壁的稳定性。当无可靠工程经验时,可按下列要求选择成孔方法:

a. 不宜塌孔的地层,宜采用长螺旋干作业钻进和清水钻进工艺,不宜采用冲洗液钻进工艺。

b. 地下水位以上的含有石块的较坚硬土层及风化岩地层,宜采用气动潜孔锤钻进或气动冲击回转钻进工艺。

c. 松散的可塑黏性土地层,宜采用回转挤密钻进工艺。

d. 易塌孔的砂土、卵石、粉土、软黏土等地层及地下水丰富的地层,宜采用跟管钻进工艺或采用自钻式锚杆。

②杆体应按设计要求安放套管、对中架、注浆管和排气管等构件,围檩应平整,垫板承压面应与锚杆轴线垂直。

③锚固段注浆宜采用二次高压注浆法。第一次宜采用水泥砂浆低压注浆或重力注浆,灰砂比宜为 1:0.5~1:1、水灰比不宜大于 0.6;第二次宜采用水泥浆高压注浆,水灰比宜为 0.45~0.55,注浆时间应在第一次灌注的水泥砂浆初凝后即刻进行,注浆压力 2.5~5.0MPa。注浆管应与锚杆体一起插入孔底,管底距离孔底宜为 100~200mm。

④锚杆张拉与锁定符合下列规定:

a. 锚固段注浆体及混凝土围檩强度应达到设计强度的 75%,且大于 15MPa 后,再进行锚杆张拉。

b. 锚杆宜采用间隔张拉。正式张拉前,应取 10%~20% 的设计张拉荷载预张拉 1~2 次。

c. 锚杆锁定时,宜先张拉至锚杆承载力设计值的 1.1 倍,卸荷后按设计锁定值进行锁定。

d. 变形控制严格的一级基坑,锚杆锁定后 48h 内,锚杆拉力值低于设计锁定值的 80% 时,应进行预应力补偿。

(6)复合土钉墙混凝土面层施工应符合下列规定:

①钢筋网应随土钉分层施工,逐层设置,钢筋保护层厚度不宜小于 20mm。

②钢筋的搭接长度不应小于 30 倍钢筋直径;焊接连接可采用单面焊,焊缝长度不应小于 10 倍钢筋直径。

③面层喷射混凝土配合比宜通过试验确定。

④湿法喷射时,水泥与砂石的质量比宜为 1:3.5~1:4,水灰比宜为 0.42~0.50,砂率宜为 0.5~0.6,粗集料的粒径不宜大于 15mm。

⑤干法喷射时,水泥与砂石的质量比宜为 1:4~1:4.5,水灰比宜为 0.4~0.45,砂率宜为 0.4~0.5,粗集料的粒径不宜大于 25mm。湿法喷射的混合料坍落度宜为 80~120mm。干混合料宜随拌随用,存放时间不应超过 2h,掺入速凝剂后不应超过 20min。

⑥喷射混凝土作业应与挖土协调,分段进行,同一段内喷射顺序应自下而上。

⑦当面层厚度超过 100mm 时,混凝土应分层喷射,第一层厚度不宜小于 40mm,前一层混凝土终凝后方可喷射后一层混凝土。

⑧喷射混凝土施工缝结合面应清除浮浆层和松散石屑。

⑨喷射混凝土施工24h后,应喷水养护,养护时间不应少于7d;气温低于+5℃时,不得喷水养护。

⑩喷射混凝冬期施工的临界强度,普通硅酸盐水泥配制的混凝土不得小于设计强度的30%;矿渣水泥配制的混凝土不得小于设计强度的40%。

三、土钉墙施工机械

土钉墙的施工机具主要包括挖土机、成孔、孔内注浆及混凝土喷射等机具。

视频1

成孔机具可选用冲击钻机、螺旋钻机(视频1)、回转钻机以及洛阳铲等,选择的钻机要适应现场土质和环境条件,保证钻进和抽出过程中不塌孔,在易塌孔的土体中钻孔时宜采用套管成孔(视频2)和挤压成孔。

孔内注浆采用注浆泵,其规格、压力和注浆量应满足施工要求。

视频2

混凝土喷射采用混凝土喷射机并配适当的空压机,喷射机的输送距离应满足施工现场要求,供水设备应保证喷头处有足够水量,喷头处的水压不小于2MPa。空压机应满足喷射机工作风压和风量的要求,可选用风压大于0.5MPa、风量大于9m³/min的空压机。

第七节 土钉墙与复合土钉墙支护实例

一、工程概况

东莞时代广场位于东莞市莞太路西侧、豪岗村门坊的南侧,占地面积约6800m²,共两座高22层的塔楼,由三层裙房连在一起;地下室两层,平面尺寸78m×72m;建筑物±0.00相当于绝对标高16.3m,场地地面标高为12.9~16.4m,地形由东向西、由北向南倾斜,地面高差约3.5m;基坑最大开挖深度约为10.5m,两侧开挖深度仅为7m,基坑周边总长为272m,开挖边坡垂直面积为2500m²。建筑物采用筏板基础,支撑于地面下约10m的天然地基上。

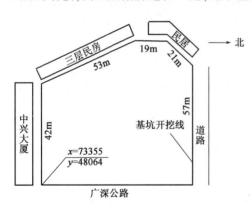

图2-15 基坑支护平面图

基坑的东侧为城市的主干道,距基坑边8m,基坑北侧为小区道路,紧邻开挖线,距离不到1m,南侧为正在施工的中兴大厦,西侧为三层的民房,距离基坑3~6m。基坑平面位置及周围环境见图2-15。

二、工程地质条件

根据场地地质勘察报告,场地内岩土层按成因分为:人工填土、第四纪坡残积层、第四纪残积层和震旦纪混凝岩、混合花岗岩。

从支护设计角度考虑,场地的岩土层情况可简化为:第一层为填土,第二层为砂砾黏土和砂质黏土,由于这两种土的力学计算指标相当近似,故将这两种土简化成一种土。

第一层填土的力学计算指标为:重度 $\gamma = 20\mathrm{kN/m^3}$,黏聚力 $c = 15$ kPa,内摩擦角 $\varphi = 16°$,变形模量 $E_0 = 10\mathrm{MPa}$,厚度1.5m;第二层土的力学计算指标为;$\gamma = 20\mathrm{kN/m^3}$;$c = 30\mathrm{kPa}$;$\varphi = 24°$;$E_0 = 30$ MPa;厚度不大于35m。

地下水位在地表下1.5m,场地总体富水性贫乏,地下水的主要来源为大气降水,地下水对混凝土无侵蚀性。

三、设计计算

1. 支护方案选择

通过对人工挖孔护坡桩、钻孔灌注排桩和土钉墙等方案,从技术、经济和进度等方面进行比较,最后决定采用土钉墙方案。该方案的优点是:造价最低,比全部用挖孔桩方案低200万元,比钻孔桩方案低300万元;进度也快,不占用单独工期,可随挖土边挖边施工,待土方开挖完后,土钉墙支护既已形成,可立即施工地下室板基础,工期最短;技术上可行,安全可靠。具体方案为:基坑东侧、北侧采用土钉墙和预应力锚杆联合支护,西侧为土钉墙支护,南侧采用人工挖孔护坡桩(因紧邻中兴大厦地下室、土钉不能施工)。由于开挖部分的土质较好,富水性贫乏,故不采取专门的降水措施,仅在坡面预留一些泄水孔。

2. 设计参数和计算结果

通过分析计算,最后选定的土钉墙参数为:土钉长度7~9m,横向间距1.5m,土钉钢筋采用 $\phi25$ 螺纹钢筋,成孔直径为100mm;为了减少边坡位移,第三排设置了预应力锚杆,横向间距3.0m,与9m长土钉间隔布置,锚杆长20m,其中自由段长5m,设计抗拔力200kN;喷射混凝土厚100mm,设计强度等级为C20,钢筋网采用 $\phi8@250\mathrm{mm}$,土钉墙典型剖面如图2-16所示,安全系数计算结果为如下:

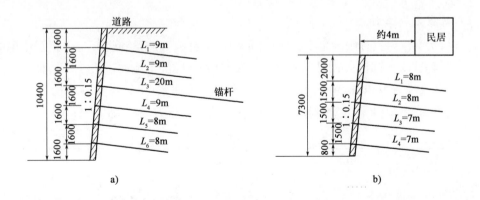

图2-16　基坑支护剖面图(尺寸单位:mm)

a)基坑东侧和北侧;b)基坑西侧

1）基坑剖面(图2-16a)主要计算结果

（1）整体稳定最小安全系数 $K_{pmin} = 1.58$；

（2）单根土钉抗拔力最小安全系数 $K_B = 1.5$；

（3）土钉整体抗拔力安全系数 $K_F = 3.57$；

（4）外部稳定安全系数 $K_h = 4.68$。

2）基坑剖面(图2-16b)主要计算结果

（1）整体稳定最小安全系数 $K_{pmin} = 1.42$；

（2）单根土钉抗拔力最小安全系数 $K_B = 1.53$；

（3）土钉整体抗拔力安全系数 $K_F = 3.24$；

（4）外部稳定抗滑安全系数 $K_h = 7.83$。

四、施工方法

土钉墙施工与基坑开挖交替进行,即基坑开挖到一定深度后,再施作土钉,然后进行下一层开挖。东、北两侧挖土分四层进行,第一层开挖深度为4.0m,以后每层开挖深度约为2.0m。西侧开挖分四层进行,每层开挖深度依次为:2.5m、2.0m、1.5m、1.0m。

土钉采用洛阳铲和100型地质钻机成孔,成孔直径为100mm。插入钢筋后,用注浆泵灌注纯水泥浆,水灰比为0.45。根据土钉现场拉拔试验揭示,土钉灌浆密实,抗拔力不小于21 kN/m。

喷射混凝土配合比为:水泥:砂:石子 = 1:2:2。基坑开挖一层后,即喷射4 cm厚混凝土,完成土钉施作后,铺设钢筋网,喷射混凝土至设计厚度,或视具体情况,一次喷射混凝土至设计厚度。

东侧、北侧开挖至8.0m后,对预应力锚杆进行张拉,张拉锁定荷载为120 kN后,再开挖基坑至设计标高。基坑土钉支护面积共约2500m²。

五、质量检验与监测

1. 土钉抗拔力原位测试

土钉抗拔力为土钉设计中的主要参数,也是衡量土钉施工质量和土钉与土相互作用的重要指标。本工程试验土钉长9m,与水平面倾角为10°,土钉位于地面以下3.2m,杆体为$\phi25$螺纹钢筋,成孔直径为100mm,灌注水灰比为0.5的纯水泥浆;土钉设置的地层为砂质黏性土,其力学指标为 $\gamma = 20$ kN/m³, $c = 30$ kPa, $\varphi = 24°$,土钉抗拔力试验结果见表2-3。

土钉抗拔力试验结果　　　　　　　　　　　　　　　　　表2-3

土钉编号	D-1	D-2	D-3	平均值
抗拔力（kN）	200	230	240	223.3
土钉头位移（mm）	12	13	13	12.3

由表2-3可知,土钉的平均抗拔力为223 kN,折合每延米为24.8kN,土钉与土体的平均摩阻力为78 kN,且土钉在拉动破坏前,其位移仅为12.3mm,说明土钉与土体具有良好的协同作用。

2. 土钉受力状态监测

土钉受力状态监测是用沿土钉长度方向每隔一定距离粘贴应变片的方法,测取土钉钢筋受力的大小,以评估土钉墙稳定性并指导施工。监测土钉位置和土层情况如图 2-17 所示,监测结果如图 2-18 所示。

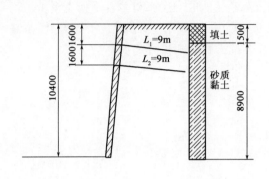

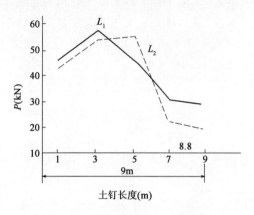

图 2-17 监测土钉位置及土层情况(尺寸单位:mm)　　　　图 2-18 基坑开挖完土钉受力情况

由监测数据可知,土钉沿长度方向受力是不均匀的,大致为中间部分大,两端小,且靠近潜在滑裂面处土钉力最大,最大点土钉拉力为 57.8 kN。随着基坑开挖加深,土钉力峰值逐渐向远离坡面处转移。

土钉受力较小,这与所测得的该处土钉墙位移仅为 10mm 是协调的,说明设计合理和施工质量优良的土钉墙具有足够的稳定性。同时,实测较小的土钉拉力值与土钉钢筋抗拉强度相比,具有较大的安全储备,说明可适当减小土钉钢筋的截面积,以节省钢材。

3. 土钉墙变形监测

土钉墙变形监测采用经纬仪测墙顶水平位移,在基坑南侧和北侧埋设测斜管,使用测斜仪监测土钉墙整体水平位移。监测结果显示,土钉墙最大位移为 10mm,大部分位移量不大于 2mm,基坑处于安全状态。

六、技术经济效果

基坑开挖至设计标高,坡顶位移仅为 10mm,周围居民和道路无任何开裂、下沉迹象,支护系统处于良好的工作状态。特别是基坑暴露期间,曾遭受特大暴雨和台风的袭击,基坑安全稳定,受到东莞市土木建筑界的好评。与其他支挡方案相比,节省工程造价 200 万 ~ 300 万元,并缩短工期两个月,取得显著的技术经济效益。

思考题与习题

2.1 简述放坡及土钉墙的适用条件。

2.2 简述土钉与锚杆的区别以及各自的适用条件。

2.3 土钉墙稳定性分析的主要方法有哪些?

2.4 土钉墙的作用机理是什么,进行土钉墙设计时,应验算什么?

2.5 复合土钉墙的类型及特点是什么?

2.6 复合土钉墙的稳定性分析包括哪些?

2.7 单纯土钉墙与复合土钉墙的区别是什么?

2.8 某二级基坑深7.5m,采用土钉墙支护,土钉墙坡脚85度,土钉与水平面夹角15度,土钉竖向和水平面间距均为1.5m,土钉成孔直径$d=0.1$m,长度$L=9.0$m,地面无超载,基坑边坡土体$\gamma=19$kN/m^3,$\varphi=22$度,$c=10$kPa,试计算各道土钉的抗拔力是多少?

第三章 排桩与地下连续墙支护技术

第一节 概 述

排桩与地下连续墙属于悬臂式挡土围护结构,是利用悬臂作用来挡住墙后土体,依靠基坑底下的插入深度范围内的被动土压力来平衡基坑所受的主动土压力、地面荷载等,从而使板桩、桩和墙稳定。根据受力机理,插入深度的确定是非常重要的,准确计算入土嵌固深度才能保证基坑和基坑周围的安全。悬臂式排桩桩身、地下连续墙墙身的最大弯矩决定桩身或墙身的强度;如用灌注桩、连续墙,则需按最大弯矩配筋,而且要核算桩顶的变形,达到信息施工的目的。

当基坑较深时,需添加支撑、锚拉等措施。将悬臂式挡土结构与锚拉结构相结合,构成锚拉式支挡结构;悬臂式挡土结构与内支撑结构相结合,构成内支撑式支挡结构。

排桩和地下连续墙支护结构的破坏,包括强度破坏、变形过大和稳定性破坏(图3-1)。

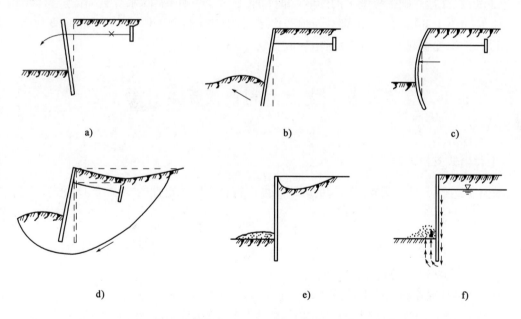

图 3-1 排桩和地下连续墙支护结构的破坏形式

a)拉锚破坏或支撑压屈;b)底部走动;c)平面变形过大或弯曲破坏;d)墙厚土体整体滑动失稳;e)坑底隆起;f)管涌

强度破坏或变形过大包括:

(1)拉锚破坏或支撑压曲:过多地增加了地面荷载引起的附加荷载,或土压力过大、计算有误,引起拉杆断裂,或锚固部分失效、腰梁(围檩)破坏,或内部支撑断面过小受压失稳。为此需计算拉锚承受的拉力或支撑荷载,正确选择其截面或锚固体。

(2)支护墙底部走动:当支护墙底部嵌固深度不够,或由于挖土超深、水的冲刷等原因都可能产生这种破坏。为此需正确计算支护结构的入土深度。

(3)支护墙的平面变形过大或弯曲破坏:支护墙的截面过小、对土压力估算不准确、墙后增加大量地面荷载或挖土超深等都可能引起这种破坏。

平面变形过大会引起墙后地面过大的沉降,也会给周围附近的建(构)筑物、道路、管线等造成损害。

稳定性破坏包括:

(1)墙后土体整体滑动失稳:如拉锚的长度不够,软黏土发生圆弧滑动,会引起支护结构的整体失稳。

(2)坑底隆起:在软黏土地区,如挖土深度大,嵌固深度不够,可能由于挖土处卸载过多,在墙后土重及地面荷载作用下引起坑底隆起。对挖土深度大的深坑需进行这方面的验算,必要时需对坑底土进行加固处理或增大挡墙的入土深度。

(3)管涌:在砂性土地区,当地下水位较高、坑深很大和挡墙嵌固深度不够时,挖土后在水头差产生的动水压力作用下,地下水会绕过支护墙连同砂土一同涌入基坑。

在各类基坑支护结构中,目前排桩和地下连续墙应用最多,其承受的荷载比较复杂,一般应考虑下述荷载及影响:土压力、水压力、地面超载、影响范围内的地面上建筑物和构筑物荷载、施工荷载、邻近基础工程施工的影响(如打桩、基坑土方开挖、降水等)。作为主体结构一部分时,应考虑上部结构传来的荷载及地震作用,需要时应结合工程经验考虑温度变化影响和混凝土收缩、徐变引起的作用以及时空效应。

第二节　支点力和嵌固深度计算

一、悬臂式支护结构

如图 3-2 所示,悬臂式支挡结构的嵌固深度应符合嵌固稳定性的要求,计算公式如下:

$$\frac{E_{pk}z_{p1}}{E_{ak}z_{a1}} \geq K_{em} \tag{3-1}$$

式中:K_{em}——嵌固稳定安全系数;安全等级为一级、二级、三级的悬臂式支挡结构,K_{em} 分别不应小于 1.25、1.2、1.15;

E_{ak}、E_{pk}——基坑外侧主动土压力、基坑内侧被动土压力合力的标准值(kN);

z_{a1}、z_{p1}——基坑外侧主动土压力、基坑内侧被动土压力合力作用点至挡土构件底端的距离(m)。

二、单支点支护结构

如图 3-3 所示,单支点支挡结构的嵌固深度应符合嵌固稳定性的要求,计算公式如下:

$$\frac{E_{pk}z_{p2}}{E_{ak}z_{a2}} \geq K_{em} \tag{3-2}$$

式中：K_{em}——嵌固稳定安全系数；安全等级为一级、二级、三级的锚拉式支挡结构和支撑式支挡结构，K_{em}分别不应小于1.25、1.2、1.15；

z_{a2}、z_{p2}——基坑外侧主动土压力、基坑内侧被动土压力合力作用点至支点的距离（m）。

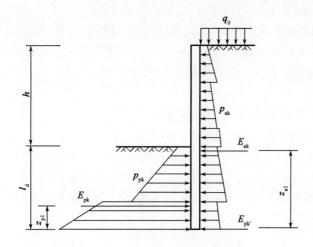

图3-2　悬臂式支挡结构嵌固稳定性验算

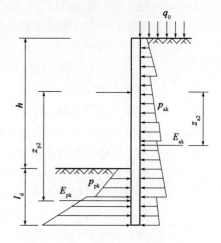

图3-3　单支点锚拉式支挡结构和支撑式
支挡结构的嵌固稳定性验算

三、多支点支护结构

如图3-4所示，多层支点支挡结构的嵌固深度宜按圆弧滑动简单条分法计算。

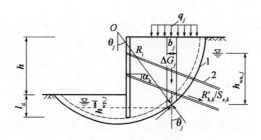

图3-4　圆弧滑动条分法整体稳定性验算
1-任意圆弧滑动面；2-锚杆

采用圆弧滑动条分法时，其整体稳定性计算公式：

$$\min\{K_{s,1},K_{s,2},\cdots,K_{s,i},\cdots\} \geq K_s \tag{3-3}$$

$$K_{s,i} = \frac{\sum\{c_jl_j + [(q_jl_j + \Delta G_j)\cos\theta_j - u_jl_j]\tan\varphi_j\} + \sum R'_{k,k}[\cos(\theta_j + \alpha_k) + \psi_v]/s_{x,k}}{\sum(q_jb_j + \Delta G_j)\sin\theta_j} \tag{3-4}$$

其中：K_s——圆弧滑动整体稳定安全系数；安全等级为一级、二级、三级的锚拉式支挡结构，K_s分别不应小于1.35、1.3、1.25；

$K_{s,i}$——第i个滑动圆弧的抗滑力矩与滑动力矩的比值；抗滑力矩与滑动力矩之比的最小值宜通过搜索不同圆心及半径的所有潜在滑动圆弧确定；

c_j、φ_j——第j土条滑弧面处土的黏聚力（kPa）、内摩擦角（°）；

b_j——第j土条的宽度（m）；

θ_j——第 j 土条滑弧面中点处的法线与垂直面的夹角(°);

l_j——第 j 土条的滑弧段长度(m),取 $l_j = b_j/\cos\theta_j$;

q_j——作用在第 j 土条上的附加分布荷载标准值(kPa);

ΔG_j——第 j 土条的自重(kN),按天然重度计算;

u_j——第 j 土条在滑弧面上的孔隙水压力(kPa);基坑采用落底式截水帷幕时,对地下水位以下的砂土、碎石土、粉土,在基坑外侧,可取 $u_j = \gamma_w h_{wa,j}$,在基坑内侧,可取 $u_j = \gamma_w h_{wp,j}$;在地下水位以上或对地下水位以下的黏性土,取 $u_j = 0$;

γ_w——地下水重度(kN/m³);

$h_{wa,j}$——基坑外地下水位至第 j 土条滑弧面中点的垂直距离(m);

$h_{wp,j}$——基坑内地下水位至第 j 土条滑弧面中点的垂直距离(m);

$R'_{k,k}$——第 k 层锚杆对圆弧滑动体的极限拉力值(kN);应取锚杆在滑动面以外的锚固体极限抗拔承载力标准值与锚杆杆体受拉承载力标准值($f_{ptk}A_p$ 或 $f_{yk}A_s$)的较小值;锚固体的极限抗拔承载力应按"第四节中锚杆极限抗拔承载力"的有关公式计算,但锚固段应取滑动面以外的长度;

α_k——第 k 层锚杆的倾角(°);

$s_{x,k}$——第 k 层锚杆的水平间距(m);

ψ_v——计算系数;可按 $\psi_v = 0.5\sin(\theta_k + \alpha_k)\tan\varphi$ 取值,此处,φ 为第 k 层锚杆与滑弧交点处土的内摩擦角。

当挡土构件底端以下存在软弱下卧土层时,整体稳定性的验算滑动面应包括由圆弧与软弱土层层面组成的复合滑动面。

挡土构件的嵌固深度除应满足上述计算结果外,对悬臂式结构,尚不宜小于 $0.8h$;对单支点支挡式结构,尚不宜小于 $0.3h$;对多支点支挡式结构,尚不宜小于 $0.2h$;此处,h 为基坑深度。

四、稳定性验算

支挡式结构除满足上述的嵌固整体稳定性要求外,还应结合实际情况进行其他稳定性验算。

1. 坑底抗隆起稳定性计算

如图 3-5 所示,锚拉式支挡结构和支撑式支挡结构,坑底抗隆起稳定性可按下列公式验算:

$$\frac{\gamma_{m2}DN_q + cN_c}{\gamma_{m1}(h + D) + q_0} \geqslant K_{he} \tag{3-5}$$

$$N_q = \tan^2\left(45° + \frac{\varphi}{2}\right)e^{\pi\tan\varphi} \tag{3-6}$$

$$N_c = (N_q - 1)/\tan\varphi \tag{3-7}$$

式中:K_{he}——抗隆起安全系数;安全等级为一级、二级、三级的支护结构,K_{he} 分别不应小于 1.8、1.6、1.4;

γ_{m1}——基坑外挡土构件底面以上土的重度(kN/m³);对地下水位以下的砂土、碎石土、

粉土取浮重度;对多层土取各层土按厚度加权的平均重度;

γ_{m2}——基坑内挡土构件底面以上土的重度(kN/m^3);对地下水位以下的砂土、碎石土、

粉土取浮重度;对多层土取各层土按厚度加权的平均重度;

D——基坑底面至挡土构件底面的土层厚度(m);

h——基坑深度(m);

q_0——地面均布荷载(kPa);

N_c、N_q——承载力系数;

c、φ——挡土构件底面以下土的黏聚力(kPa)、内摩擦角(°)。

当挡土构件底面以下有软弱下卧层时,挡土构件底面土的抗隆起稳定性验算的部位尚应包括软弱下卧层,式(3-5)中的 γ_{m1}、γ_{m2} 应取软弱下卧层顶面以上土的重度(图3-6),D 应取基坑底面至软弱下卧层顶面的土层厚度。

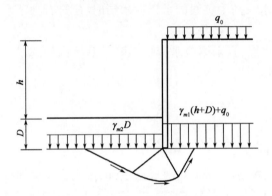

图3-5　挡土构件底端平面下土的抗隆起稳定性验算　　　　图3-6　软弱下卧层的抗隆起稳定性验算

悬臂式支挡结构可不进行抗隆起稳定性验算。

2. 按圆弧滑动验算抗隆起稳定性

锚拉式支挡结构和支撑式支挡结构,当坑底以下为软土时,应按图3-7所示的以最下层支点为转动轴心的圆弧滑动模式,按下列公式验算抗隆起稳定性:

$$\frac{\sum \left[c_j l_j + (q_j b_j + \Delta G_j) \cos\theta_j \tan\varphi_j \right]}{\sum (q_j b_j + \Delta G_j) \sin\theta_j} \geqslant K_{RL} \tag{3-8}$$

式中:K_{RL}——以最下层支点为轴心的圆弧滑动稳定安全系数;安全等级为一级、二级、三级的支挡式结构,K_{RL}分别不应小于2.2、1.9、1.7;

c_j、φ_j——第 j 土条在滑弧面处土的黏聚力(kPa)、内摩擦角(°);

l_j——第 j 土条的滑弧段长度(m),取 $l_j = b_j / \cos\theta_j$;

q_j——作用在第 j 土条上的附加分布荷载标准值(kPa);

b_j——第 j 土条的宽度(m);

θ_j——第 j 土条滑弧面中点处的法线与垂直面的夹角(°);

ΔG_j——第 j 土条的自重(kN),按天然重度计算。

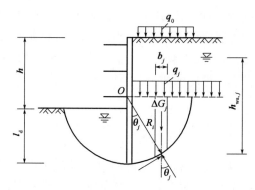

图 3-7 以最下层支点为轴心的圆弧滑动稳定性验算

3.地下水渗透稳定性

基坑采用悬挂式截水帷幕或坑底以下存在水头高于坑底的承压含水层时,应进行地下水渗透稳定性验算。

(1)坑底以下有水头高于坑底的承压水含水层,且未用截水帷幕隔断其基坑内外的水力联系时,承压水作用下的坑底突涌稳定性按下式计算:

$$\frac{D\gamma}{(\Delta h + D)\gamma_w} \geq K_{ty} \tag{3-9}$$

式中:K_{ty}——突涌稳定性安全系数;K_{ty}不应小于1.1;

D——承压含水层顶面至坑底的土层厚度(m);

γ——承压含水层顶面至坑底土层的天然重度(kN/m^3);对成层土,取按土层厚度加权的平均天然重度;

Δh——基坑内外的水头差(m);

γ_w——水的重度(kN/m^3)。

坑底土体的突涌稳定性验算如图 3-8 所示。

(2)悬挂式截水帷幕底端位于碎石土、砂土或粉土含水层时,对均质含水层,地下水渗流的流土稳定性按下式计算(图 3-9):

$$\frac{(2D + 0.8D_1)\gamma'}{\Delta h\gamma_w} \geq K_{se} \tag{3-10}$$

式中:K_{se}——流土稳定性安全系数;安全等级为一、二、三级的支护结构,K_{se}分别不应小于1.6、1.5、1.4;

D——截水帷幕底面至坑底的土层厚度(m);

D_1——潜水水面或承压水含水层顶面至基坑底面的土层厚度(m);

γ'——土的浮重度(kN/m^3);

Δh——基坑内外的水头差(m);

γ_w——水的重度(kN/m^3)。

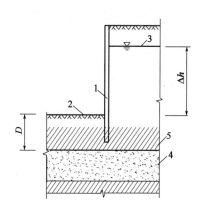

图 3-8 坑底土体的突涌稳定性验算
1-截水帷幕;2-基底;3-承压水测管水位;
4-承压水含水层;5-隔水层

对渗透系数不同的非均质含水层,宜采用数值方法进行渗流稳定性分析。

(3)坑底以下为级配不连续的不均匀砂土、碎石土含水层时,应进行土的管涌可能性判别。

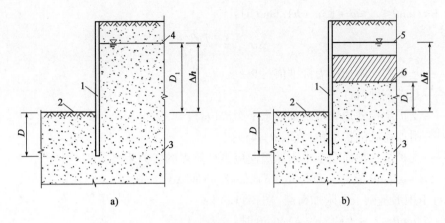

图3-9　采用悬挂式帷幕截水时的流土稳定性验算

a)潜水;b)承压水

1-截水帷幕;2-基坑底面;3-含水层;4-潜水水位;5-承压水测管水位;6-承压含水层顶面

第三节　桩(墙)内力与变形计算

一、荷载计算

1. 荷载种类

作用在支护结构上的荷载,应包括下列因素:

(1)基坑内外土的自重(包括地下水);

(2)基坑周边既有和在建的建(构)筑物荷载;

(3)基坑周边施工材料和设备荷载;

(4)基坑周边道路车辆荷载;

(5)冻胀、温度变化等产生的作用。

2. 支护结构的土压力计算

按本书第2章相关公式计算。

3. 土中附加竖向应力计算

均布附加荷载作用下的土中附加竖向应力标准值应按下式计算(图3-10):

$$\Delta\sigma_{k,j} = q_0 \qquad (3-11)$$

式中:q_0——均布附加荷载标准值(kPa)。

局部附加荷载作用下的土中附加竖向应力标准值

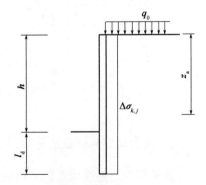

图3-10　均布竖向附加荷载作用下的土中附加竖向应力计算

计算：

(1)对于条形基础下的附加荷载[图3-11a)]：

当 $d + a/\tan\theta \leqslant z_a \leqslant d + (3a + b)/\tan\theta$ 时：

$$\Delta\sigma_{k,j} = \frac{p_0 b}{b + 2a} \tag{3-12}$$

式中：p_0——基础底面附加压力标准值(kPa)；

b——基础宽度(m)；

a——支护结构外边缘至基础的水平距离(m)；

θ——附加荷载的扩散角,宜取 $\theta = 45°$；

z_a——支护结构顶面至土中附加竖向应力计算点的竖向距离。

当 $z_a < d + a/\tan\theta$ 或 $z_a > d + (3a + b)/\tan\theta$ 时,取 $\Delta\sigma_{k,j} = 0$。

(2)对于矩形基础下的附加荷载[图3-11a)]：

当 $d + a/\tan\theta \leqslant z_a \leqslant d + (3a + b)/\tan\theta$ 时：

$$\Delta\sigma_{k,j} = \frac{p_0 bl}{(b + 2a)(l + 2a)} \tag{3-13}$$

式中：b——与基坑边垂直方向上的基础尺寸(m)；

l——与基坑边平行方向上的基础尺寸(m)。

当 $z_a < d + a/\tan\theta$ 或 $z_a > d + (3a + b)/\tan\theta$ 时,取 $\Delta\sigma_{k,j} = 0$。

(3)对作用在地面的条形、矩形附加荷载,计算土中附加竖向应力标准值 $\Delta\sigma_{k,j}$ 时,应取 $d = 0$ [图3-11b)]。

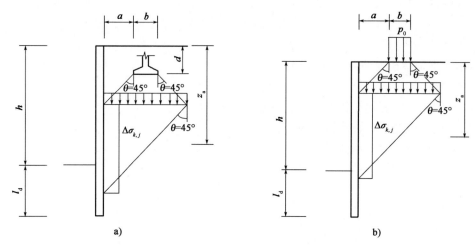

图3-11　局部附加荷载作用下的土中附加竖向应力计算

a)条形或矩形基础;b)作用在地面的条形或矩形附加荷载

二、内力和变形计算工况

排桩和地下连续墙支护结构的内力和变形计算,要根据基坑开挖和地下结构的施工过程,分别按不同的工况进行计算,从中找出最大的内力和变形值,供设计围护墙和支撑体系之用。

如图3-12a)所示的基坑支护结构,应按图3-12b)～图3-12f)五种工况分别进行计算其围护墙和支撑的内力和变形:

图3-12b)第一次挖土至第一层混凝土支撑之底面(如开槽浇筑第一层支撑,则可挖土至第一层支撑顶面),此工况围护墙为一悬臂的围护墙;

图3-12c)第一层支撑形成并达到设计规定的强度后,第二次挖土至第二层混凝土支撑之底面,此工况围护墙存在一层支撑;

图3-12d)第二层支撑形成并达到设计规定强度后,第三次挖土则至坑底设计标高;

图3-12e)底板(承台)浇筑后并达到设计规定强度后,进行换撑,即在底板顶面浇筑混凝土带形成支撑点,同时拆去第二层支撑,以便支设模板浇筑负2层的墙板和顶楼板;

图3-12f)负2层的墙板和顶楼板浇筑并达到设计规定强度后,再进行换撑,即在负2层顶楼板处加设支撑(一般浇筑间断的混凝土带)形成支撑点,同时拆去第一层支撑,以便支设模板继续向上浇筑地下室墙板和楼板。

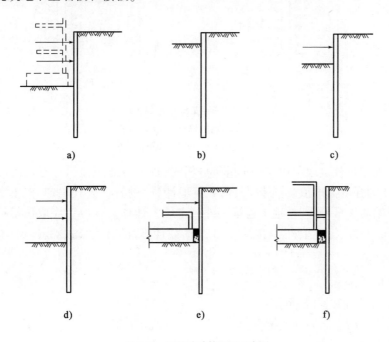

图3-12 围护墙计算工况示意图

a)内支撑和地下结构布置;b)挖土至第一层支撑底标高;c)加设第一层支撑,继续挖土至第二层支撑底标高;d)加设第二层支撑,继续挖土至坑底设计标高;e)进行换撑,在底板顶面形成支撑,同时拆去第二层支撑;f)再进行换撑,在地下室楼板处再形成支撑,同时拆去第一层支撑

支护结构围护墙的内力和变形的计算方法很多,过去对简单的、坑不深的支护结构可用等值梁法、弹性曲线法等进行近似的计算。近年来有很大改进,多用竖向弹性地基梁基床系数法,以有限元方法利用计算程序以电子计算机进行计算,计算迅速、较准确而且输出结果形象,多以图形表示,可形象表示出各工况的弯矩、剪力值及变形情况。近年来,为反映基坑施工时的空间效应和时间效应,又在研究和改进三维的计算程序,期望计算结果更加贴近实际情况,更加精确。

三、弹性支点法计算内力和变形

1. 计算模型

下面介绍《建筑基坑支护技术规程》（JGJ 120—2012）中推荐的弹性支点法。

弹性支点法的结构分析模型如图3-13所示。

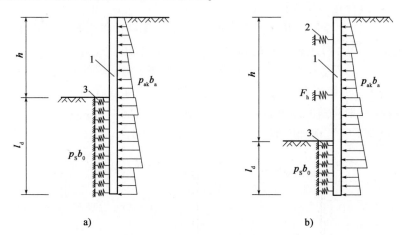

图3-13　弹性支点法计算简图
a）悬臂式支挡结构；b）锚拉或支撑式支挡结构
1-挡土构件；2-由锚杆或支撑简化而成的弹性支座；3-计算土反力的弹性支座

挡土结构采用排桩且取单根支护桩进行分析时，排桩外侧土压力计算宽度（b_a）应取排桩间距，主动土压力强度标准值（p_{ak}）按"3.3.1 荷载计算"的有关公式确定；挡土结构采用地下连续墙且取单幅墙进行分析时，地下连续墙外侧土压力计算宽度（b_a）应取包括接头的单幅墙宽度，主动土压力强度标准值（p_{ak}）按第"3.3.1 荷载计算"的有关公式确定。

2. 土反力计算

1）计算宽度确定

排桩计算宽度如图3-14所示。

排桩嵌固段上的土反力计算宽度（b_0），应按下列规定计算：

对于圆形桩，有

$$b_0 = 0.9(1.5d + 0.5) \qquad (d \leqslant 1\text{m}) \qquad (3\text{-}14)$$

$$b_0 = 0.9(d + 1) \qquad (d > 1\text{m}) \qquad (3\text{-}15)$$

对于矩形桩或工字形桩有

$$b_0 = 1.5b + 0.5 \qquad (b \leqslant 1\text{m}) \qquad (3\text{-}16)$$

$$b_0 = b + 1 \qquad (b > 1\text{m}) \qquad (3\text{-}17)$$

式中：b_0——单桩土反力计算宽度（m）；当按上式计算的b_0大于排桩间距时，取b_0等于排桩间距；

d——桩的直径（m）；

b——矩形桩或工字形桩的宽度（m）。

地下连续墙嵌固段上的土反力计算宽度（b_0）取包括接头的单幅墙宽度。

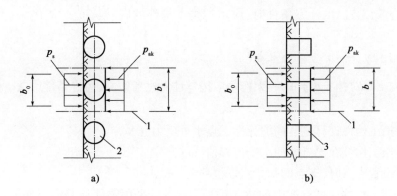

图 3-14　排桩计算宽度

a)圆形截面排桩计算宽度;b)矩形或工字形截面排桩计算宽度

1-排桩对称中心线;2-圆形桩;3-矩形桩或工字形桩

2)土反力计算

作用在挡土构件上的分布土反力,可按下列公式计算:

$$p_s = k_s v + p_{s0}$$ (3-18)

式中:p_s——分布土反力(kPa);

k_s——土的水平反力系数(kN/m^3),按下式计算:

$$k_s = m(z - h)$$ (3-19)

式中:z——计算点距地面的深度(m);

h——计算工况下的基坑开挖深度(m);

m——土的水平反力系数的比例系数(kN/m^4),宜按桩的水平荷载试验及地区经验取值,
缺少试验和经验时,可按下列经验公式计算:

$$m = \frac{0.2\varphi^2 - \varphi + c}{v_b}$$ (3-20)

式中:c、φ——土的黏聚力(kPa)、内摩擦角(°);

v_b——挡土构件在坑底处的水平位移量(mm),当此处的水平位移不大于 10mm 时,可
取 $v_b = 10mm$;

v——挡土构件在分布土反力计算点的水平位移值(m);

p_{s0}——初始土反力强度(kPa);作用在挡土构件嵌固段上的基坑内侧初始土压力强度
可按式(2-7)或式(2-12)计算,但应将公式中的 p_{ak} 用 p_{s0} 代替、σ_{ak} 用 σ_{pk} 代替、u_a
用 u_p 代替,且不计 $(2c_i \sqrt{K_{a,i}})$ 项。

挡土构件嵌固段上的基坑内侧分布土反力,应符合下列条件:

$$P_s \leqslant E_p$$ (3-21)

式中:P_s——作用在挡土构件嵌固段上的基坑内侧土反力合力(kN),通过按式(3-18)计算的
分布土反力 p_s 得出;

E_p——作用在挡土构件嵌固段上的被动土压力合力(kN),按本规程第"3.3.1 荷载计
算"的有关规定计算。

当不符合式(3-21)的计算条件时,应增加挡土构件的嵌固长度或取 $P_s = E_p$ 时的分布土反力。

3. 锚杆和内支撑的支点边界条件

锚杆和内支撑对挡土构件的约束作用应按弹性支座考虑,其边界条件应按下式确定:

$$F_h = k_R(v_R - v_{R0}) + P_h \qquad (3-22)$$

式中:F_h——挡土构件计算宽度内的弹性支点水平反力(kN);

v_R——挡土构件在支点处的水平位移值(m);

v_{R0}——设置支点时,支点的初始水平位移值(m);

P_h——挡土构件计算宽度内的法向预加力(kN);采用锚杆或竖向斜撑时,取 $P_h = P \cdot \cos\alpha \cdot b_a/s$;采用水平对撑时,取 $P_h = P \cdot b_a/s$;对不预加轴向压力的支撑,取 $P_h = 0$;锚杆的预加轴向拉力 P 宜取$(0.75N_k \sim 0.9N_k)$,支撑的预加轴向压力(P)宜取$(0.5N_k \sim 0.8N_k)$,此处,P 为锚杆的预加轴向拉力值或支撑的预加轴向压力值,α 为锚杆倾角或支撑仰角,b_a 为结构计算宽度,s 为锚杆或支撑的水平间距,N_k 为锚杆轴向拉力标准值或支撑轴向压力标准值;

k_R——计算宽度内弹性支点刚度系数(kN/m),确定方法如下:

(1)锚拉式支挡结构的弹性支点刚度系数,宜通过锚杆抗拔试验按下式计算:

$$k_R = \frac{(Q_2 - Q_1)b_a}{(s_2 - s_1)s} \qquad (3-23)$$

式中:Q_1、Q_2——锚杆循环加荷或逐级加荷试验中$(Q\text{-}s)$曲线上对应锚杆锁定值与轴向拉力标准值的荷载值(kN);按规定进行预张拉时,应取在相当于预张拉荷载的加载量下卸载后的再加载曲线上的荷载值;

s_1、s_2——$(Q\text{-}s)$曲线上对应于荷载为 Q_1、Q_2 的锚头位移值(m);

b_a——结构计算宽度(m);

s——锚杆水平间距(m)。

对拉伸型钢绞线锚杆或普通钢筋锚杆,在缺少试验时,弹性支点刚度系数也可按下列公式计算:

$$k_R = \frac{3E_s E_c A_p A b_a}{(3E_c A l_f + E_s A_p l_a)s} \qquad (3-24)$$

$$E_c = \frac{E_s A_p + E_m(A - A_p)}{A} \qquad (3-25)$$

式中:E_s——锚杆杆体的弹性模量(kPa);

E_c——锚杆的复合弹性模量(kPa);

A_p——锚杆杆体的截面面积(m^2);

A——锚杆固结体的截面面积(m^2);

l_f——锚杆的自由段长度(m);

l_a——锚杆的锚固段长度(m);

E_m——锚杆固结体的弹性模量(kPa)。

当锚杆腰梁或冠梁的挠度不可忽略不计时,尚应考虑其挠度对弹性支点刚度系数的影响。

(2)支撑式支挡结构的弹性支点刚度系数宜通过对内支撑结构整体进行线弹性结构分析得出的支点力与水平位移的关系确定。

对水平对撑,当支撑腰梁或冠梁的挠度可忽略不计时,计算宽度内弹性支点刚度系数(k_R)可按下式计算:

$$k_R = \frac{\alpha_V E A b_a}{\lambda l_0 s} \tag{3-26}$$

式中:λ——支撑不动点调整系数:支撑两对边基坑的土性、深度、周边荷载等条件相近,且分层对称开挖时,取 $\lambda = 0.5$;支撑两对边基坑的土性、深度、周边荷载等条件或开挖时间有差异时,对土压力较大或先开挖的一侧,取 $\lambda = 0.5 \sim 1.0$,且差异大时取大值,反之取小值,对土压力较小或后开挖的一侧,取($1 - \lambda$);当基坑一侧取 $\lambda = 1$ 时,基坑另一侧应按固定支座考虑;对竖向斜撑构件,取 $\lambda = 1$;

α_R——支撑松弛系数,对混凝土支撑和预加轴向压力的钢支撑,取 $\alpha_R = 1.0$,对不预加支撑轴向压力的钢支撑,取 $\alpha_R = 0.8 \sim 1.0$;

E——支撑材料的弹性模量(kPa);

A——支撑的截面面积(m²);

l_0——受压支撑构件的长度(m);

s——支撑水平间距(m)。

4. 支护结构的内力计算

支护结构在外力作用下的挠曲方程如下所示:

$$EI \frac{\mathrm{d}^4 y}{\mathrm{d}Z} - e_{aik} \cdot b_s = 0 \qquad (0 \leqslant z \leqslant h_n) \tag{3-27}$$

$$EI \frac{\mathrm{d}^4 y}{\mathrm{d}Z} + m b_0 (z - h_n) y - e_{aik} \cdot b_s = 0 \qquad (z \geqslant h_n) \tag{3-28}$$

式中:EI——结构计算宽度内的抗弯刚度(N/m);

m——地基土水平抗力系数的比例系数;

z——支护结构顶部至计算点的距离(m);

h_n——第 n 工况基坑开挖深度(m);

y——计算点处的水平变形(m);

b_s——荷载计算宽度,排桩取桩中心距,地下连续墙取单位宽度(m);

e_{aik}——基坑外侧主动土压力标准值(kN)。

支护结构围护墙内力计算简图如图 3-15 所示。

(1)悬臂式支护结构弯矩计算值 M_c 及剪力计算值 V_c 可按下式计算:

$$M_c = h_{mz} \sum E_{mz} - h_{az} \sum E_{az} \tag{3-29}$$

$$V_c = \sum E_{mz} - \sum E_{az} \tag{3-30}$$

式中:$\sum E_{mz}$——计算截面以上基坑内侧各土层弹性抗力值 $m b_0 (z - h_n) y$ 的合力之和;

h_{mz}——合力 $\sum E_{mz}$ 作用点至计算截面的距离;

$\sum E_{az}$——计算截面以上基坑外侧各土层水平荷载标准值 $e_{aik} b_s$ 的合力之和;

h_{az}——合力 $\sum E_{az}$ 作用点至计算截面的距离。

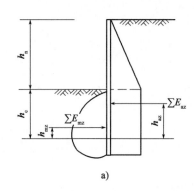
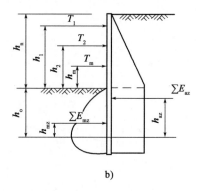

图 3-15　支护结构围护墙内力计算简图

a)悬臂式围护墙;b)有支点的围护墙

（2）支点支护结构弯矩计算值 M_c 及剪力计算值 V_c 可按下式计算：

$$M_c = \sum T_j(h_j + h_c) + h_{mz}\sum E_{mz} - h_{az}\sum E_{az} \tag{3-31}$$

$$V_c = \sum T_j + \sum E_{mz} - \sum E_{az} \tag{3-32}$$

式中：h_j——支点力 T_j 至基坑底的距离；

　　h_c——基坑底面至计算截面的距离,当计算截面在基坑底面以上时取负值。

（3）内力设计值的计算：

按上述方法算出截面的弯矩、剪力和支点力的计算值后,按下列规定计算其设计值：

①截面弯矩设计值 M

$$M = 1.25\gamma_0 M_c \tag{3-33}$$

式中：γ_0——重要性系数。

②截面剪力设计值 V

$$V = 1.25\gamma_0 V_c \tag{3-34}$$

③支点结构第 j 层支点力设计值 T_{dj}

$$T_{dj} = 1.25\gamma_0 T_{cj} \tag{3-35}$$

第四节　锚杆设计计算

一、锚杆的应用规定

（1）宜采用钢绞线锚杆;当设计的锚杆抗拔承载力较低时,也可采用普通钢筋锚杆;当环境保护不允许在支护结构使用功能完成后锚杆杆体滞留于基坑周边地层内时,应采用可拆芯钢绞线锚杆。

（2）在易塌孔的松散或稍密的砂土、碎石土、粉土层,高液性指数的饱和黏性土层,高水压力的各类土层中,钢绞线锚杆、普通钢筋锚杆宜采用套管护壁成孔工艺。

（3）锚杆注浆宜采用二次压力注浆工艺。

（4）锚杆锚固段不宜设置在淤泥、淤泥质土、泥炭、泥炭质土及松散填土层内。

（5）在复杂地质条件下,应通过现场试验确定锚杆的适用性。

二、锚杆的承载力计算

1.锚杆的极限抗拔承载力

$$\frac{R_k}{N_k} \geqslant K_t \tag{3-36}$$

式中:K_t——锚杆抗拔安全系数;安全等级为一级、二级、三级的支护结构,K_t 分别不应小于 1.8、1.6、1.4;

N_k——锚杆轴向拉力标准值(kN),按下式计算:

$$N_k = \frac{F_h s}{b_a \cos\alpha} \tag{3-37}$$

F_h——计算宽度内的弹性支点水平反力(kN);

s——锚杆水平间距(m);

b_a——结构计算宽度(m);

α——锚杆倾角(°);

R_k——锚杆极限抗拔承载力标准值(kN),应通过抗拔试验确定,也可按下式估算:

$$R_k = \pi d \sum q_{sik} l_i \tag{3-38}$$

式中:d——锚杆的锚固体直径(m);

l_i——锚杆的锚固段在第 i 土层中的长度(m);锚固段长度(l_a)为锚杆在理论直线滑动面以外的长度,理论直线滑动面按锚杆的自由段长度规定确定;

q_{sik}——锚固体与第 i 土层之间的极限黏结强度标准值(kPa),应根据工程经验并结合表 3-1 取值。

锚杆的极限黏结强度标准值　　　　　　　表 3-1

土 的 名 称	土的状态或密实度	q_{sik}(kPa)	
		一次常压注浆	二次压力注浆
填土		16 ~ 30	30 ~ 45
淤泥质土		16 ~ 20	20 ~ 30
黏性土	$I_L > 1$	18 ~ 30	25 ~ 45
	$0.75 < I_L \leqslant 1$	30 ~ 40	45 ~ 60
	$0.50 < I_L \leqslant 0.75$	40 ~ 53	60 ~ 70
	$0.25 < I_L \leqslant 0.50$	53 ~ 65	70 ~ 85
	$0 < I_L \leqslant 0.25$	65 ~ 73	85 ~ 100
	$I_L \leqslant 0$	73 ~ 90	100 ~ 130

续上表

土 的 名 称	土的状态或密实度	q_{sik}(kPa)	
		一次常压注浆	二次压力注浆
粉土	$e > 0.90$	22 ~ 44	40 ~ 60
	$0.75 \leqslant e \leqslant 0.90$	44 ~ 64	60 ~ 90
	$e < 0.75$	64 ~ 100	80 ~ 130
粉细砂	稍密	22 ~ 42	40 ~ 70
	中密	42 ~ 63	75 ~ 110
	密实	63 ~ 85	90 ~ 130
中砂	稍密	54 ~ 74	70 ~ 100
	中密	74 ~ 90	100 ~ 130
	密实	90 ~ 120	130 ~ 170
粗砂	稍密	80 ~ 130	100 ~ 140
	中密	130 ~ 170	170 ~ 220
	密实	170 ~ 220	220 ~ 250
砾砂	中密、密实	190 ~ 260	240 ~ 290
风化岩	全风化	80 ~ 100	120 ~ 150
	强风化	150 ~ 200	200 ~ 260

注:1. 采用泥浆护壁成孔工艺时,应按表取低值后再根据具体情况适当折减。
　　2. 采用套管护壁成孔工艺时,可取表中的高值。
　　3. 采用扩孔工艺时,可在表中数值基础上适当提高。
　　4. 采用分段劈裂二次压力注浆工艺时,可在表中二次压力注浆数值基础上适当提高。
　　5. 当砂土中的细粒含量超过总质量的30%时,按表取值后再乘以 0.75 的系数。
　　6. 对有机质含量为 5% ~ 10% 的有机质土,应按表取值后适当折减。
　　7. 当锚杆锚固段长度大于16m时,应对表中数值适当折减。

2. 锚杆的杆体受拉承载力

锚杆杆体的受拉承载力应符合下式规定:

$$N \leqslant f_{py}A_p \tag{3-39}$$

式中:N——锚杆轴向拉力设计值(kN);

f_{py}——预应力钢筋抗拉强度设计值(kPa);当锚杆杆体采用普通钢筋时,取普通钢筋强度设计值(f_y);

A_p——预应力钢筋的截面面积(m^2)。

三、锚杆的自由段长度

据图 3-16,锚杆的自由段长度应按下式确定:

$$l_f \geqslant \frac{(a_1 + a_2 - d\tan\alpha)\sin\left(45° - \dfrac{\varphi_m}{2}\right)}{\sin\left(45° + \dfrac{\varphi_m}{2} + \alpha\right)} + \frac{d}{\cos\alpha} + 1.5 \tag{3-40}$$

式中：l_f——锚杆自由段长度(m)；

α——锚杆的倾角(°)；

a_1——锚杆的锚头中点至基坑底面的距离(m)；

a_2——基坑底面至挡土构件嵌固段上基坑外侧主动土压力强度与基坑内侧被动土压力强度等值点 O 的距离(m)；对多层土地层，当存在多个等值点时应按其中最深处的等值点计算；

d——挡土构件的水平尺寸(m)；

φ_m——O 点以上各土层按厚度加权的内摩擦角平均值(°)。

锚杆自由段长度除应符合式(3-40)的规定外，尚不应小于5.0m。

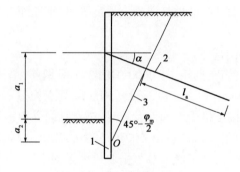

图3-16 理论直线滑动面
1-挡土构件；2-锚杆；3-理论直线滑动面

四、锚杆的布设

(1)锚杆的水平间距不宜小于1.5m；多层锚杆，其竖向间距不宜小于2.0m；当锚杆的间距小于1.5m时，应根据群锚效应对锚杆抗拔承载力进行折减或相邻锚杆应取不同的倾角。

(2)锚杆锚固段的上覆土层厚度不宜小于4.0m。

(3)锚杆倾角宜取15°～25°，且不应大于45°，不应小于10°；锚杆的锚固段宜设置在土的黏结强度高的土层内。

(4)当锚杆穿过的地层上方存在天然地基的建筑物或地下构筑物时，宜避开易塌孔、变形的地层。

第五节 设 计 要 求

一、排桩设计要求

(1)排桩的桩型与成桩工艺应根据桩所穿过土层的性质、地下水条件及基坑周边环境要求等，选择混凝土灌注桩、型钢桩、钢管桩、钢板桩等桩型。当支护桩的施工影响范围内存在对地基变形敏感、结构性能差的建筑物或地下管线时，不应采用挤土效应严重、易塌孔、易缩径或

有较大震动的桩型和施工工艺。采用挖孔桩且其成孔需要降水或孔内抽水时,应进行周边建筑物、地下管线的沉降分析;当挖孔桩的降水引起的地层沉降不能满足周边建筑物和地下管线的沉降要求时,应采取相应的截水措施。

(2)正截面受弯及斜截面受剪承载力计算以及纵向钢筋、箍筋的构造要求,应符合国家标准《混凝土结构设计规范》(GB 50010—2010,2015年版)的有关规定。

(3)混凝土灌注桩的设计要求:

采用混凝土灌注桩时,对悬臂式排桩,支护桩的桩径宜大于或等于600mm;对锚拉式排桩或支撑式排桩,支护桩的桩径宜大于或等于400mm;排桩的中心距不宜大于桩直径的2.0倍。

采用混凝土灌注桩时,支护桩的桩身混凝土强度等级、钢筋配置和混凝土保护层厚度应符合下列规定:

①桩身混凝土强度等级不宜低于C25。

②支护桩的纵向受力钢筋宜选用HRB400、HRB335级钢筋,单桩的纵向受力钢筋不宜少于8根,净间距不应小于60mm;支护桩顶部设置钢筋混凝土构造冠梁时,纵向钢筋锚入冠梁的长度宜取冠梁厚度;冠梁按结构受力构件设置时,桩身纵向受力钢筋伸入冠梁的锚固长度应符合国家标准《混凝土结构设计规范》(GB 50010—2010,2015年版)对钢筋锚固的有关规定;当不能满足锚固长度的要求时,其钢筋末端可采取机械锚固措施。

③箍筋可采用螺旋式箍筋,箍筋直径不应小于纵向受力钢筋最大直径的1/4,且不应小于6mm;箍筋间距宜取100~200mm,且不应大于400mm及桩的直径。

④沿桩身配置的加强箍筋应满足钢筋笼起吊安装要求,宜选用HPB300、HRB335级钢筋,其间距宜取1000~2000mm。

⑤纵向受力钢筋的保护层厚度不应小于35mm;采用水下灌注混凝土工艺时,不应小于50mm。

⑥当采用沿截面周边非均匀配置纵向钢筋时,受压区的纵向钢筋根数不应少于5根;当施工方法不能保证钢筋的方向时,不应采用沿截面周边非均匀配置纵向钢筋的形式。

⑦当沿桩身分段配置纵向受力主筋时,纵向受力钢筋的搭接应符合国家标准《混凝土结构设计规范》(GB 50010—2010)的相关规定。

(4)支护桩顶部应设置混凝土冠梁。在有主体建筑地下管线的部位,排桩冠梁宜低于地下管线。冠梁的宽度不宜小于桩径,高度不宜小于桩径的0.6倍。冠梁钢筋应符合国家标准《混凝土结构设计规范》(GB 50010—2010)对梁的构造配筋要求。冠梁用作支撑或锚杆的传力构件或按空间结构设计时,尚应按受力构件进行截面设计。

(5)排桩的桩间土应采取防护措施。桩间土防护措施宜采用内置钢筋网或钢丝网的喷射混凝土面层。喷射混凝土面层的厚度不宜小于50mm,混凝土强度等级不宜低于C20,混凝土面层内配置的钢筋网的纵横向间距不宜大于200mm。钢筋网或钢丝网宜采用横向拉筋与两侧桩体连接,拉筋直径不宜小于12mm,拉筋锚固在桩内的长度不宜小于100mm。钢筋网宜采用桩间土内打入直径不小于12mm的钢筋钉固定,钢筋钉打入桩间土中的长度不宜小于排桩净间距的1.5倍且不应小于500mm。

(6)采用降水的基坑,在有可能出现渗水的部位应设置泄水管,泄水管应采取防止土颗粒流失的反滤措施。

（7）排桩采用素混凝土桩与钢筋混凝土桩间隔布置的钻孔咬合桩形式时，支护桩的桩径可取 800～1500mm，相邻桩咬合不宜小于 200mm。素混凝土桩应采用强度等级不小于 C15 的超缓凝混凝土，其初凝时间宜控制在 40～70h 之间，坍落度宜取 12～14mm。

二、地下连续墙设计要求

（1）地下连续墙的正截面受弯承载力、斜截面受剪承载力应按国家标准《混凝土结构设计规范》（GB 50010—2010，2015 年版）的有关规定进行计算。

（2）地下连续墙的墙体厚度宜按成槽机的规格，选取 600mm、800mm、1000mm 或 1200mm。

（3）一字形槽段长度宜取 4～6m。当成槽施工可能对周边环境产生不利影响或槽壁稳定性较差时，应取较小的槽段长度。必要时，宜采用搅拌桩对槽壁进行加固。地下连续墙的转角处或有特殊要求时，单元槽段的平面形状可采用 L 形、T 形等。

（4）地下连续墙的混凝土设计强度等级宜取 C30～C40。地下连续墙用于截水时，墙体混凝土抗渗等级不宜小于 P6，槽段接头应满足截水要求。当地下连续墙同时作为主体地下结构构件时，墙体混凝土抗渗等级应符合国家标准《地下工程防水技术规范》（GB 50108—2008）及其他相关规范的要求。

（5）地下连续墙的纵向受力钢筋应沿墙身每侧均匀配置，可按内力大小沿墙体纵向分段配置，且通长配置的纵向钢筋不应小于 50%；纵向受力钢筋宜采用 HRB335 级或 HRB400 级钢筋，直径不宜小于 16mm，净间距不宜小于 75mm。水平钢筋及构造钢筋宜选用 HPB300、HRB335 或 HRB400 级钢筋，直径不宜小于 12mm，水平钢筋间距宜取 200～400mm。冠梁按构造设置时，纵向钢筋锚入冠梁的长度宜取冠梁厚度。冠梁按结构受力构件设置时，桩身纵向受力钢筋伸入冠梁的锚固长度应符合国家标准《混凝土结构设计规范》（GB 50010—2010，2015 年版）对钢筋锚固的有关规定。当不能满足锚固长度的要求时，其钢筋末端可采取机械锚固措施。纵向受力钢筋的保护层厚度，在基坑内侧不宜小于 50mm，在基坑外侧不宜小于 70mm。

（6）钢筋笼两侧的端部与槽段接头之间、钢筋笼两侧的端部与相邻墙段混凝土接头面之间的间隙应不大于 150mm，纵筋下端 500mm 长度范围内宜按 1:10 的斜度向内收口。

（7）地下连续墙的槽段接头应按下列原则选用：

①地下连续墙宜采用圆形锁口管接头、波纹管接头、楔形接头、工字形钢接头或混凝土预制接头等柔性接头。

②当地下连续墙作为主体地下结构外墙，且需要形成整体墙体时，宜采用刚性接头；刚性接头可采用一字形或十字形穿孔钢板接头、钢筋承插式接头等；在采取地下连续墙顶设置通长的冠梁、墙壁内侧槽段接缝位置设置结构壁柱、基础底板与地下连续墙刚性连接等措施时，也可采用柔性接头。

（8）地下连续墙墙顶应设置混凝土冠梁。冠梁宽度不宜小于墙厚，高度不宜小于墙厚的 0.6 倍。冠梁钢筋应符合国家标准《混凝土结构设计规范》（GB 50010—2010，2015 年版）对梁的构造配筋要求。冠梁用作支撑或锚杆的传力构件或按空间结构设计时，尚应按受力构件进行截面设计。

三、锚杆设计要求

1. 钢绞线锚杆、普通钢筋锚杆的设计要求

（1）锚杆成孔直径宜取 100~150mm。

（2）锚杆自由段的长度不应小于 5m，且穿过潜在滑动面进入稳定土层的长度不应小于 1.5m；钢绞线、钢筋杆体在自由段应设置隔离套管。

（3）土层中的锚杆锚固段长度不宜小于 6m。

（4）锚杆杆体的外露长度应满足腰梁、台座尺寸及张拉锁定的要求。

（5）锚杆杆体用钢绞线应符合国家标准《预应力混凝土用钢绞线》（GB/T 5224—2014）的有关规定。

（6）普通钢筋锚杆的杆体宜选用 HRB335、HRB400 级螺纹钢筋。

（7）应沿锚杆杆体全长设置定位支架；定位支架应能使相邻定位支架中点处锚杆杆体的注浆固结体保护层厚度不小于 10mm，定位支架的间距宜根据锚杆杆体的组装刚度确定，对自由段宜取 1.5~2.0m；对锚固段宜取 1.0~1.5m；定位支架应能使各根钢绞线相互分离。

（8）钢绞线用锚具应符合国家标准《预应力筋用锚具、夹具和连接器》（GB/T 14370—2015）的规定。

（9）普通钢筋锚杆采用千斤顶张拉后对螺栓进行紧固的锁定方法，螺栓与杆体钢筋的连接、螺母的规格应满足锚杆拉力的要求。

（10）锚杆注浆应采用水泥浆或水泥砂浆，注浆固结体强度不宜低于 20MPa。

2. 锚杆腰梁的设计要求

（1）锚杆腰梁可采用型钢组合梁或混凝土梁。锚杆腰梁应按受弯构件设计。锚杆腰梁的正截面、斜截面承载力，对混凝土腰梁，应符合国家标准《混凝土结构设计规范》（GB 50010—2010，2015 年版）的规定；对型钢组合腰梁，应符合国家标准《钢结构设计规范》（GB 50017—2003）的规定。当锚杆锚固在混凝土冠梁上时，冠梁应按受弯构件设计，其截面承载力应符合上述国家标准的规定。

（2）锚杆腰梁应根据实际约束条件按连续梁或简支梁计算。计算腰梁的内力时，腰梁的荷载应取结构分析时得出的支点力设计值。

（3）型钢组合腰梁可选用双槽钢或双工字钢，槽钢之间或工字钢之间应用缀板焊接为整体构件，焊缝连接应采用贴角焊。双槽钢或双工字钢之间的净间距应满足锚杆杆体平直穿过的要求。采用型钢组合腰梁时，腰梁应满足在锚杆集中荷载作用下的局部受压稳定与受扭稳定的构造要求。当需要增加局部受压和受扭稳定性时，可在型钢翼缘端口处配置加劲肋板。

（4）锚杆的混凝土腰梁、冠梁宜采用斜面与锚杆轴线垂直的梯形截面；腰梁、冠梁的混凝土强度等级不宜低于 C25。采用梯形截面时，截面的上边水平尺寸不宜小于 250mm。

（5）采用楔形钢垫块时，楔形钢垫块与挡土构件、腰梁的连接应满足受压稳定性和锚杆垂直分力作用下的受剪承载力要求。采用楔形混凝土垫块时，混凝土垫块应满足抗压强度和锚杆垂直分力作用下的受剪承载力要求，且其强度等级不宜低于 C25。

第六节　施　工　要　求

一、排桩的施工要求

（1）排桩的施工应符合行业标准《建筑桩基技术规范》（JGJ 94—2008）对相应桩型的有关规定。

（2）当排桩桩位邻近的既有建筑物、地下管线、地下构筑物对地基变形敏感时，应根据其位置、类型、材料特性、使用状况等相应采取下列控制地基变形的防护措施：

①宜采取间隔成桩的施工顺序；对混凝土灌注桩，应在混凝土终凝后，再进行相邻桩的成孔施工；

②对松散或稍密的砂土、稍密的粉土、软土等易坍塌或流动的软弱土层，对钻孔灌注桩宜采取改善泥浆性能等措施，对人工挖孔桩宜采取减小每节挖孔和护壁的长度、加固孔壁等措施（视频3、视频4）；

视频3　　　　　　　　视频4

③支护桩成孔过程出现流砂、涌泥、塌孔、缩径等异常情况时，应暂停成孔并及时采取有针对性的措施进行处理，防止继续塌孔；

④当成孔过程中遇到不明障碍物时，应查明其性质，且在不会危害既有建筑物、地下管线、地下构筑物的情况下方可继续施工。

（3）混凝土灌注桩的施工要求：

①对混凝土灌注桩，其纵向受力钢筋的接头不宜设置在内力较大处。同一连接区段内，纵向受力钢筋的连接方式和连接接头面积百分率应符合国家标准《混凝土结构设计规范》（GB 50010—2010,2015 年版）对梁类构件的规定；

②混凝土灌注桩采用沿纵向分段配置不同钢筋数量时，钢筋笼制作和安放时应采取控制非通长钢筋竖向定位的措施；

③混凝土灌注桩采用沿桩截面周边非均匀配置纵向受力钢筋时，应按设计的钢筋配置方向进行安放，其偏转角度不得大于10°；

④混凝土灌注桩设有预埋件时，应根据预埋件的用途和受力特点的要求，控制其安装位置及方向。

（4）钻孔咬合桩的施工要求：

①钻孔咬合桩施工可采用液压钢套管全长护壁、机械冲抓成孔工艺。

②桩顶应设置导墙，导墙宽度宜取 3~4m，导墙厚度宜取 0.3~0.5m。

③咬合桩应按先施工素混凝土桩、后施工钢筋混凝土桩的顺序进行；钢筋混凝土桩应在素

混凝土桩初凝前通过在成孔时切割部分素混凝土桩身形成与素混凝土桩的互相咬合搭接;钢筋混凝土桩的施工尚应避免素混凝土桩刚浇筑后被切割。

④钻机就位及吊设第一节套管时,应采用两个测斜仪贴附在套管外壁并用经纬仪复核套管垂直度,其垂直度允许偏差应为3‰。液压套管应正反扭动加压下切。管内抓斗取土时,套管底部应始终位于抓土面下方,抓土面与套管底的距离应大于1.0m。

⑤孔内虚土和沉渣应清除干净,并用抓斗夯实孔底;灌注混凝土时,套管应随混凝土浇筑逐段提拔;套管应垂直提拔,阻力过大时应转动套管同时缓慢提拔。

(5)排桩的施工偏差应符合下列规定:

①桩位的允许偏差应为50mm;

②桩垂直度的允许偏差应为0.5%;

③预埋件位置的允许偏差应为20mm;

④桩的其他施工允许偏差应符合行业标准《建筑桩基技术规范》(JGJ 94—2008)的规定。

(6)冠梁施工时,应将桩顶部浮浆、低强度混凝土及破碎部分清除。冠梁混凝土浇筑采用土模时,土面应修理整平。

(7)采用混凝土灌注桩时,其质量检测应符合下列规定:

①应采用低应变动测法检测桩身完整性,检测桩数不宜少于总桩数的20%,且不得少于5根;

②当根据低应变动测法判定的桩身完整性为Ⅲ类或Ⅳ类时,应采用钻芯法进行验证,并应扩大低应变动测法检测的数量。

二、地下连续墙的施工要求

1. 成槽施工要求

(1)地下连续墙的施工应根据地质条件的适应性等因素选择成槽设备。成槽施工前应进行成槽试验,并应通过试验确定施工工艺及施工参数。

(2)当地下连续墙邻近的既有建筑物、地下管线、地下构筑物对地基变形敏感时,地下连续墙的施工应采取有效措施控制槽壁变形。

(3)成槽施工前,应沿地下连续墙两侧设置导墙,导墙宜采用混凝土结构,且混凝土的设计强度等级不宜低于C20。导墙底面不宜设置在新近填土上,且埋深不宜小于1.5m。导墙的强度和稳定性应满足成槽设备和顶拔接头管施工的要求。

(4)成槽时的护壁泥浆在使用前,应根据泥浆材料及地质条件试配及进行室内性能试验,泥浆配比应按试验确定。泥浆拌制后应贮放24h,待泥浆材料充分水化后方可使用。成槽时,泥浆的供应及处理设备应满足泥浆使用量的要求,泥浆的性能应符合相关技术指标的要求。

(5)单元槽段宜采用间隔一个或多个槽段的跳幅施工顺序。每个单元槽段,挖槽分段不宜超过3个。成槽过程护壁泥浆液面应高于导墙底面500mm。

(6)槽段接头应满足混凝土浇筑压力对其强度和刚度的要求。安放槽段接头时,应紧贴槽段垂直缓慢沉放至槽底。遇到阻碍时应先清除,然后再入槽。混凝土浇灌过程中应采取防止混凝土产生绕流的措施。

（7）对有防渗要求的接头,应在吊放地下连续墙钢筋笼前,对槽段接头和相邻墙段的槽壁混凝土面用刷槽器等方法进行清刷,清刷后的槽段接头和混凝土面不得夹泥。

2. 钢筋笼施工要求

（1）钢筋笼制作时,纵向受力钢筋的接头不宜设置在受力较大处。同一连接区段内,纵向受力钢筋的连接方式和连接接头面积百分率应符合国家现行有关标准对板类构件的规定。

（2）钢筋笼应设置定位层垫块,垫块在垂直方向上的间距宜取 3～5m,水平方向上每层宜设置 2～3 块。

（3）单元槽段的钢筋笼宜整体装配和沉放。需要分段装配时,宜采用焊接或机械连接,接头的位置宜选在受力较小处,并应符合国家标准《混凝土结构设计规范》（GB 50010—2010,2015 年版）对钢筋连接的有关规定。

（4）钢筋笼应根据吊装的要求,设置纵横向起吊桁架;桁架主筋宜采用 HRB335 级或 HRB400 级钢筋,钢筋直径不宜小于 20mm,且应满足吊装和沉放过程中钢筋笼的整体性及钢筋笼骨架不产生塑性变形的要求。连接点出现位移、松动或开焊的钢筋笼不得入槽,应重新制作或修整完好。

3. 混凝土浇筑要求

（1）现浇地下连续墙应采用导管法浇筑混凝土。导管拼接时,其接缝应密闭。混凝土浇筑时,导管内应预先设置隔水栓。

（2）槽段长度不大于 6m 时,槽段混凝土宜采用二根导管同时浇筑;槽段长度大于 6m 时,槽段混凝土宜采用三根导管同时浇筑。每根导管分担的浇筑面积应基本均等。钢筋笼就位后应及时浇筑混凝土。混凝土浇筑过程中,导管埋入混凝土面的深度宜在 2.0～4.0m,浇筑液面的上升速度不宜小于 3m/h。混凝土浇筑面宜高于地下连续墙设计顶面 500mm。

4. 冠梁施工要求

地下连续墙冠梁的施工应符合排桩冠梁的施工要求。

5. 施工质量检测要求

除特殊要求外,地下连续墙的施工偏差应符合国家标准《建筑地基基础工程施工质量验收规范》（GB 50202—2002）的规定。

地下连续墙的质量检测应符合下列规定:

（1）应进行槽壁垂直度检测,检测数量不得小于同条件下总槽段数的 20%,且不少于 10 幅;当地下连续墙作为主体地下结构构件时,应对每个槽段进行槽壁垂直度检测。

（2）应进行槽底沉渣厚度检测;当地下连续墙作为主体地下结构构件时,应对每个槽段进行槽底沉渣厚度检测。

（3）应采用声波透射法对墙体混凝土质量进行检测,检测墙段数量不宜少于同条件下总墙段数的 20%,且不得少于 3 幅墙段,每个检测墙段的预埋超声波管数不应少于 4 个,且宜布置在墙身截面的四边中点处。

（4）当根据声波透射法判定的墙身质量不合格时,应采用钻芯法进行验证。

（5）地下连续墙作为主体地下结构构件时,其质量检测尚应符合相关规范的要求。

第七节 桩锚支护基坑设计、施工和监测实例

一、基坑工程概况

1.工程概况

中铝科技大厦位于辽宁省沈阳市和平区中华路与和平大街交汇处,地处市中心繁华地带。该建筑物占地约5000m²,建筑物高度99.8m,地上26层,地下2层,基础的结构形式为筏板基础,电梯井部分基坑开挖最大深度14m,其余部分开挖深度9.93~11.33m。

2.工程特点及环境特征

1)工程特点

本工程地处繁华地段,施工条件有限,同时基坑开挖深度大;原办公楼为20世纪50年代建筑,距离该基坑很近;地下水位降深大、土方量大、工序复杂、工期短,所以技术要求很高。

2)环境特征

①基坑周边建筑物密集,东侧、南侧紧邻原办公楼,基坑支护边缘距原办公楼墙体只有2.7m。

②基坑东侧、南侧原办公楼是50年代三层建筑物,独立柱基础埋深仅为1.5~1.8m,且在原三层基础上改为现在的七层楼。

③基坑西侧距常德街7m,受过往车辆的动载荷影响,北侧距住宅楼12m。

④基坑周围管网错综复杂,渗漏点多,且场地内有一条东西走向的人防工程,洞内有国家安全局通信光缆通过,因此对基坑支护的安全要求极高。

⑤场地地下水位埋深在6.9~7.1m,且水量丰富。由于基坑最大开挖深度大,降水从 −7.10m降至−14.50m,降水的幅度比较大,所以基坑开挖及降水对周围建筑物的影响,特别是对原建筑物的影响显得尤为重要。基坑位置平面图如图3-17所示。

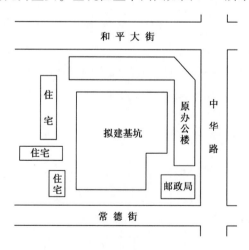

图 3-17 基坑位置平面图

二、工程地质条件

1. 场地土类型与场地类别

根据本场地的孔波速测试成果,计算土层等效剪切波速 $v_{se} = 254 \sim 261 \text{ m/s}$。按国家标准《建筑抗震设计规范》(GB 50011—2010)判定,场地土类型为中硬场地土,建筑场地类别为Ⅱ类。

2. 场地土的天然地基承载力

根据国家标准《建筑地基基础设计规范》(GB 50007—2011)的有关规定,给出各土层天然地基承载力标准值 f_k、压缩模量标准值 $E_{s(1-2)}$、变形模量标准值 E_0 值及砂土的 c、φ 的经验值如下:

②层粉质黏土: $f_k = 140\text{kPa}, E_{s(1-2)} = 5.6\text{MPa}, c = 42.68\text{kPa}, \varphi = 15.43°$。

③层粗砂:　　$f_k = 440\text{kPa}, E_0 = 27.0\text{MPa}, \varphi = 33°$。

④层砾砂:　　$f_k = 650\text{kPa}, E_0 = 36.0\text{MPa}, \varphi = 38°$。

④$_{-1}$层粗砂:　$f_k = 500\text{kPa}, E_0 = 27.0\text{MPa}, \varphi = 34°$。

3. 场地的地层结构及岩性特征

钻探揭露,本场地地层主要由杂填土、黏性土、砂类土组成,自上而下划分为如下几层:

①层杂填土:主要由建筑垃圾、生活垃圾、炉灰、黏性土等组成,结构松散,分布连续,厚度变化较大。层厚:0.3 ~ 1.8m。

②层粉质黏土:黄褐色,可塑状态,上部局部呈现为硬 ~ 可塑,含少量铁锰质结核,切面有光泽,摇震反应无,干强度中,韧性中。层位稳定,分布连续,厚度变化较大。层厚 1.2 ~ 4.2m。

③层粗砂:黄褐色,长石、石英质,级配一般,分选较好,颗粒多呈圆形、亚圆形,黏粒含量低,局部含少量小砾石。稍湿,中密状态。该层为中粗砂互层,该层上部 1 ~ 2.0m 范围内,主要以中砂为主。层位较稳定,厚度变化较大,层厚 1.5 ~ 5.8m。

④层砾砂:黄褐色,长石、石英质,混粒结构,级配较好,颗粒多呈圆形、亚圆形,含卵砾石 10% ~ 15% 左右,局部为圆砾夹层,一般粒径 2 ~ 20mm,大者 30 ~ 40mm,稍湿 ~ 饱和,密实状态。层位稳定,分布连续。

④$_{-1}$层粗砂:黄褐色,长石、石英质,分选较好,含少量的小砾石,饱和,密实,以夹层的形式存在于④砾砂中。

4. 场地的水文地质条件

本场地地下水为第四纪孔隙潜水,主要赋存于④砾砂、④$_{-1}$粗砂层中,地下水稳定水位埋深 6.9 ~ 7.1m。地下水主要补给来源为大气降水。据本场地水质分析结果判定,该场地内的地下水对混凝土无腐蚀性,对钢结构有弱腐蚀性。

5. 场地液化判别

本场区内的地下水位以下地层主要是:砾砂及圆砾、粗砂夹层,根据国家标准《建筑抗震设计规范》(GB 50011—2010)的液化判定条件和沈阳市抗震设防烈度为 7 度的条件下,经判别,地下水位以下的砂土均为不液化地层。

三、基坑工程设计

基坑工程设计包括支护结构设计与降水设计。基坑工程设计采用"动态设计、信息化施工"法,详见图 3-18。施工过程中根据基坑开挖及降水的实际情况,对局部地段进行动态调整。

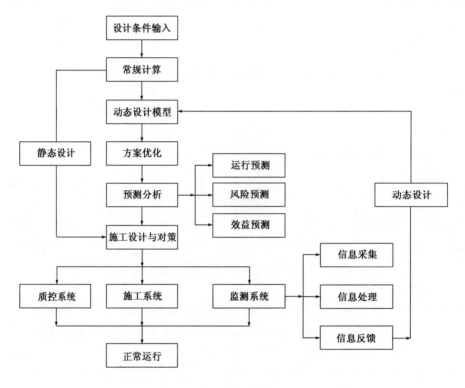

图 3-18 基坑开挖动态设计流程图

1. 基坑支护结构设计

1) 基坑支护结构设计方案对比分析

基坑支护结构设计方案对比见表 3-2。

基坑支护结构设计方案对比表 表 3-2

方 案	优 点	缺 点
人工挖孔桩加锚杆	1. 支护桩强度高,对限制周边管线及建筑物变形有利; 2. 速度快、工期短、造价低; 3. 施工无污染、噪声,不扰民	1. 挖孔时需进行降水; 2. 距建筑物近,危险性比较大; 3. 地下水位高且砂层容易塌孔
钻孔灌注桩加锚杆	1. 结构整体性好; 2. 能够保证基坑安全; 3. 地表土层不需处理也能钻孔	1. 涉及泥浆外运,环境污染; 2. 机械噪声大、扰民; 3. 造价高、工期相对长; 4. 场地狭小,不利于钻机摆布

方　案	优　点	缺　点
超流态桩加锚杆	1. 结构整体性好； 2. 能够保证基坑安全； 3. 施工速度快，每台钻机每天 20 根左右，工期短、工程造价低； 4. 钻机无振动、无噪声、不扰民、无污染	1. 地表杂填土需开挖处理； 2. 受地层的限制，钢筋笼不易下到位
螺旋钻孔压浆桩加锚杆	1. 结构整体性好； 2. 施工速度快，工期短； 3. 最大优点可提高岩土力学指标，降低工程造价； 4. 钻机无振动、无噪声、不扰民、无污染	1. 桩身为无砂混凝土； 2. 水泥用量大

根据以上对比分析，本基坑采用螺旋钻孔压灌排桩加锚杆支护方案。

2) 设计参数选取

(1) 根据基坑工程岩土工程勘察、相关规范及现场经验，土层参数选取见表 3-3。

土 层 参 数　　　　　　　　　　　　　　　　表 3-3

土层名称	厚度 （m）	土的重度 （kN/m³）	黏聚力 （kPa）	内摩擦角 （°）	变形模量 （MPa）	压缩模量 （MPa）
杂填土	0.3 ~ 1.8	18.5	15	10	12	—
粉质黏土	1.2 ~ 4.2	19.5	42.68	15.43	15	5.6
粗砂	1.5 ~ 5.8	16.9	0	33	27	—
砾砂	>7.0	18.9	0	38	36	—

(2) 地面荷载：靠近原办公楼侧附加荷载取 105kPa，其余取 10kPa。

(3) 基坑设计安全等级为一级，基坑侧壁重要性系数 $\gamma = 1.1$，整体稳定性安全系数 1.4。

3) 基坑支护结构设计计算

依据《建筑基坑支护技术规程》（JGJ 120—2012）和《建筑边坡工程技术规范》（GB 50330—2013）。

(1) 主动土压力计算

① 对于碎石土及砂土：

a. 当计算点位于地下水位以上时：

$$e_{ajk} = \sigma_{ajk} K_{ai} - 2c_{ik} \sqrt{K_{ai}} \tag{3-41}$$

b. 当计算点位于地下水位以下时：

$$e_{ajk} = \sigma_{ajk} K_{ai} - 2c_{ik} \sqrt{K_{ai}} + \left[(z_j - h_{wa}) - (m_j - h_{wa}) \eta_{wa} K_{ai} \right] \gamma_w \tag{3-42}$$

式中：K_{ai} ——第 i 层的主动土压力系数；

$\quad\ \sigma_{ajk}$ ——作用于深度 z_j 处的竖向应力标准值；

$\quad\ c_{ik}$ ——三轴试验（当有可靠经验时可采用直接剪切试验）确定的第 i 层土固结不排水（快）剪黏聚力标准值（kPa）；

$\quad\ z_j$ ——计算点深度（m）；

$\quad\ m_j$ ——计算参数，当 $z_j < h$ 时，取 z_j，当 $z_j \geq h$ 时，取 h；

h_{wa}——基坑外侧水位深度（m）；

η_{wa}——计算系数，当 $h_{wa} \leq h$ 时，取1，当 $h_{wa} > h$ 时，取0；

γ_w——水的重度（kN/m^3）。

②对于粉土及黏性土：

$$e_{ajk} = \sigma_{ajk}K_{ai} - 2c_{ik}\sqrt{K_{ai}} \tag{3-43}$$

第 i 层土的主动土压力系数 K_{ai}，应按下式计算：

$$K_{ai} = \tan^2\left(45° - \frac{\varphi_{ik}}{2}\right) \tag{3-44}$$

（2）被动土压力计算

①对于砂土及碎石土：

$$e_{pjk} = \sigma_{pjk}K_{pi} + 2c_{ik}\sqrt{K_{pi}} + (z_j - h_{wp})(1 - K_{pi})\gamma_w \tag{3-45}$$

式中：σ_{pjk}——作用于基坑底面以下深度 z_j 处的竖向应力标准值（kPa）；

h_{wp}——基坑内侧水位深度（m）；

K_{pi}——第 i 层土的被动土压力系数。

②粉土及黏性土：

$$e_{pjk} = \sigma_{pjk}K_{pi} + 2c_{ik}\sqrt{K_{pi}} \tag{3-46}$$

第 i 层土的被动土压力系数，应按下式计算：

$$K_{pi} = \tan^2\left(45° + \frac{\varphi_{ik}}{2}\right) \tag{3-47}$$

（3）嵌固深度计算

①悬臂式支护结构：

$$h_p\sum E_{pj} - 1.2\gamma_0 h_a\sum E_{aj} \geq 0 \tag{3-48}$$

式中：$\sum E_{pj}$——桩、墙底以上各个土层被动土压力的合力之和（kN）；

h_p——合力 $\sum E_{pj}$ 作用点至桩、墙底的距离（m）；

$\sum E_{aj}$——桩、墙底以上各个土层主动土压力的合力之和（kN）；

h_a——合力 $\sum E_{aj}$ 作用点至桩、墙底的距离（m）。

②单层支点支护结构：

$$h_p\sum E_{pj} + T_{c1}(h_{T1} + h_d) - 1.2\gamma_0 h_a\sum E_{ai} \geq 0 \tag{3-49}$$

③多层支点支护结构：

$$\sum c_{ik}l_i + \sum(q_0 b_i + \omega_i)\cos\theta_i\tan\varphi_{ik} - \gamma_k\sum(q_0 b_i + \omega_i)\sin\theta_i \geq 0 \tag{3-50}$$

式中：c_{ik}、φ_{ik}——最危险滑动面上第 i 土条滑动面上土的固结不排水（快）剪黏聚力（kPa）、内摩擦角标准值（°）；

l_i——第 i 土条的弧长（m）；

b_i——第 i 土条的宽度（m）；

γ_k——整体稳定分项系数，应根据经验确定，当无经验时可取1.3；

ω_i——作用于滑裂面上第 i 土条的重力（kN），按上覆土层的天然土重计算；

θ_i——第 i 土条弧线中点切线与水平线夹角（°）。

（4）结构计算

①截面弯矩设计值 M

$$M = 1.25\gamma_0 M_c \tag{3-51}$$

②截面剪力设计值 V

$$V = 1.25\gamma_0 V_c \tag{3-52}$$

③支点结构第 j 层支点力设计值 T_{dj}

$$T_{dj} = 1.25\gamma_0 T_{cj} \tag{3-53}$$

式中：T_{cj}——第 j 层支点力计算值。

（5）锚杆计算

①锚杆承载力计算，应符合下式规定

$$T_d \leqslant N_u \cos\theta \tag{3-54}$$

式中：T_d——锚杆水平拉力设计值；

N_u——锚杆轴向受拉承载力设计值；

θ——锚杆与水平面的倾角。

②锚杆杆体的截面面积

a. 普通钢筋截面面积：

$$A_a \geqslant \frac{T_d}{f_y \cos\theta} \tag{3-55}$$

b. 预应力钢筋截面面积：

$$A_p \geqslant \frac{T_d}{f_{py} \cos\theta} \tag{3-56}$$

式中：A_a、A_p——普通钢筋、预应力钢筋杆体截面面积；

f_y、f_{py}——普通钢筋、预应力钢筋抗拉强度设计值。

③锚杆自由段长度

$$l_f = l_t \cdot \sin\left(45° - \frac{1}{2}\varphi_k\right) \Big/ \sin\left(45° + \frac{\varphi_k}{2} + \theta\right) \tag{3-57}$$

式中：l_t——锚杆锚头中点至基坑底面以下主动土压力和被动土压力相等处；

φ_k——土体各土层厚度加权内摩擦角标准值；

θ——锚杆倾角。

4）基坑支护设计方案

（1）根据场地工程地质条件、基坑开挖（不含电梯井）三种深度（图 3-19）、周边环境等情况综合考虑，基坑支护设计顶部 1.6m 范围采用 1:0.3 坡度放坡，并挂铁丝网喷射 50～80mm 厚 C20 混凝土支护，下部采用 ϕ600 径钻孔压浆桩加 1～2 排锚杆联合支护。

（2）护坡桩中心距 CDE、EFG、GHIL 段为 1.1m，LABC 段为 1.0m，钻孔压浆桩桩身采用 C25 无砂混凝土。主筋 CDE、EFG、GHIL 段采用 6 ϕ20 mm，LABC 段采用 8 ϕ20 mm。冠梁混凝土采用 C20；锚杆采用 DZ50 地质钻杆，锚孔直径 150mm，锚架采用 2[20a，锚杆注浆采用纯水泥浆，水灰比 0.45～0.60。锚杆主要技术参数，详见表 3-4。

（3）桩间土采用挂铁丝网喷射混凝土支护，喷射厚度 50mm，混凝土强度等级 C20。

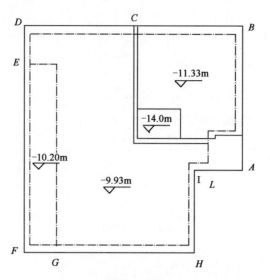

图 3-19　基坑深度设置图

锚杆主要技术参数表　　　　　　　　　　　　　　　　　表 3-4

序号	区　段	排　数	自由段长度(m)	锚固段长度(m)	设计轴向力(kN)	锁定荷载(kN)
1	LABC 段	第一排	5	5	240	160
		第二排	5	6	317	210
2	EFG 段	第一排	5	6	288	190
3	CDE、GHIL 段	第一排	5	6	288	190

（4）支护结构具体形式,见图 3-20、图 3-21 和图 3-22。

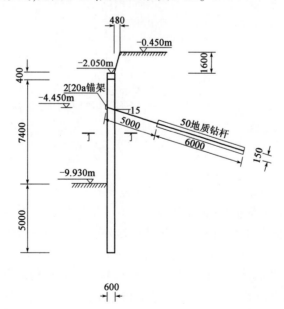

图 3-20　CDE、GHIL 段支护结构形式(尺寸单位:mm)

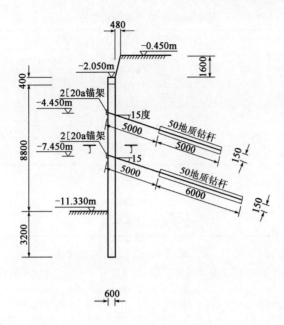

图 3-21 LABC 段支护结构形式(尺寸单位:mm)

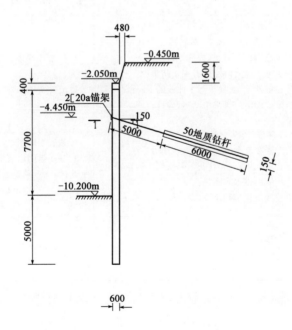

图 3-22 EFG 段支护结构形式(尺寸单位:mm)

2. 基坑降水设计

1) 基坑降水类型及其适用范围

具体见表 3-5。

基坑降水类型及其适用范围 表 3-5

项　　次	井点类型	土层渗透系数(m/d)	降低水位深度(m)	备　　注
1	单层轻型井点	0.1 ~ 50	3 ~ 5	
2	多层轻型井点	0.1 ~ 50	由井点层数而定	
3	喷射井点	0.1 ~ 20	8 ~ 20	
4	电渗井点	< 0.1	由选用的井点来定	适用导电率不高的黏土
5	管井井点	20 ~ 200	3 ~ 5	
6	深井井点	10 ~ 150	> 6	

2)降水方案对比分析

具体见表 3-6。

降水方案对比分析 表 3-6

方　案	优　　点	缺　　点
坑内降水	1.由于截水帷幕使基坑四周降水范围得到一定的控制,基坑浅层地下水的疏干减少,基底地下水渗透补给量减少,比坑外降水量减少25%左右; 2.由于井群在坑内,降水漏斗最低点在坑内,降水效果明显,同时降水井比坑外降水方案浅7m左右; 3.降水范围较小,排水量小,相对基坑周边地下管线、建筑物影响小	1.需做坑外截水帷幕,需要一定的场地作业条件,增加工作量,工期长; 2.在坑内设置一定数量降水井,对基坑土方开挖、封底及结构施工有影响且对工期不利; 3.由于地下水浮力影响及群井效应作用,降水井不能在做底板时封闭,结构底板需二次封闭,对结构底板的整体性有一定的影响
坑外降水	1.无论采用何种围护结构,均可采用坑外降水; 2.在坑外布设井点,坑内干扰少,对基坑土方开挖、封底及结构底板施工无影响,有利于加快施工进度; 3.结构底板一次施工,整体性好,有利于防水; 4.由于降水井在坑外,坑底处于降水曲线的上凸部位,对于短时因设备故障或停电的排水中断,适应性较好; 5.比截水帷幕工序少	1.降水井深,降水范围大,对周边环境影响较大; 2.成井费用和降水费用高
堵水	1.仅对坑内的上层水疏干,排水量小,费用低; 2.坑内井点可在底板施工前封闭,对基坑施工影响较小; 3.结构整体性比坑内排水方案好; 4.对周边地下管线及建筑物沉降影响小	1.基底封闭困难,施工安全风险较大; 2.基底封闭后将带有承压水的性质,一旦基底封闭不密,将造成涌水现象; 3.对工艺要求较高,浪费较大,费用很难估算
坑外降水与坑内集水井相结合	1.具备方案二的特点; 2.降水周期短,造价低	需二次降水及封井

经对比分析,本基坑采用坑外深井管井降水与坑内集水井相结合的方案,降水周期短、费用低。

3)设计参数选取

(1)基坑侧壁安全等级一级,基坑开挖最大深度 14m(电梯井部分),降水井直径 650mm,成井直径 400mm,水头高度 20m,水位降深 7.5m,渗透系数 $K = 80$ m/d。

(2)计算模型按潜水非完整井,基坑远离边界。

4)基坑降水设计计算

（1）潜水非完整井涌水量。

计算公式为：

$$Q = 1.366k \frac{H^2 - h_{\mathrm{m}}^2}{\lg\left(1 + \frac{R}{r_0}\right) + \frac{h_{\mathrm{m}} - l}{l}\lg\left(1 + 0.2\frac{h_{\mathrm{m}}}{r_0}\right)}$$（3-58）

$$h_{\mathrm{m}} = (H + h)/2;$$

式中：Q——基坑潜水涌水量（$\mathrm{m^3/d}$）；

k——含水层渗透系数（$\mathrm{m/d}$）；

H——潜水含水层厚度（m）；

R——影响半径（m）；

r_0——基坑等效半径（m）；

l——降水井过滤器工作部分长度（m）；

h——降后水位到下部隔水层的距离（m）。

（2）单井出水量计算。

按下述经验公式计算，即：

$$q = 120\pi r_{\mathrm{s}} l (K)^{1/3}$$（3-59）

式中：q——单井出水量（$\mathrm{m^3/d}$）；

r_{s}——过滤器半径（m）；

l——过滤器进水部分长度（m）；

K——渗透系数（$\mathrm{m/d}$）。

（3）降水井数量计算。

降水井数量计算公式为：

$$n = 1.1Q/q$$（3-60）

（4）降水井深度计算。

$$H_W = H_{W_1} + H_{W_2} + H_{W_3} + H_{W_4} + H_{W_5} + H_{W_6}$$（3-61）

式中：H_W——降水井深度（m）；

H_{W_1}——基坑深度（m）；

H_{W_2}——降水水位距离基坑底要求的深度（m）；

H_{W_3}——ir；i 为水力坡度，在降水井分布范围内宜为 $1/10 \sim 1/15$；r 为降水井分布范围的等效半径或降水井排间距的 $1/2$（m）；

H_{W_4}——降水期间的地下水位变幅（m）；

H_{W_5}——降水井过滤器工作长度（m）；

H_{W_6}——沉砂管长度（m）。

（5）降水井影响半径计算。

潜水含水层：

$$R = 2S(kH)^{1/2}$$（3-62）

式中：R——降水影响半径（m）；

S——基坑水位降深（m）；

k——渗透系数(m/d);

H——含水层厚度(m)。

5)降水设计方案

(1)本基坑采用坑外深井管井降水与坑内集水井相结合的降水方案。坑外采用深井管井法一次降水,坑内集水井是在电梯井四角采用钢套筒沉井法施工集水井二次降水降至标高 -14.5m。

(2)经计算,深井管井单井出水量 1600m³/d,基坑总涌水量 1.6 万 m³/d,排水影响半径 $R = 435m$,需 12 眼降水管井,单井过滤器进水长度 7m。

(3)为使电梯井二次降水的顺利进行,在基坑周围布计 10 眼降水管井,按照 20m 间距均匀布设,井深 24m,在基坑内后浇带处布设 2 眼降水管井,井深 28m,见图 3-23。

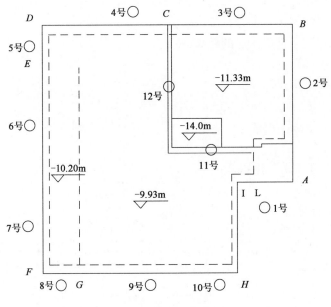

图 3-23　降水井布置图

(4)深井管井设计成孔直径 650mm,成井直径 400mm,井壁管采用内径为 400mm 的水泥管,过滤器结构采用内径为 400mm 的钢筋笼外包竹板及两层 40 目尼龙网,钢筋笼纵筋 8 ϕ12 mm,横筋 ϕ12@ 250 mm。滤管制成下井后,外填 6 ~ 8mm 碎石或卵石滤料。

(5)坑内集水井钢套筒采用内径为 1200mm,壁厚为 5mm 的螺旋焊管,过滤器结构采用内径为 800mm 的钢筋笼外包竹板及两层 40 目尼龙网,钢筋笼纵筋 10ϕ16 ,横筋 ϕ12@ 250 mm。钢套筒沉井施工至标高 -15.5m 时下入钢筋笼过滤器,而后外填 6 ~ 8mm 碎石或卵石滤料拔出钢套筒沉井。

(6)深井管井降水设备采用 160m³/d 和 80m³/d 的多级潜水泵,扬程为 35 ~ 40m。坑内集水井降水设备采用 25m³/d 的污水泵,扬程为 35 ~ 40m。

6)排水设计方案

(1)外排水系统:根据场地周边排水管线的调查,南侧中华路、西侧常德街各有一条 300mm 的污水排水管线,而且排量基本饱和,按基坑的总用水量计算远远不能满足要求。这样考虑利用东侧和平北大街一侧有一条管径 1.6m 的排水管线,经计算需布设管径 $\phi600mm$ 的排水管与和平大街管线相连作为主要的外排路线。

(2)内排水系统:在基坑四周布设管径 159mm 的钢管,分别连接到降水井管,集中排放到集水池,然后向外排水。

四、基坑工程施工

1.基坑降水施工

1)降水井施工

根据设计要求放出井位。为了确保场地内地下管线、电缆等的安全,在施工前,在井位上下挖 1.5m 确保无障碍物后方可进行冲击钻进。成井后进行洗井,标准为水清砂净为止。滤水管采用钢筋笼绑竹板外包两层 40 目尼龙网,滤料直径 6～8mm,确保滤水挡砂。降水井下部留一节 2m 水泥管作为沉渣管。

2)降水系统设置

根据该工程的环境特征,对原办公楼一侧管井降水采用小泵量、间隔循序渐进式抽水方法;对其他侧的管井采用大泵量循序渐进式抽水方法。抽水设备采用多级潜水泵直接下入降水井内,距井底不少于 6m。原办公楼一侧,采用流量 $80m^3/d$ 的潜水泵进行抽水,常德街一侧采用流量 $160m^3/d$ 的潜水泵进行抽水,11 号、12 号井采用 $160m^3/d$ 的潜水泵进行抽水,潜水泵扬程 35～40m,排水管径 159mm。

电梯井开挖 14.0m,采取坑内集水井二次降水。集水井设在电梯井四个角,井中分别设置一个 $25m^3/d$ 的污水泵。为了使电梯井侧面的涌水很快汇入集水井中,沿电梯井四周挖排水盲沟,盲沟的规格为 400mm×400mm,下直径 200mm 的钢筋笼绑竹板外包两层 40 目尼龙网滤水管,管外填 20～40mm 碎石。在电梯井施工结束后,对盲沟及集水井进行注水泥砂浆充填。

3)外排水系统设置

降水井分别通过 $\phi159mm$ 钢管排水管进行连接,将地下水集中排至场地东北角长、宽、高分别为 8m、1.5m、1.5m 的集水池内沉淀,集水池内设置 $\phi600mm$ 钢管与和平大街一侧的 $\phi1.6m$ 的地下排水管道连接。基坑内外排水系统施工图如图 3-24 所示。

图 3-24　基坑降水施工图

2.土方开挖施工

1)施工工艺流程

放线撒白灰→修整坡道→分层、分段开挖→平整场地。土方开挖现场见图 3-25。

2)主要技术措施

(1)测量放线。按坡度计算基坑开挖的上口线和下口线位置,并撒上白灰,会同监理工程师,建设单位代表复测后按线开挖。

图3-25 土方挖运施工图

（2）土方开挖。该基坑土方分四层进行开挖。第一层开挖标高为－1.6m；第二层开挖标高为－4.95m；第三层开挖标高为－7.95m；第四层开挖到底标高分别为：－9.93m、－10.2m、－11.33m，电梯井标高为－14.0m。排土车道的出入口设在常德街一侧。坡道按1:8～1:10坡度设置，宽度为4～5m。

（3）土方开挖至第二、三层（即第一、第二层锚杆标高下0.5m）时沿基坑周边留出3～4m宽的锚杆工作平台，中部继续开挖，锚杆与土方开挖同步交叉进行。

（4）土方开挖至基底时，基底预留300mm的土层采用人工清底、找平。

3.钻孔压灌桩施工

1）工艺流程

第一层土开挖(1.6m)→测量定位→螺旋钻机钻孔至孔底→水泥灰浆搅拌→边慢速提钻边压入灰浆→下入钢筋笼→投入碎石→成桩。

2）主要技术措施

（1）测量定位：全站仪放出桩轴线，用钢尺放孔位，钉上钢钎，撒上白灰作为标记。

（2）钻进成孔：钻机就位调平，固定牢固，钻孔至设计深度。现场施工见图3-26。

（3）水泥灰浆搅拌：水泥进行复试，按配合比计量上料，水灰比控制在0.45～0.60。

（4）钢筋笼制作：主筋连接，采用直流电焊机同心双面搭接焊，搭接应错位不在同一截面上，制作偏差应符合规范要求（图3-27）。

图3-26 钻机安装及成孔施工

图3-27 钢筋笼制作

（5）压入水泥灰浆：螺旋钻机钻进至设计标高后，以0.2MPa的注浆压力，通过钻具向孔内注浆。边缓慢上拔钻具边注浆，为确保桩头质量应超灌0.5m左右。

（6）下入钢筋笼：孔内压浆后，用副卷扬将钢筋笼吊起直立于孔口扶正居孔中心迅速下入孔内，达到设计深度。

（7）投入碎石：向孔内投入 20～40mm 的碎石直至孔口，为保证桩顶质量超灌 0.5m 左右。

4. 土层锚杆施工

1）施工工艺流程

土方开挖至锚杆孔口标高下 0.5m→测定锚杆位置→锚杆机就位→钻孔→注水泥浆→养护→拉拔锁定→开挖下一层土方。

2）主要技术措施

（1）测量放孔：土方开挖至每排锚杆孔口下 0.5m，测放锚孔，孔位误差应小于 ±5mm。

（2）锚杆机就位：调整好角度，并加以固定，钻进安放 DZϕ50mm 地质钻杆锚杆体。

（3）注浆：采用常压注入水泥浆，水灰比为 0.5～0.7，并参加适量早强剂。

（4）锚架（腰梁）安装：按设计要求加工锚架并按两桩一锚固的长度将其安装。

（5）张拉锁定：待锚固体水泥浆强度大于 15MPa 并达到设计强度等级的 75% 后按设计要求进行张拉锁定（图 3-28）。

5. 冠梁施工

1）施工工艺流程

开槽清土→钢筋绑扎→支模板→分段浇筑混凝土→振捣→拆模（图 3-29）。

图 3-28　锚索张拉锁定施工　　　　　　　　图 3-29　桩顶冠梁施工

2）技术措施

（1）基槽清理：采用人工开槽，风镐凿除桩顶浮浆至设计标高并清理干净。

（2）垫层浇筑及钢筋绑扎：垫层混凝土强度等级 C15，厚度 100mm。主筋采用绑扎搭接，搭接长度不小于 35d。

（3）支模板及浇筑混凝土：采用组合钢模板，支撑牢固并满足设计尺寸，模板接缝处不漏浆。采用商品混凝土，混凝土强度等级 C20，坍落度 8～10cm，边浇筑边振捣。

6. 喷射混凝土施工

1）施工工艺流程

清除坡面及桩间浮土→挂铁丝网→喷射混凝土。桩顶放坡和桩间土钉墙喷射混凝土施工分别如图 3-30 和图 3-31 所示。

图 3-30　桩顶土钉墙喷锚施工　　　　　　　图 3-31　桩间土钉墙喷锚施工

2）主要技术措施

（1）面层清理：喷射作业前人工清除坡面浮土。锚喷作业中，搅拌混合料必须按照配合比和搅拌时间进行，每班检查次数不少于两次。干混合料存放时间不超过 2h，掺速凝剂时，有效时间不超过 20min。

（2）挂铁丝网：将 50mm×50mm 的铁丝网用长 0.5m 的 ϕ8mm 钢筋打入固定。

（3）喷射混凝土：采用干喷法，自下而上，分段分片进行喷射。

（4）每喷射 50～100m³ 混合料，取一组试块。

五、基坑工程监测

1. 监测监控值

基坑类别为一级，变形监测监控值：围护结构墙顶位移监控值 30mm，围护结构墙体最大位移监控值 50mm；地面最大沉降位移监控值 20mm。建筑物沉降警戒值为 $\delta/h < 1/1000$（δ 为差异沉降值，h 为建筑物长度），允许最大倾斜为 1/2500。

2. 监测原则

（1）变形监测应能确切反映基坑及建（构）筑物的实际变化程度和变形趋势，以此作为确定监测方法的技术依据和质量的基本要求。

（2）变形监测周期根据施工进展情况、变形趋势、持续性跟踪，系统性反映变形过程，确保基坑及旧办公楼及周边建筑物的安全。当监测中受外界因素影响出现异常时，及时加密观测频率。以监视基坑变形和周边建筑物在稳定范围内。

（3）变形与沉降观测的初始值作为原始数据，对其观测适当增加次数，本次采用不同时间内的 3 次观测平均值作为原始数据，以提高原始数据的可靠性。

（4）对基准点定期检核，本次基准网采用 2 等控制网，变形点和沉降点按 3 等技术指标及要求观测。并采用一点一方位，另外两个方向作为检核，用同点同条件观测结果进行对比。

3. 监测方案

1）监测点布设

（1）监测基准点的布设

根据基坑周边场地条件，选择通视条件好、不受沉降影响、稳定性好的建筑物顶布设4个基坑监测基准点。具体位置在：①距基坑西侧约220m的宏象大酒店楼顶；②距基坑北侧约260m的高层住宅楼顶；③距基坑东侧约230m的电业大厦楼顶；④距基坑南侧约250m的东宇大厦楼顶。各基准点埋设在建筑物的女儿墙上，采用钢结构强制对中观测台。

（2）重要建筑沉降点的布设

重要建筑沉降监测点共布设18个。在原办公楼、邮政局、住宅楼的四角和中间每隔15m布设，其中在原办公楼上布设12个沉降点，邮政局布设3个，住宅楼上共布设3个。

沉降监测点设在楼顶外墙上，采用leica专用反射片，如图3-32所示。

（3）支护结构变形监测点的布设

支护结构变形监测点共布设15个。其中基坑的西侧和北侧各布设3个变形观测点，东侧布设4个，南侧布设5个。现场监测见图3-33，监测点布置如图3-34所示。

图3-32　建筑物监测点布置

图3-33　桩顶变形监测

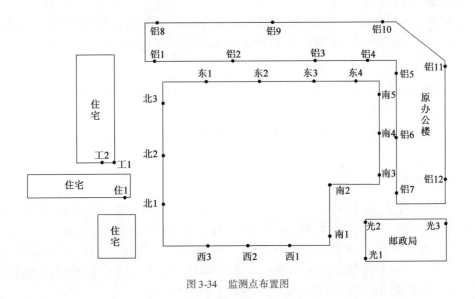

图3-34　监测点布置图

支护结构变形监测点设在冠梁上能够准确反映基坑变形的重点部位处,采用预埋直径12mm螺栓,埋入冠梁200mm并与冠梁主筋焊接,外露20mm用螺帽保护,以便安设监测专用小棱镜。

(4)水位监测井的布设

降水工程设计的降水井可作为降水观测井。测点布置好后应做好标记,设醒目标识,加强测点的保护工作,确保监测点完好率。测点如有损坏及时采取有效措施补设。

2)监测方法

(1)仪器检测,本着"同一仪器,同一人员观测"的原则。角度观测为左右两测回,距离采用水准仪进行观测,并在清华三维软件上进行平差,其平差精度为1/180000。以最初三次观测,取平均值后作为初始值,以后每次测得的监测值同此值比较,得出变形值和沉降量。

(2)巡视法,是在基坑土方开挖前,把旧建筑物上的原有裂缝大小用数码照相机量测记录下来,并在墙体上注记出量测的位置。将数码相片存入计算机中以备日后比较,基坑开挖全过程中,每天早晚各巡视一次,采取同样的专用小铟钢尺量测,与最初记录比较,得出建筑物最直观的变形。

(3)在基准点的布设上,采用钢结构强制对中观测台,提高对点精度,另采用单位圆反射片进行监测前的检验,使得整个控制网精度更加精确可靠。

(4)监测点的数据采集选用反射片极坐标法、前方交会法,巡视比较法三种方法,在数据处理时对采集的数据进行筛选,剔除粗差,提高数据样本的可靠性。

3)监测仪器

采用电子全站仪TCA2003进行全方位的变形监测。该仪器(角度测量精度0.5″,距离测量精度$1mm + 1ppm$)具有马达驱动和自动目标识别装置,仪器自动化程度相当高,具有自动存储和记录功能,配合专业测量软件从而达到了变形测量的自动化、数字化,保证了测量成果的准确性和高效性。水位观测仪器采用电阻水位计。

4)观测周期

施工降水与基坑开挖前,应测出各测试项目的初始值。施工期间及降水维护期观测周期为每2天1次,如遇特殊情况(如大暴雨)加密观测次数。

4.监测结果

基坑变形与建筑物沉降观测周期:4月27日~5月27日为初测期;5月27日~8月30日为观测期。东、南、西、北支护结构变形监测结果分别见图3-35、图3-36、图3-37和图3-38;临建沉降监测结果分别见图3-39~图3-41。住宅楼由于离基坑较远沉降较小,不作分析。

5.监测结果分析

从监测结果来看,基坑向坑内水平位移最大值为11mm,最小值为2mm;临建沉降最大值为7mm,最小值为1mm远远小于30mm和20mm的预警值。究其原因如下:

(1)从变化趋势看,5月27日~6月20日变化幅度大,6月20日以后基本趋于平缓。究其原因主要是由于此期间基坑开挖所致,6月20日以后基底垫层施工完毕进行基础筏板混凝土浇筑,基坑变形及临建沉降渐趋于稳定。

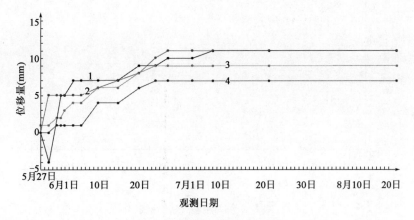

图 3-35 东侧监测点变形曲线

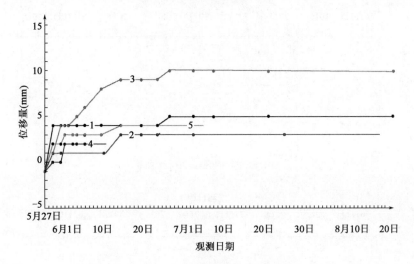

图 3-36 南侧监测点变形曲线

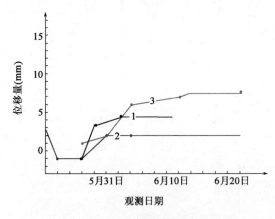

图 3-37 西侧监测点变形曲线

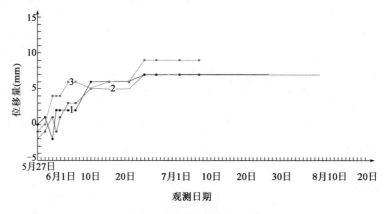

图 3-38　北侧监测点变形曲线

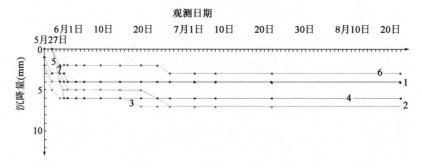

图 3-39　邮政局监测点沉降曲线

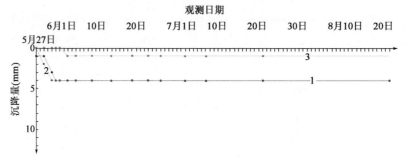

图 3-40　原办公楼内侧测点沉降曲线

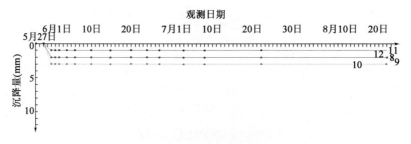

图 3-41　原办公楼外侧测点沉降曲线

（2）最大变形发生在基坑的东侧,分析其原因是基坑东部渗漏出水点较多,造成局部土体抗剪强度降低及桩间土流失,使东侧变形和沉降较大。但均未超过监控值,而且基坑变形与建筑物沉降的变化速率均小于 $3mm/d$。

（3）从基坑变形及临建沉降分析可知,降水对基坑及临建影响不大。

（4）从变化规律分析,沉降变形滞后基坑变形,滞后周期为 $3\sim5d$。

六、小结

（1）基坑支护工程形成勘察、设计、施工、监测一体化,有利于岩土参数的选取及设计方案的优化,是取得成功的关键环节。

（2）采用了考虑"时空效应"的基坑工程动态设计,引入了施工工序和施工参数作为必需的设计依据,提出了应用时空效应原则"一般按分层、分步、对称、平衡的原则开挖与支撑,其中最主要的施工参数是分层开挖的层数、每层开挖深度,以及每层开挖中基坑挡墙被动区土体开挖后、挡墙未支撑前的暴露时间和暴露的宽度及高度"。在深基坑工程中采用时空效应施工,可以提高施工效率,节省大量的工期,并可以节省大量的地基加固费用,创造良好的经济效益。

（3）采用了具有"测量机器人"之称的电子全站仪 TCA2003 的新技术、新工艺,提供准确的监测,通过实时监测,及时调整基坑开挖后基桩施工时基底土基坑周边一定范围内的附加应力,有效地控制了因此引发的位移和沉降,在现场实施了针对性较强的综合防治、基坑支护与基桩施工作用交叉作业所产生的负面效应,保证了针对地层条件选定的适宜的桩型成桩技术效果及作业安全。

（4）施工中采用信息化施工是科学、可靠的,对基坑的稳定性及周边环境影响的控制起到至关重要的作用。

思考题与习题

3.1 作用在排桩与地下连续墙支护结构上的荷载如何确定?

3.2 如何确定排桩支护结构的嵌固深度?需要考虑哪些验算方法?

3.3 弹性支点法计算土反力的要点是什么?

3.4 基坑围护结构的计算为什么要考虑施工工况的影响?如何考虑?

3.5 锚杆的极限承载力和杆体受拉承载力计算方法?

3.6 排桩支护结构的设计和施工要求有哪些?

3.7 地下连续墙的优缺点?

3.8 已知:某基坑开挖深度 $4.5m$,安全等级二级,用悬臂桩支护,桩长 $7.5m$。地质资料如下:第一层为填土,厚度 $3m$,$\gamma_1=17.3kN/m^3$,$\varphi_1=9.1°$,$c_1=9.6kPa$;第二层为粉质黏土,厚度为 $9m$,$\gamma_2=18.9kN/m^3$,$\varphi_2=15.1°$,$c_2=13.2kPa$。

求:①计算水平反力标准值。

②计算水平荷载标准值。

3.9 已知支护结构计算简图如图所示,砂土土性参数如下:$\gamma=18kN/m^3$,$c=0$,$\varphi=30°$。

未见地下水,图中 E_{a1}、E_{a2} 和 E_p 分别表示净主动土压力和净被动土压力,b_{a1}、b_{a2} 和 b_p 分别表示上述土压力作用点的高度。试验算支护结构的嵌固稳定性。

3.10 某基坑剖面如图所示,排桩两侧均为砂土,$\gamma_1 = 19kN/m^3$,$\varphi_1 = 30°$,$c_1 = 10kPa$,基坑开挖深度为 5m,单层锚杆位于地面以下 2m,如果嵌固稳定安全系数 $K = 1.3$,试计算该单层锚杆支挡式结构的嵌固深度 l_d。

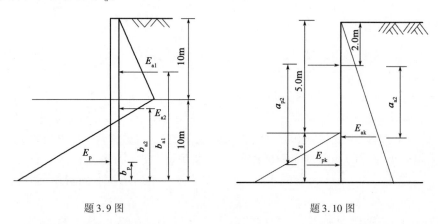

题 3.9 图　　　　　　　　　　　　　　题 3.10 图

3.11 基坑支护结构安全等级为一级,采用排桩支护,桩距为 1.5m,通过平面结构弹性支点法计算得到计算单元的弹性支点水平反力 $F_h = 1255kN$,锚杆水平间距为 3m,锚杆倾角为 20°。锚固体直径为 0.15m,一次常压注浆。锚固段长度 15m。锚固土层为液性指数 I_L 为 0.6 的黏性土;锚杆采用 HRB400 的 $\phi32$ 钢筋,钢筋设计抗拉强度为 $360N/mm^2$,验算锚杆的极限抗拔承载力和杆体抗拉承载力。

第四章 内支撑支护技术

第一节 概 述

深基坑支护结构最常采用的两种形式,分别为围护结构结合内支撑系统的形式和围护结构结合锚杆的形式。作用在围护墙上的水土压力可以由内支撑有效地传递和平衡,也可以由坑外设置的土层锚杆平衡。内支撑可以直接平衡两端围护墙上所受的侧压力,构造简单,受力明确;锚杆设置在围护墙的外侧,为挖土、结构施工创造了空间,有利于提高施工效率。

锚拉式围护结构已在第三章进行介绍,本章主要介绍内支撑围护系统的设计与施工。

一、内撑式支护结构的含义

内撑式支护结构由于其受力特点,往往又称为内撑式围护结构。内撑式支护结构的含义可用"外护内支"四个字表述。"外护"指的是用围护构件对外挡住边坡土体、防止地下水渗漏,"内支"是指利用内支撑系统为围护构件的稳定提供足够的支撑力。

二、内撑式支护结构的优缺点

1. 内撑式支护结构的主要优点

1)施工质量较易控制

本章所述的支护型式无论是支撑构件还是围护构件,最常见的是钢筋混凝土,也有钢构件。因其工艺本身保证施工人员与监督人员较易于控制质量,其质量的稳定程度较高。即或是木构件,其质量也较易于检验和控制,成品的质量稳定性相应地也较高。

2)充分发挥材料在性质上的优点,达到经济的目的

作为支撑构件,不论是多道钢管交叉支撑还是钢筋混凝土对撑和角撑,在受水平力时基本上是受压构件。近年来采用渐多的钢筋混凝土内支撑正符合混凝土材料抗压能力高而抗拉能力低的特点。

3)尤其适合于在软土地基中采用

在深厚软土地基中土压力较大,对于内撑式支护的支撑结构来说,仅要相应地加大断面以提高其承载力。而对锚拉式结构来说,除荷载加大之外,还因为土质软,要数量更多、要求更高的锚杆才能达到支护的目的。从这意义来说内撑式支护尤其适合于软土基坑使用。

4)在一定的条件下具备缩短工期的潜力

支撑构件可以一次性开挖浇注成形。当各种条件具备时,可以实行机械化开挖,包括支撑下方的土体在内。如能加厚开挖分层,施工占用的工期是很短的。

2. 内撑式支护结构的缺点和局限性

(1)形成内撑并令其具备必要的强度,需占用一定的工期。由于深基坑工程(包括地下室)往往应抢在旱季施工完毕,因此工期是非常宝贵的;

(2)内支撑的存在有时对大规模机械化开挖不利;

(3)四周围护后当开挖深度大时机械进出基坑不甚方便。尤其是开挖最后阶段挖土机械退出基坑得整体或解体吊出。

以上列举的是这种支护型式的主要优、缺点。由于工程问题的复杂性其影响因素是多方面的,难以一一完全列举。对于一些特殊问题只能由设计、施工人员因时、因地制宜地逐一加以解决。至于围护设计的一些问题,如地下水的降、排问题,坑侧地表变形与坑底土的稳定问题,属于若干种围护形式面临的共性问题。

三、内撑式支护结构的应用范围

从地质条件上看,这种形式可适用于各种地质条件下的基坑工程,而最能发挥其优越性的是软弱地基中的基坑工程。因为在软土地基中单根土锚所能提供的拉力很有限,因而就很难是经济的。而内撑式支护的支撑构件自身的承载能力只与构件的强度、截面尺寸及形式有关,而不受周围土质的制约。

从开挖深度上看,这种围护形式适用的基坑深度不受限制。至于多大的开挖深度、出现多大的土压力适宜采用内撑,则应通过技术和经济比较决定。

从基坑的平面尺寸来看,这种围护型式适用于平面尺寸不太大的基坑。过大的基坑必然导致内支撑的长度与断面太大,以至于可能出现经济上不合理的情况。而采用锚拉结构时,每延长米基坑所需要的锚拉力与平面尺寸大小无关。由于存在这种性质,内撑式围护仅适合作为平面尺寸一般的深基坑围护的结构形式。所谓"一般"很难定出一个具体界限,需通过技术和经济比较确定是否适用。采用空间结构支撑体系可改善平面尺寸较大基坑的内撑布置及受力情况。

从围护的平面布置来看,内撑式一般适用于周围围护或对边围护,这样才能在支撑杆件中形成对称的轴力。否则要满足静力平衡条件,还要进行一些特殊的处理。

第二节 内支撑支护结构的组成

内撑式支护结构一般包括两部分,分别为竖向围护结构体系和内支撑体系。有时还包括止水帷幕。

一、竖向围护构件的种类

内撑式围护结构中的竖向围护构件基本上与悬臂式围护结构相同。内撑式围护结构中的竖向围护构件可分为四类:

(1)板桩式围护构件:包括钢板桩、钢筋混凝土板桩、木板桩等。

（2）排桩式围护构件：包括采用木桩、钢管桩或钢筋混凝土桩。钢筋混凝土桩可采用沉管灌注桩、钻孔灌注桩、人工挖孔桩和预制桩等。

（3）地下连续墙：地下连续墙不仅用作竖向围护结构，有时还兼作永久结构的一部分，如地下室永久性侧壁。

（4）组合型竖向围护结构采用不同材料或同一材料但在平面布置上形成空间结构，称为组合型竖向围护结构。

二、内撑式体系的构成

围檩、水平支撑、钢立柱和立柱桩是内支撑体系的基本构件，典型的内支撑系统示意图见图4-1。

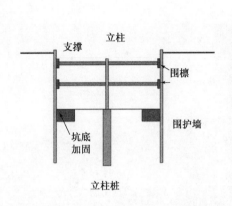

图4-1　内支撑系统示意图

围檩是协调支撑和围护墙结构间受力与变形的重要受力构件，其可加强围护墙的整体性，并将其所受的水平力传递给支撑构件，因此要求具有较好的自身刚度和较小的垂直位移。首道支撑的围檩应尽量兼作为围护墙的圈梁，必要时可将围护墙墙顶标高落低，如首道支撑体系的围檩不能兼作为圈梁时，应另外设置围护墙顶圈梁。圈梁作用可将离散的钻孔灌注围护桩、地下连续墙等围护墙连接起来，加强了围护墙的整体性，对减少围护墙顶部位移有利。

水平支撑是平衡围护墙外侧水平作用力的主要构件，要求传力直接、平面刚度好而且分布均匀。

钢立柱及立柱桩的作用是保证水平支撑的纵向稳定，加强支撑体系的空间刚度和承受水平支撑传来的竖向荷载，要求具有较好自身刚度和较小垂直位移。

支撑系统的设计应包含支撑材料的选择、结构体系的布置、支撑结构内力和变形计算、支撑构件的强度和稳定性计算、支撑构件的节点设计以及支撑结构的安装和拆除。

三、支撑材料

支撑材料可以采用钢或混凝土，也可以根据实际情况采用钢和混凝土组合的支撑形式。钢结构支撑除了自重轻、安装和拆除方便、施工速度快以及可以重复使用等优点外，安装后能立即发挥支撑作用，对减少由于时间效应而增加的基坑位移，是十分有效的，因此如有条件应优先采用钢结构支撑。但是钢支撑的节点构造和安装相对比较复杂,如处理不当,会由于节点的变形或节点传力的不直接而引起基坑过大的位移。因此,提高节点的整体性和施工技术水平是至关重要的。

现浇混凝土支撑由于其刚度大,整体性好,可以采取灵活的布置方式适应于不同形状的基坑,而且不会因节点松动而引起基坑的位移,施工质量相对容易得到保证,所以使用面也较广。但是混凝土支撑在现场需要较长的制作和养护时间,制作后不能立即发挥支撑作用,需要达到一定的强度后,才能进行其下土方作业,施工周期相对较长。同时,混凝土支撑采用爆破方法拆除时,对周围环境(包括震动、噪声和城市交通等)也有一定的影响,爆破后的清理工作量也很大,支撑材料不能重复利用。因此,提高混凝土的早期强度,提高材料的经济性,研究和采用装配式预应力混凝土支撑结构是今后值得研究的课题。图 4-2 和图 4-3 分别为常见的钢筋混凝土支撑和钢管支撑的现场实景。

图 4-2　钢筋混凝土内支撑实景

图 4-3　钢管内支撑实景

第三节　内支撑支护结构的设计原则

一、围护系统

竖向围护结构是内撑式结构中的最重要部分之一,同时它占整个围护结构工程量的比例较大,因此设计时必须掌握以下要点:要掌握正确、详尽的设计资料;要进行可行性研究和多方案比较;要进行全面的计算、验算;要绘制精细的施工图;要提出切实可靠的施工要求和监测提纲。

1.设计资料及依据

(1)工程地质和水文地质资料;

(2)基坑周边的建筑、道路、地下管网等的准确资料;

(3)原主体结构地下室及基础施工图;

(4)基坑施工机具及施工工艺;

（5）当地政府主管部门对该地区基坑设计、施工的有关管理规定和指令性文件；

（6）当地现有的有关基坑设计、施工经验和各种围护桩的参考价格。

在具备上述资料后可进行围护构件的设计。

2. 基坑竖向围护结构方案的可行性研究与比较

根据工程的具体情况先选择几种竖向围护构件方案。内容包括：桩型、平面布置；桩的断面、间距、桩长；桩顶标高；支撑系统断面及标高；初定施工顺序。针对拟订方案分别选择几种控制性的工况进行初步计算。通过计算来证明结构方案的可靠性，同时要考虑一套施工工艺及所需的机具。在后阶段对几种方案进行初步估算，从经济角度来比较方案的优劣，然后按照一定程序论证，确定围护结构的方案。

3. 竖向围护构件的断面及长度设计

竖向围护构件的长度所涉及的因素很多，一般根据以下因素决定竖向围护构件的断面及长度：

（1）基坑开挖深度；

（2）工程地质和水文地质条件；

（3）工程桩施工情况；

（4）围护桩的类型及内支撑点位置；

（5）基坑开挖施工工艺。

在确定内撑式竖向围护构件的断面和长度前，先要进行一系列验算并逐步修正所假定的断面与长度，以期做到经济合理。

通过验算和修正，使设计的竖向围护构件的长度能满足以下基本要求：

（1）保证基坑底的稳定性。保证支护结构不会发生踢脚破坏和基坑底面土体隆起；

（2）保证基坑不会发生渗流造成的破坏。周围环境出现的位移在控制范围内；

（3）保证基坑不会发生整体滑动失稳。

在满足了上述基本要求后，即可根据施工顺序进行各工况的内力计算、断面设计及变形验算。

由于基坑围护结构本身是临时性的，因此对构件自身的安全度和变形要求，比永久性结构可以有所降低。

4. 竖向围护构件设计图纸

基坑围护结构中的竖向围护构件必须有详细的设计图。图纸中必须表达出以下基本内容：

（1）竖向围护结构的平面布置图。图纸中要正确反映出：主体结构轴线，地下室结构平面轮廓线，基础平面以及与基坑围护结构放样有关的地下结构物、管沟等的尺寸及标高。相关尺寸均以主体轴线为基准。

（2）围护构件的施工大样图。图中要表示出构件断面、长度、标高、配筋等。重要部位的节点详图及与水平支撑相连的节点详图以及预留筋、预埋件等。

（3）设计说明及注意事项。

二、水平支撑系统

1. 支撑系统的设计要点及注意事项

支撑体系包括单层或多层水平支撑体系和竖向斜撑体系,在实际工程中,根据具体情况也可以采用类似的其他形式。水平支撑体系可以直接平衡支撑两端围护墙上所收到的侧压力,其构造简单,受力明确,使用范围广。但当支撑长度较大时,应考虑支撑自身的弹性压缩以及温度应力等因素对基坑位移的影响。

支撑结构体系必须稳定、节点连接构造必须可靠,支撑与竖向围护构件共同为基坑施工提供一个可靠的结构空间。土质越差、基坑越深,则支撑越显重要,设计时必须慎重,以避免因支撑结构的局部失效而导致整个支护结构的破坏。为了整个基坑施工安全应布置必要的支撑。支撑设计应包括以下内容和要求:

(1)支撑体系形式,支撑布置应尽可能简单,支撑的杆件应尽可能少;

(2)支撑材料的选择,设计选用的材料必须强度高、稳定性好;

(3)支撑结构的内力计算和变形验算,计算假定要符合工程实际条件和施工具体情况;

(4)支撑构件的强度和稳定性验算;

(5)支撑构件的节点设计节点设计应当方便施工,安全可靠;

(6)支撑在施工中的替换与拆除方案设计;

(7)支撑设计施工图及说明要强调对施工的要求;

(8)支撑体系在施工阶段的监测和控制要求。

实际遇到的基坑平面是多种多样的。因此支撑的平面设计常富有创造性。但在一些特定条件下必须注意以下问题。

在水平支撑布置中特别要注意支撑内力的对称平衡和整体稳定。如当基坑有一侧靠近河岸或路堤时就要充分注意平衡问题,这时就不能完全按对称原则来布置支撑。在靠近河岸或路堤一边必须采取一些措施。如加固河堤结构;垂直河堤二边加对撑;在基坑靠近河岸或路堤一侧加一个平行于河岸或路堤的桁架式支撑在河岸或路堤对边设置水平撑与斜撑相结合的复合式支撑等,令垂直河岸或路堤方向传来的水平力尽量自相平衡,从而减少对路堤或河岸的威胁,也保证了基坑支护结构本身的安全。

内支撑布置时一般应注意以下几点要求:

(1)水平支撑的层数根据基坑开挖深度、地质条件、地下室层数、标高等条件结合选用的围护构件和支撑系统酌情决定,另外还应满足围护结构的变形控制要求,以控制对周围环境的影响。

(2)设置的各层支撑标高以不妨碍主体工程地下结构各层构件的施工为标准。一般情况下,支撑构件底与主体结构面之间的净距不宜小于500mm,或与施工单位配合商定。

(3)各层支撑的走向应尽量一致。即上、下层水平支撑轴线在投影上应尽量接近,并力求避开主体结构的柱、墙位置。

(4)支撑形成的水平净空以大为好,方便施工。

(5)立柱布置在纵横向支撑的交点处或桁架式支撑的节点位置上,并力求避开主体工程梁、柱及结构墙的位置;立柱的间距尽量拉大,但必须保证水平支撑的稳定且足以承担水平支撑传来的竖向荷载;立柱下端应支承在较好的土层中。

当支撑平面轴线走向难以避开主体结构的柱、墙位置时,可采取以下措施:

将柱、墙伸出主筋弯折或在支撑混凝土中预理小口径套管,套管的平面位置同柱、墙的主筋位置。这样可将主体结构中的主筋通过套管插入下部结构混凝土内,保证主体结构主筋到位。虽然这样会给支撑结构施工带来许多麻烦,但都要满足主体结构的设计要求。

2. 水平支撑系统平面布置原则

水平支撑系统中内支撑与围檩必须形成稳定的结构体系,有可靠的连接,满足承载力、变形和稳定性要求。支撑系统的平面布置形式众多,从技术上,同样的基坑工程采用多种支撑平面布置形式均是可行的,但科学、合理的支撑布置形式应是兼顾了基坑工程特点、主体地下结构布置以及周边环境的保护要求和经济性等综合因素的和谐统一。目前常用的内支撑布置形式如图4-4所示。

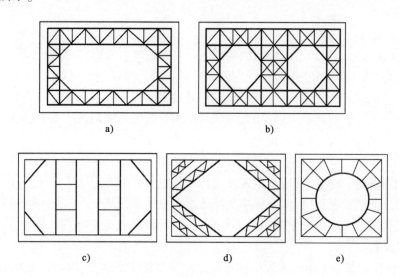

图4-4 内支撑布置形式示意图
a)加强围檩;b)格构式;c)长边对顶加角撑式;d)加强角撑式;e)环梁式

对于实际工程,通常根据具体情况下可采用如下方式:

(1)长条形基坑工程中,可设置以短边方向的对撑体系,两端可设置水平角撑体系。短边方向的对撑体系可根据基坑短边的长度、土方开挖、工期等要求采用钢支撑或者混凝土支撑,两端的角撑体系从基坑工程的稳定性以及控制变形角度上,宜采用混凝土支撑的形式。

(2)当基坑周边紧邻保护要求较高建(构)筑物、地铁车站或隧道,对基坑工程的变形控制要求较为严格时,或者基坑面积较小、两个方向的平面尺寸大致时,或者基坑形状不规则,其他形式的支撑布置有较大难度时,宜采用相互正交的对撑布置方式。该布置形式的支撑系统具有支撑刚度大、传力直接以及受力清楚的特点,适合在变形控制要求高的基坑工程中应用。

(3)当基坑面积较大,平面形状不规则时,同时在支撑平面中需要留设较大作业空间时,宜采用角部设置角撑、长边设置沿短边方向的对撑结合边桁架的支撑体系。该类型支撑体系由于具有较好的控制变形能力、大面积无支撑的出土作业面以及可适应各种形状的基坑工程，同时由于支撑系统中对撑、各榀对撑之间具有较强的受力上的独立性，易于实现土方上的流水化施工，此外还具有较好的经济性，因此几乎成为上海等软土地区首选的支撑平面布置形式，近年来得到极为广泛的应用。

（4）基坑平面为规则的方形、圆形或者平面虽不规则但基坑两个方向的平面尺寸大致相等，或者是为了完全避让塔楼框架柱、剪力墙等竖向结构以方便施工、加快塔楼施工工期，尤其是当塔楼竖向结构采用劲性构件时，临时支撑平面应错开塔楼竖向结构，以利于塔楼竖向结构的施工，可采用单圆环形支撑甚至多圆环形支撑布置方式。

上述圆环形支撑形式的支撑杆件均采用钢筋混凝土材料，在一定条件下也可采用组合结构环形内支撑的形式，该形式与钢筋混凝土环形支撑基本相似，其根本区别在于组合结构环形内支撑形式中，环形支撑由于需承受巨大的轴向压力，因此采用钢筋混凝土支撑材料，其余杆件承受的轴向压力相对较小，采用施工速度快、可回收以及经济性较好的钢结构材料截面承载力也能满足要求。

（5）基坑平面有向坑内折角（阳角）时，阳角处的内力比较复杂，是应力集中的部分，稍有疏忽，最容易在该部分出现问题。阳角的处理应从多方面进行考虑，首先基坑平面的设计应尽量避免出现阳角，当不可避免时，需作特别的加强，如在阳角的两个方向上设置支撑点，或者可根据实际情况将该位置的支撑杆件设置现浇板，通过增设现浇板增强该区域的支撑刚度，控制该位置的变形。无足够的经验可借鉴时，最好对阳角处的坑外地基进行加固，提高坑外土体的强度，以减少围护墙体的侧向水土压力。

（6）支撑结构与主体地下结构的施工期通常是错开的，为了不影响主体地下结构的施工，支撑系统平面布置时，支撑轴线应尽量避开主体工程的柱网轴线，同时，避免出现整根支撑位于结构剪力墙之上的情况，其目的是减小支撑体系对主体结构施工时的影响。另外，如主体地下结构竖向结构构件采用内插钢骨的劲性结构时，应严格复核支撑的平面分布，确保支撑杆件完全避让劲性结构。

（7）支撑杆件相邻水平距离首先应确保支撑系统整体变形和支撑构件承载力在要求范围之内，其次应满足土方工程的施工要求。当支撑系统采用钢筋混凝土围檩时，沿着围檩方向的支撑点间距不宜大于9m；采用钢围檩时，支撑点间距不宜大于4m；当相邻支撑之间的水平距离较大时，应在支撑端部两侧与围檩之间设置八字撑，八字撑宜左右对称，与围檩的夹角不宜大于60°。

3. 水平支撑系统竖向布置原则

在基坑竖向平面内需要布置的水平支撑的数量，主要根据基坑围护墙的承载力和变形控制计算确定，同时应满足土方开挖的施工要求。基坑竖向支撑的数量主要受土层地质特性以及周围环境保护要求的影响。基坑面积、开挖深度、围护墙设计以及周围环境等条件都相同的条件下，不同地区不同土层地质特性情况下，支撑的数量区别是十分显著的，如开挖深度15m的基坑工程，在北方等硬土地区也许无须设置内支撑，仅在坑外设置几道锚杆即可满足要求，而在沿海软土地区，则可能需要设置三～四道水平支撑；另外即使在土层地质一致的地区，当周围环境保护要求有较大的区别时，支撑道数也是相差较大的。一般情况下，支撑系统竖向布置可按如下原则进行确定：

（1）在竖向平面内，水平支撑的层数应根据基坑开挖深度、土方工程施工、围护结构类型及工程经验，有围护结构的计算工况确定。

（2）上、下各层水平支撑的轴线应尽量布置在同一竖向平面内，主要目的是为了便于基坑土方的开挖，同时也能保证各层水平支撑共用竖向支撑立柱系统。此外，相邻水平支撑的净距不宜小于3m，当采用机械下坑开挖及运输时应根据机械的操作所需空间要求适当放大。

（3）各层水平支撑与围檩的轴线标高应在同一平面上，且设定的各层水平支撑的标高不得妨碍主体工程施工。水平支撑构件与地下结构楼板间的净距不宜小于300mm；与基础底板间净距不小于600mm，且应满足墙、柱竖向结构构件的插筋高度要求。

（4）首道水平支撑和围檩的布置宜尽量与围护墙结构的顶圈梁相结合。在环境条件容许时，可尽量降低首道支撑标高。基坑设置多道支撑时，最下道支撑的布置在不影响主体结构施工和土方开挖条件下，宜尽量降低。当基础底板的厚度较大，且征得主体结构设计认可时，也可将最下道支撑留置在主体基础底板内。

三、竖向斜撑

竖向斜撑体系的作用是将围护墙所受的水平力通过斜撑传到基坑中部先浇筑好的斜撑基础上。其施工流程是：围护墙完成后，先对基坑中部的土方采用放坡开挖，其后完成中部的斜撑基础，并安装斜撑，在斜撑的支挡作用下，再挖除基坑周边留下的土坡，并完成基坑周边的主体结构。对于平面尺寸较大，形状不很规则的基坑，采用斜支撑体系施工比较方便，也可大幅节省支撑材料。但墙体位移受到基坑周边土坡变形、斜撑弹性压缩以及斜撑基础变形等多种因素的影响，在设计计算时应给予合理考虑。此外，土方施工和支撑安装应保证对称性。

竖向斜撑体系一般较多的应用在开挖深度较小、面积巨大的基坑工程中。竖向斜撑体系一般由斜撑、压顶圈梁和斜撑基础等构件组成，斜撑一般投影长度大于15m时应在其中部设置立柱。斜撑一般采用钢管支撑或者型钢支撑，钢管支撑一般采用φ609mm×16mm，型钢支撑一般采用 H700mm×300mm、H500mm×300mm 以及 H400mm×400mm，斜撑坡率不宜大于1:2，并应尽量与基坑内土堤的稳定边坡坡率相一致，同时斜撑基础与围护墙之间的水平距离也不宜小于围护墙插入深度的1.5倍，斜撑与围檩及斜撑与基础之间的连接，以及围檩与围护墙之间的连接应满足斜撑的水平分力和竖向分力的传递要求。采用竖向斜撑体系的基坑，在基坑中部的土方开挖后和斜撑未形成前，基坑变形取决于围护墙内侧预留的土堤对墙体所提供的被动抗力，因此保持土堤边坡的稳定至关重要，必须通过计算确定可靠的安全储备。图4-5 斜支撑布置示意图。

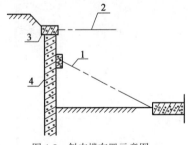

图4-5　斜支撑布置示意图

1-斜支撑；2-角撑；3-锁口梁；4-围檩

四、支撑节点构造

支撑结构，特别是钢支撑的整体刚度更依赖构件之间的合理连接构造。支撑结构的设计，除确定构件截面外，须重视节点的构造设计。图4-6 为钢支撑结构图。

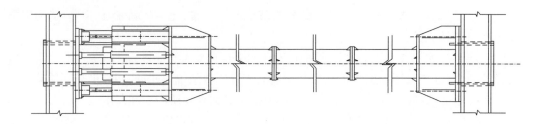

图 4-6　钢支撑结构图

1.钢支撑的长度拼接

钢结构支撑构件的拼接应满足截面等强度的要求。常用的连接方式有焊接和螺栓连接。螺栓连接施工方便但整体性不如焊接,为减少节点变形,宜采用高强螺栓。构件在基坑内的接长,由于焊接条件差,焊缝质量不易保证,通常采用螺栓连接。

钢腰梁在基坑内的拼接点由于受操作条件限制不易做好,尤其在靠围护墙一侧的翼缘连接板较难施工,影响整体性能。设计时应将接头设置在截面弯矩较小的部位,并应尽可能加大坑内安装段的长度,以减少安装节点的数量。

2.两个方向的钢支撑连接节点

纵横向支撑采用重迭连接,虽然施工安装方便,但支撑结构整体性差,应尽量避免采用。当纵横向支撑采用重迭连接时,则相应的围檩在基坑转角处不在同一平面相交,此时应在转角处的围檩端部采取加强的构造措施,以防止两个方向上围檩的端部产生悬臂受力状态。

纵横向支撑应尽可能设置在同一标高上,采用定型的十字节点连接。这种连接方式整体性好,节点比较可靠。节点可以采用特制的"十"及"井"字接头,纵横管都与"十"字或"井"字接头连接,使纵横钢管处于同一平面内。后者可以使钢管形成一个平面框架,刚度大,受力性能好。图 4-7 为钢支撑节点示意图。

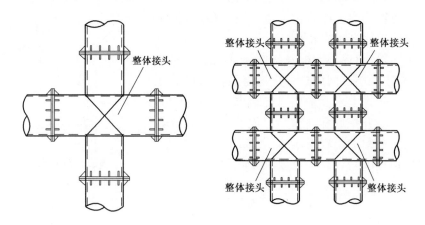

a)

图　4-7

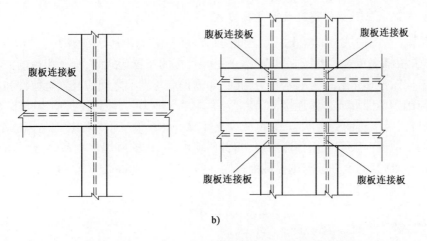

b)

图4-7　钢支撑节点示意图

a）双向钢管支撑连接节点示意图；b）双向型钢支撑连接节点示意图

3. 钢支撑端部预应力活络头构造

钢支撑的端部，考虑预应力施加的需要，一般均设置为活络端，待预应力施加完毕后固定活络端，且一般配与琵琶撑。除了活络端设置在钢支撑端部外，还可以采用螺旋千斤顶等设备设置在支撑的中部。目前投入基坑工程使用的活络端为楔形活络端，见图4-8。

图4-8　楔形活络端

钢管支撑为了施加预应力常设计一个预应力施加活络头子，并采用单面施加的方法进行。由于预应力施工后会产生各种预应力损失，基坑开挖变形后预应力也会发生损失，为了保证预应力的强度，当发现预应力损失达到一定程度时须及时进行补充，复加预应力。

4. 钢支撑与钢腰梁斜交处抗剪连接节点

由于围护墙表面通常不十分平整，尤其是钻孔灌注桩墙体，为使钢围檩与围护墙接合得紧密，防止钢围檩截面产生扭曲，在钢围檩与围护墙之间采用细石混凝土填实，如二者之间缝宽较大时，为了防止所填充的混凝土脱落，缝内宜放置钢筋网。当支撑与围檩斜交时，为传递沿围檩方向的水平分力，在围檩与围护墙之间需设置剪力传递装置。对于地下连续墙可通过预埋钢板，对于钻孔灌注桩可通过钢围檩的抗剪焊接件连接。

5. 支撑与混凝土腰梁斜交处抗剪连接节点

通常情况下,围护墙与混凝土围檩之间的结合面不考虑传递水平剪力。当基坑形状比较复杂,支撑采用斜交布置时,特别是当支撑采用大角撑的布置形式时,由于角撑的数量多,沿着围檩长度方向需传递十分巨大的水平力,此时如围护墙与围檩之间应设置抗剪件和剪力槽,以确保围檩与围护墙能形成整体连接,二者接合面能承受剪力,可使得围护墙也能参与承受部分水平力,既可改善围檩的受力状态、又可减少整体支撑体系的变形。围护墙与围檩结合面的墙体上设置的抗剪件一般可采用预埋插筋,或者预埋埋件,开挖后焊接抗剪件,预留的剪力槽可间隔抗剪件布置,其高度一般与围檩截面相同,间距 150 ~ 200mm,槽深 50 ~ 70mm。钢支撑与腰梁及柱斜交时连接如图 4-9 所示。

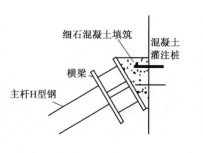

图 4-9　钢支撑与腰梁及柱斜交时连接

第四节　水平支撑的计算方法

一、内支撑系统计算内容

内支撑承受的荷载大而复杂,计算时应包括最不利时的工况。内支撑的每根杆件都要满足强度和稳定性要求,以保证整个支护结构的安全。

内支撑结构计算主要包括以下几个方面内容:

(1)确定荷载种类、方向及大小;

(2)计算模型和计算假定;

(3)采用合理的计算方法;

(4)计算结果的分析判断和取用。

二、水平支撑系统计算方法

支撑计算比较复杂,它的复杂性不在于支撑本身,而在于计算的精确性与同它相联系的围护结构、土质、水文、施工工艺等条件密切有关。

计算方法大致分为三种:

第一种是简化计算方法。它将支撑体系与竖向围护结构各自分离计算。压顶梁和腰梁作为承受由竖向围护构件传来的水平力的连续梁或闭合框架,支撑与压顶梁、腰梁相连的节点,即为其不动支座。

当基坑形状比较规则并采用简化计算方法时,可以采用以下规定:

(1)在水平荷载作用下腰梁和压顶梁的内力和变形可近似按多跨或单跨水平连续梁计算。计算跨度取相邻支撑点中心距。当支撑与腰梁、压顶梁斜交时或梁自身转折时,尚应计算这些梁所受的轴向力。

(2)支撑的水平荷载可近似采用腰梁或压顶梁上的水平力乘以支撑点中心距。

(3)在垂直荷载作用下,支撑的内力和变形可近似按单跨或多跨连续梁分析。其计算跨度取相邻立柱中心距。

(4)立柱的轴向力取水平支撑在其上面的支座反力。

按照上述规则计算的结果都是近似值,但比较直观简明,适合于手算和混合计算,一般可起到控制作用。

第二种是平面整体分析。它将支撑体系作为一个整体,传至环梁(即压顶梁、腰梁)的力作为分布荷载,整个平面体系设若干支座(以弹性支座为好,其刚度根据支撑标高处的土层特性及围护结构刚度综合选定),借助计算机软件进行分析,可同时得出支撑系统的内力与变形解答。

第三种为空间整体分析。它即将所有支撑杆件、压顶梁、腰梁、立柱与竖向围护构件视为一个协同工作的整体结构。这种计算只能借助电子计算机才能胜任,目前已有程序出台。将竖向围护构件的特征、节点构造和支撑杆件特征等全面纳入计算范围,并模拟各种施工情况。当外部特性描述正确时,采用整体分析能较准确地计算出各种工况下各构件的内力和变形。

有条件时,可以采用两种以上的方法进行计算,以资对比互校。最后通过分析、判断,选取较合适的计算成果作为支撑结构断面、节点的设计依据。

现阶段绝大部分内支撑系统均采用相对简便的平面计算模型进行分析,当采用平面计算模型进行分析时,水平支撑计算应分别进行水平力作用和竖向力作用下的计算,以下分别进行说明。

1.水平力作用下的水平支撑计算方法

1)支撑平面有限元计算方法

水平支撑系统平面内的内力和变形计算方法一般是将支撑结构从整个支护结构体系中截离出来,此时内支撑(包括围檩和支撑杆件)形成一自身平衡的封闭体系,该体系在土压力作用下的受力特性可采用杆系有限元进行计算分析,进行分析时,为限制整个结构的刚体位移,必须在周边的围檩上添加适当的约束,一般可考虑在结构上施加不相交于一点的三个约束链杆,形成静定约束结构,此时约束链杆不产生反力,可保证分析得到的结果与不添加约束链杆时得到的结果一致。

内支撑平面模型以及约束条件确定之后,将由平面竖向弹性地基梁法(图4-10)或平面连续介质有限元方法得到的弹性支座的反力作用在平面杆系结构之上,采用空间杆系有限元的方法,即可求得土压力作用下的各支撑杆件的内力和位移。

采用平面竖向弹性地基梁法或平面连续介质有限元法时需先确定弹性支座的刚度,对于形状比较规则的基坑,并采用十字正交对撑的内支撑体系,支撑刚度可根据支撑体系的布置和支撑构件的材质与轴向刚度等条件按如下计算式(4-1)确定。在求得弹性支座的反力之后,可将该水平力作用在平面杆系结构之上,采用有限元方法计算得到各支撑杆件的内力和变形,也可采用简化分析方法,如支撑轴向力,按围护墙沿围檩长度方向的水平反力乘以支撑中心距计算,混凝土围檩则可按多跨连续梁计算,计算跨度取相邻支撑点的中心距。钢围檩的内力和变形宜按简支梁计算,计算跨度取相邻水平支撑的中心距。

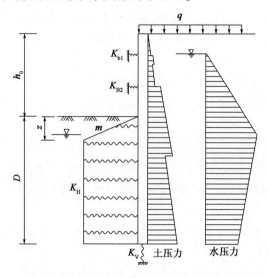

图 4-10　平面竖向弹性地基梁法计算简图

$$K_B = \frac{2\alpha EA}{lS} \tag{4-1}$$

式中:K_B——内支撑的压缩弹簧系数(kN/m^2);

　　　α——与支撑松弛有关的折减系数,一般取 0.5 ~ 1.0;混凝土支撑与钢支撑施加预压力时,取 $\alpha = 1.0$;

　　　E——支撑结构材料的弹性模量(kN/m^2);

　　　A——支撑构件的截面积(m^2);

　　　l——支撑的计算长度(m);

　　　S——支撑的水平间距(m)。

对于较为复杂的支撑体系,难以直接根据以上公式确定弹性支撑的刚度,且弹性支撑刚度会随着周边节点位置的变化而变化。这里介绍一种较为简单的处理方法,即在水平支撑的围檩上施加与围檩相垂直的单位分布荷载 $p = 1kN/m$,求得围檩上各结点的平均位移 δ(与围檩方相垂直的位移),则弹性支座的刚度为:

$$K_{Bi} = \frac{p}{\delta} \tag{4-2}$$

需指出的是,式(4-2)反映的是水平支撑系统的一个平均支撑刚度。

2)支撑三维计算方法

一般情况下,基坑外侧的超载、水土压力等侧向水平力通过围护体,将全部由坑内的内支撑系统进行平衡,围护体仅起到挡土、止水以及将水平力通过竖向抗弯的方式全部传递给内支撑,并不参与坑外水平力的分担。当基坑形状具有较强的空间效应时,比如拱形、圆形情况或者基坑角部区域,围护体还将同时承受部分坑外水平力,在该情况下如按照上述计算方法对内支撑进行内力和变形进行计算分析,将高估了内支撑实际的内力和变形,造成不必要的浪费,此时应采用能考虑空间效应的空间计算模型,空间弹性地基板法的求解可采用通用有限元软件,一般可先通过有限元软件自带的前处理模块或其他有限元前处理软件建立考虑围护结构、水平支撑体系和竖向支撑系统共同作用的三维有限元模型,模型需综合考虑结构的分布、开挖的顺序等,然后用有限元程序分步求解。

一般情况下,基坑外侧的超载、水土压力等侧向水平力通过围护体,将全部由坑内的内支撑系统进行平衡,围护体仅起到挡土、止水以及将水平力通过竖向抗弯的方式全部传递给内支撑,并不参与坑外水平力的分担。当基坑形状具有较强的空间效应时,比如拱形、圆形情况或者基坑角部区域,围护体还将同时承受部分坑外水平力,在该情况下如按照上述计算方法对内支撑进行内力和变形进行计算分析,将高估了内支撑实际的内力和变形,造成不必要的浪费,此时应采用能考虑空间效应的空间计算模型,空间弹性地基板法的求解可采用通用有限元软件,一般可先通过有限元软件自带的前处理模块或其他有限元前处理软件建立考虑围护结构、水平支撑体系和竖向支撑系统共同作用的三维有限元模型,模型需综合考虑结构的分布、开挖的顺序等,然后用有限元程序分步求解。

2. 竖向力作用下的水平支撑计算方法

竖向力作用下,支撑的内力和变形可近似按单跨或多跨梁进行分析,其计算跨度取相邻立柱中心距,荷载除了其自重之外还需考虑必要的支撑顶面如施工人员通道的施工活荷载。此外,基坑开挖施工过程中,基坑由于土体的大量卸荷会引起基坑回弹隆起,立柱也将随之发生隆起,立柱间隆沉量存在差异时,也会对支撑产生次应力,因此在进行竖向力作用下的水平支撑计算时,应适当考虑立柱桩存在差异沉降的因素予以适当的增强。

三、支撑系统设计计算要点

支撑结构上的主要作用力是由围护墙传来的水、土压力和坑外地表荷载所产生的侧压力。支撑系统的整体分析方法在上一节中已作了专门的说明,本节关注的支撑体系的设计计算更倾向于支撑构件的强度、稳定性以及节点构造等方面内容,主要有如下几个方面的内容:

(1)支撑承受的竖向荷载,一般只考虑结构自重荷载和支撑顶面的施工活荷载,施工活荷载通常情况下取 4kPa,主要是指施工期间支撑作为施工人员的通道,以及主体地下结构施工时可能用作混凝土输送管道的支架,不包括支撑上堆放施工材料和运行施工机械等情况。支撑系统上如需设置施工栈桥作为施工堆载平台或施工机械的作业平台时应进行专门设计。

(2)围檩与支撑采用钢筋混凝土时,构件节点宜采用整浇刚接。采用钢围檩时,安装前应在围护墙上设置竖向牛腿。钢围檩与围护墙间的安装间隙应采用 C30 细石混凝土填实。采用钢筋混凝土围檩,且与围护墙和支撑构件整体浇筑连接时,对计算支座弯矩可乘以调幅折减系数 0.8~0.9,但跨中弯矩相应增加。钢支撑构件与围檩斜交时,宜在围檩上设置水平向

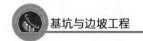

牛腿。

（3）支撑结构上的主要作用力是由围护墙传来的水、土压力和坑外地表荷载所产生的侧压力。对于温度变化和加在钢支撑上的预压力对支撑结构的影响，由于目前对这类超静定结构所做的试验研究较少，难以提出确切的设计计算方法。温度变化的影响程度与支撑构件的长度有较大关系，根据经验和实测资料，对长度超过 40m 的支撑宜考虑 10% 左右支撑内力的变化影响。

（4）支撑与围檩体系中的主撑构件长细比不宜大于 75；联系构件的长细比不宜大于 120。

四、水平支撑体系基本构件设计

1. 水平支撑的截面设计

支撑截面设计方法基本上与普通结构类似，作为临时性结构尚可作如下一些规定：

（1）支撑构件的承载力验算应根据在各工况下计算内力包络图进行。其承载力表达式为：

$$\gamma_0 F \leqslant R \tag{4-3}$$

式中：γ_0——支护结构的重要性系数；

F——支撑构件荷载效应的设计值；

R——按现行国家有关结构设计规范确定的抗力效应设计值。

（2）水平支撑按偏心受压构件计算。杆件弯矩除由竖向荷载产生的弯矩外，尚应考虑轴向力对杆件的附加弯矩，附加弯矩可按轴向力乘以初始偏心距确定。偏心距按实际情况确定，且对钢支撑不小于 40mm，对混凝土支撑不小于 20mm。

（3）支撑的计算长度：对于混凝土支撑，在竖向平面内取相邻立柱的中心距，在水平面内取与之相交的相邻支撑的中心距。对于钢支撑如纵横向支撑不在同一标高上相交时，其水平面内的计算长度应取与该支撑相交的相邻支撑的中心距的 1.5～2 倍，其他情况下的计算长度同混凝土支撑。

钢支撑可采用钢管、工字钢、槽钢或用角钢焊成的组合格构柱。因上述材料均由工厂生产，有关断面几何参数和力学特征均可在产品目录中查到或从有关钢结构设计手册中检索。当特别需要时可以用钢板截割焊接成需要的断面。设计时先选用、试算、修改、验算合格后，再确定断面的设计。

钢筋混凝土支撑的断面最简单的是做成矩形。为满足受力要求或施工需要也可以做成其他形式。

在混凝土支撑两侧可加做些简单栏杆以保证行人安全。为了考虑后期拆除方便可在混凝土支撑断面内预留孔洞，以备后期采用爆破方法拆除时安装炸药。采用爆破拆除方案时，应征得当地有关部门的批准。

钢支撑的连接主要采用焊接或高强螺栓连接。钢构件拼接点的强度不应低于构件自身的截面强度。对于格构式组合构件的缀条应采用型钢或扁钢，不得采用钢筋。

钢管与钢管的连接一般以法兰盘形式连接和内衬套管焊接。当不同直径的钢管连接时，采用锥形过渡。钢管与钢管在同一平面相交时采用破口焊连接。

2. 压顶梁与腰梁设计

由基坑外侧水、土及地面荷载所产生的对竖向围护构件的水平作用力通过压顶梁和腰梁传给支撑。同时设置了压顶梁和腰梁后可使原来各自独立的竖向围护构件形成一个闭合的连续的抵抗水平力的整体,其刚度对围护结构的整体刚度影响很大。因此压顶梁与腰梁是内撑式支护结构的必备构件。

压顶梁通常采用现浇钢筋混凝土结构,以保证有较好的连续性和整体性。

腰梁可用型钢或钢筋混凝土结构。钢腰梁可以采用 H 型钢、槽钢或由这类型钢的组合构件。钢腰梁预制分段长度不应小于支撑间距的 1/3,拼接点尽量设在支撑点附近并不超过支撑点间距的三分点。拼装节点宜用高强螺栓或焊接,拼接强度不得低于构件本身的截面强度。

压顶梁和腰梁首先是水平方向受弯的多跨连续梁,所以采用扁宽形截面效果更好。各计算跨度为相邻支撑点之间的中心距。

当压顶梁、腰梁成闭合结构时,或与水平支撑斜交、或者作为边桁架的弦杆、或本身为弧形梁时,还应按偏心受压构件进行验算。它们的轴向力为另一方向梁端传来的压力、或水平支撑轴向力的分力、或桁架弦的计算轴向力、或弧形梁的环向压力。当弧形压顶梁和腰梁为纯圆环梁且不产生弯矩时,则可按中心受压构件验算。压顶梁的断面宽度要大于竖向围护结构件的横向外包尺寸(每侧外伸至少 100mm),可在内侧面向下作一反边。

压顶梁与竖向围护构件的连接必须可靠,不致造成"脱帽"。要求混凝土围护桩的主筋锚入压顶梁内,锚固长度不小于 $30d \sim 35d$。当竖向围护构件为钢桩时也应采取一定的锚固措施。

当压顶梁与支撑构件均为钢筋混凝土结构时最好同时施工。当支撑采用钢结构时,则应在压顶梁的支撑节点位置预埋铁件或设必要的混凝土支座,以确保支撑的传力合理正确。

腰梁随基坑挖土达到设计标高时施工,它附贴于竖向围护构件的内侧。与压顶梁相似,腰梁主要承担水平方向的弯矩和剪力,因此在水平方向的刚度要大一些。

腰梁通常设置在竖向围护构件的牛腿上,牛腿可以做成明的或暗的形式。在竖向围护构件设置牛腿的位置预埋铁件,此预埋铁件与竖向围护构件的钢筋笼固定在一起。预埋铁件要足以承担腰梁传来的竖向剪力和弯矩。这些剪力和弯矩主要是由腰梁、支撑等的自重和施工荷载所引起的。腰梁与竖向围护构件之间的缝隙用细石混凝土填实(混凝土强度等级不低于C20),以保证腰梁与竖向围护构件之间的传力。

当腰梁与竖向围护构件均为混凝土结构时,它们的连接关系也可以这样处理:将腰梁一侧嵌入竖向围护构件内 50mm,另一侧用钢筋吊杆来保持腰梁的平衡。钢筋用 $\phi16 \sim \phi22$,间距 2000mm。

3. 斜撑的设计

当基坑的平面尺寸较大、形状不规则而深度又不大,在符合下列条件时,可以采用竖向斜支撑体系:

(1)基坑深度不大于 8m(在地下水位较高的软土地区基坑深度不大于 6m);

(2)场地周边没有对沉降特别敏感的建筑物、构筑物、重要地下管网或其他市政设施;

(3)预留土坡在斜撑安装前能满足边坡稳定条件;

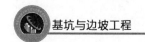

（4）坑底中心部分有条件形成可靠的斜撑传力基础。

坑底遇有以下情况之一者可认为较适合采用斜撑传力：

（1）主体采用群桩基础，基础底设整体现浇的混凝土垫层，且混凝土垫层厚≥200mm，混凝土强度等级不低于C15；

（2）基坑底揭示中风化岩、微风化岩或其他坚实岩土层；

（3）在两个相对应的斜撑底之间可以设置水平平衡压杆；

（4）允许利用主体工程地下室桩基承台和底板兼作斜撑基础。

斜撑体系通常由斜撑、压顶梁或腰梁和斜撑基础等构件组成。

斜撑构件常规采用型钢或组合型钢截面，必要时也可采用钢筋混凝土结构。当基坑较浅，支撑受力不大时或采取抢险措施时可用圆木作为斜撑材料。

斜撑与基坑底面之间的夹角一般情况下不宜大于35°，在地下水位较高的软土地区不宜大于26°。一般斜撑安装在坑内的预留土坡上，因此斜撑的斜度还应与坑内土坡稳定的倾角相一致。

斜撑的水平投影长度 S 应大于基坑的深度 D。当斜撑水平投影长度大于15m或斜撑截面的长细比大于75时，宜在跨中设置竖向立柱或做成组合式斜撑。

斜撑杆件按偏心受压杆计算，轴向平面内的计算长度取相邻节点的距离，轴向平面外取斜向平面内二支点之间的距离。

斜撑设计中要考虑斜撑与压顶梁、腰梁，斜撑与斜撑基础以及压顶梁、腰梁与竖向围护构件之间的连接部都要有足够的承载能力，以承受斜撑的水平分力和垂直分力，同时构造上能抵抗一定的弯矩作用。

斜撑上下的支座面宜与斜撑的纵向轴线相垂直，支座设计不但要考虑承压和抵抗滑动，而且还要承受一定的弯矩，因此在斜撑的上下节点处要有可靠的锚固。

斜撑底部基础一般有以下一些做法：

（1）承台：在斜撑底部设计专用承台，也可利用工程桩基承台。两边对应的斜撑承台间，应该用毛石混凝土填实或另设压杆以抵抗斜撑底部的水平分力；

（2）钢筋混凝土基础：在斜撑底部将垫层改为钢筋混凝土基础，并适当加强，以作为两对边基础之间传递斜撑水平分力的"杆件"。

第五节　竖向支撑的设计

当支撑跨越空间尺度较大时均应设置支撑的立柱或支托，以缩短水平支撑的跨度和受压杆的计算长度，从而减少因竖向荷载所引起的支撑弯矩，也有利于避免出现水平荷载作用下的压屈效应，从而保证支撑的强度和稳定。

基坑竖向支撑系统，通常采用钢立柱插入立柱桩桩基的形式。竖向支撑系统是基坑实施期间的关键构件。钢立柱的具体型式是多样的，它要求承受较大荷载，同时要求断面不应过大，因此构件必须具备足够的强度和刚度。钢立柱必须具备一个具有相应承载能力的基础。根据支撑荷载的大小，立柱一般可采用角钢格构式钢柱、H型钢柱或钢管柱；立柱桩常采用灌注桩,也可采用钢管桩。基坑围护结构立柱桩可以利用主体结构工程桩;在无法利用工程桩的部位应加设临时立柱桩。图4-11为钻孔桩做立柱桩详图。

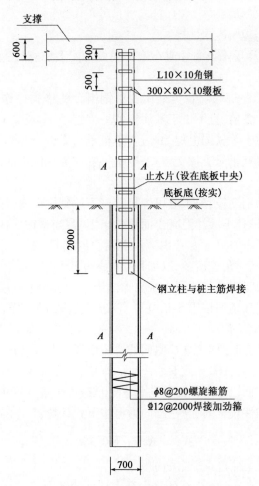

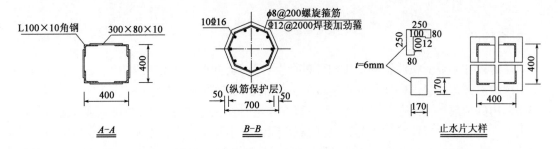

图4-11　钻孔桩做立柱桩详图(尺寸单位:mm)

一、竖向支撑设计要点

设置立柱应考虑以下问题:

(1)设置立柱不能影响主体施工。要力求避开主体框架梁、柱、剪力墙等位置;

（2）尽量利用工程桩；

（3）立柱要均匀布置，且数量尽量少；

（4）立柱穿板处要考虑防渗；

（5）保证立柱的强度和稳定；

（6）当有其他办法时尽量不设立柱或在施工底板时能去掉立柱，如采用吊挂或空间桁架、拱等形式来代替立柱。

立柱多用挖（钻）孔灌注桩等与各类型钢及型钢组合的格构柱连接。钢柱埋入混凝土内的长度不小于钢柱边长的 2 倍，且不小于灌注桩的一倍直径，一般取 1/3 的柱高。立柱底部的桩身应穿过淤泥或淤泥质土等软弱土层，并应对单桩承载力进行验算，保证立柱能承担支撑传来的竖向荷载。立柱布置宜紧靠支撑交汇点，当水平支撑为现浇钢筋混凝土结构时，立柱宜布置于支撑交叉点的中心。

型钢立柱与灌注桩的钢筋笼，施工时可焊接起来下放到桩孔内，然后灌注混凝土至地下室底板底，在底板底面以上桩孔不灌注混凝土而用砂子填实，当型钢立柱自身刚度较大时也可不填。钢立柱或格构柱中间净空尺寸要考虑灌注混凝土时串筒（或导管）能通过。如柱的刚度不足，则在挖土后应再焊上对角连接条，以加强立柱的稳定性。

立柱受压计算长度取竖向相邻两层水平支撑的中心距。最下一层支撑以下的立柱计算长度宜取该层支撑中心线至开挖面以下 5 倍立柱直径（或边长）处之间的距离。立柱的长细比不宜大于 25。

当立柱按偏心受压杆件验算时，立柱截面的弯矩由以下几项合成：竖向荷载对立柱截面形心的偏心弯矩、水平支撑对立柱验算截面所产生的弯矩、土方开挖时作用于立柱的单向土压力对验算截面的弯矩。开挖面以下立柱的竖向和水平承载力可按计算单桩承载力的方法计算。

当立柱按中心受压构件设计时，立柱轴向力可按下式计算：

$$N_Z = N_{Z1} + \sum_{i=1}^{n} 0.1 N_i \tag{4-4}$$

式中：N_{Z1}——水平支撑及立柱自重产生的轴力；

N_i——第 i 层支撑交汇于本立柱的最大受力杆件的轴力；

n——支撑层数。

二、立柱设计

立柱的设计一般应按照轴心受压构件进行设计计算，同时应考虑所采用的立柱结构构件与平支撑的连接构造要求以及与底板连接位置的止水构造要求。基坑工程的立柱与主体结构的竖向钢构件的最大不同在于，立柱需要在基坑开挖前置入立柱桩孔中，并在基坑开挖阶段逐层与水平支撑构件完成连接。因此，立柱的截面尺寸大小要有一定的限制，同时也应能够提供足够的承载能力。立柱截面构造应尽量简单，与水平支撑体系的连接节点也必须易于现场施工。

1. 立柱设计类型

竖向支撑钢立柱可以采用角钢格构柱、H 型钢柱或钢管混凝土立柱。角钢格构柱由于构造简单、便于加工且承载能力较大，因而近几年来，它无论是在采用钢筋混凝土支撑或是钢支撑系统的顺作法基坑工程中,还是在采用结构梁板代支撑的逆作法基坑工程中,均是应用最广的钢立柱型式。最常用的型钢格构柱采用 4 根角钢拼接而成的缀板格构柱,可选的角钢规格品种丰富,工程中常用 L120mm×12mm、L140mm×14mm、L160mm×16mm 和 L180mm×18mm 等规格。依据所承受的荷载大小,钢立柱设计钢材牌号常采 Q235B 或 Q345B。典型的型钢格构柱如图 4-12 所示。

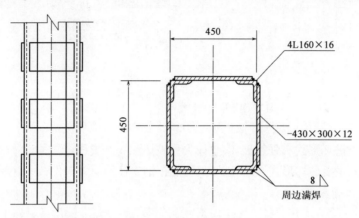

图 4-12 角钢拼接格构柱(尺寸单位:mm)

为满足下部连接的稳定与可靠,钢立柱一般需要插入深度尚应考虑立柱桩桩径和所穿越的结构梁等结构构件的尺寸。最常用的钢立柱断面边长为 420mm、440mm 和 460mm,所适用的最小立柱桩桩径分别为 φ700mm、φ750mm 和 φ800mm。

为了便于避让临时支撑的钢筋,钢立柱拼接采用从上至下平行、对称分布的钢缀板,而不采用交叉、斜向分布的钢缀条连接。钢缀板宽度应略小于钢立柱断面宽度,钢缀板高度、厚度和竖向间距根据稳定性计算确定。其中钢缀板的实际竖向布置,除了满足设计计算的间距要求外,也应当尽量设置于能够避开临时支撑主筋的标高位置。基坑开挖施工时,在各道临时支撑位置需要设置抗剪件以传递竖向荷载。

2. 立柱的设计要点

(1)竖向支撑钢立柱由于柱中心的定位误差、柱身倾斜、基坑开挖或浇筑桩身混凝土时产生位移等原因,会产生立柱中心偏离设计位置的情况,过大偏心将造成立柱承载能力的下降,同时会给支撑与立柱节点位置钢筋穿越处理带来困难,而且可能带来钢立柱与主体梁柱的矛盾问题。因此施工中必须对立柱的定位精度严加控制,并应根据立柱允许偏差按偏心受压构件验算施工偏心的影响。一般情况下钢立柱的垂直度偏差不宜大于 1/200,立柱长细比应不大于 25。设计图纸中对于角钢格构柱等截面具有方向性的立柱放置角度应提出具体要求,以利于水平支撑杆件钢筋穿越钢立柱。

(2)基坑施工阶段,应根据每一施工工况对立柱进行承载力和稳定性验算。同时,当基坑开挖至坑底、底板尚未浇筑前,最底层一跨钢立柱在承受最不利荷载的同时计算跨度也相当大,一般情况下,该工况是钢立柱的最不利工况。无论对于哪种钢立柱形式,所采用的定型钢材长度均有可能小于工程所需的立柱长度。钢立柱的接长均要求等强度连接,并且连接构造应易于现场实施。图 4-13 为工程中常用的角钢格构柱拼接构造。

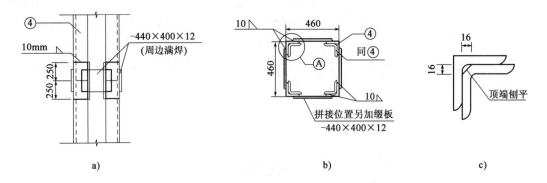

图 4-13 角钢格构柱拼接构造图(尺寸单位:mm)

a)角钢拼接立面图;b)角钢拼接平面图;c)局部放大

钢立柱的可能破坏形式有强度破坏、整体失稳破坏和局部失稳等几种。一般情况下,整体失稳破坏是钢立柱的主要破坏形式;强度破坏只可能在钢立柱的受力构件截面有削弱条件下发生。

3.钢立柱的计算要点

钢立柱的竖向承载能力主要由整体稳定性控制,若在柱身局部位置有截面削弱,必须进行竖向承载的抗压强度验算。一般截面形式的钢立柱计算,可按国家标准《钢结构设计规范》(GB 50017—2003)等相关规范中关于轴心受力构件的有关规定进行。具体计算中,在两道支撑之间的立柱计算跨度可取为上一道支撑杆件中心至下一道支撑杆件中心的距离。最底层一跨立柱计算跨度可取为上一道支撑中心至立柱桩顶标高。

角钢格构柱和钢管立柱插入立柱桩的深度计算可按下式计算:

$$l \geqslant K \frac{N - f_c A}{L \sigma} \qquad (4-5)$$

式中:l——插入立柱桩的长度(mm);

K——安全系数,取 $2.0 \sim 2.5$;

f_c——混凝土的轴心抗压强度设计值(N/mm^2);

A——钢立柱的截面面积(mm^2);

L——中间支承柱断面的周长(mm);

σ——黏结设计强度,如无试验数据可近似取混凝土的抗拉设计强度值f_t(N/mm^2)。

钢立柱在实际施工中不同程度存在水平定位偏差和竖向垂直度偏差等施工偏差情况,因此在按照上式计算钢立柱的承载力时,尚应按照偏心受压构件验算一定施工偏差下钢立柱的承载力,以确保足够的安全度。此外,基坑开挖土方钢立柱暴露出来之后,应及时复核钢立柱的水平偏差和竖向垂直度,应根据实际的偏差测量数据对钢立柱的承载力进一步校核,如有施工偏差严重者,应采取限制荷载、设置柱间支撑等措施确保钢立柱承载力满足要求。

三、立柱桩设计

1.立柱桩的结构形式

立柱桩必须具备较高的承载能力,同时钢立柱需要与其下部立柱桩具有可靠的连接,因此各类预制桩难以利用作为立柱桩基础,工程中常采灌注桩将钢立柱承担的竖向荷载传递给地基,另外也有工程采用钢管桩作为立柱桩基础,但由于造价高,与立柱连接构造相对更加复杂,且施工工艺难度比较高,因此其应用范围并不广泛。当立柱桩采用钻孔灌注桩时,首先在地面成桩孔,然后置入钢筋笼及钢立柱,最后浇筑混凝土形成桩基。要求桩顶标高以下混凝土强度必须满足设计强度要求,因此混凝土一般都有 2m 以上的泛浆高度,可在基坑开挖过程中逐步凿除。钢立柱与钻孔灌注立柱桩的节点连接较为便利,可通过桩身混凝土浇筑使钢立柱底端锚固于灌注桩中,一般不必将钢立柱与桩身钢筋笼之间进行焊接。施工中须采取有效的调控措施,保证立柱桩的准确定位和精确度。实施过程中,在桩孔形成后应将桩身钢筋笼和钢立柱一起下放入桩孔,在将钢立柱的位置和垂直度进行调整满足设计要求后,浇筑桩身混凝土。立柱桩可以是专门加打的钻孔灌注桩,但在允许的条件下应尽可能利用主体结构工程桩以降低临时围护体系工程量,提高工程经济性。立柱桩应根据相应规范按受压桩的要求进行设计,目前建筑基坑支护技术规程未要求对基坑立柱桩进行专门的荷载试验。因此在工程设计中需保证立柱桩的设计承载力具备足够安全度,并应提出全面的成桩质量检测要求。

2.立柱桩的设计要点

立柱桩的设计计算方法与主体结构工程桩相同,可按照国家标准或工程所在地区的地方标准进行。立柱桩以桩与土的摩阻力和桩的端阻力来承受上部荷载,在基坑施工阶段承受钢立柱传递下来的支撑结构自重荷载与施工超载。钢立柱插入立柱桩需要确保在插入范围内,灌注桩的钢筋笼内径大于钢立柱的外径或对角线长度。若遇钢筋笼内径小于钢立柱外径或对角线长度的情况,可以将灌注桩端部一定范围进行扩径处理,其做法如图 4-14 所示。使钢立柱的垂直度易于进行调整,钢立柱与立柱桩钢筋笼之间一般不必采用焊接等任何方式进行直接连接。

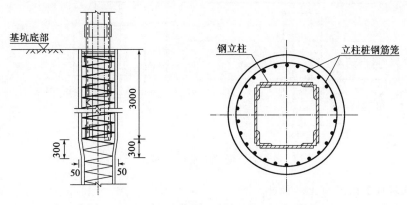

图 4-14　钢立柱插入钻孔灌注立柱桩构造图(尺寸单位:mm)

四、竖向支撑系统的连接构造

竖向支撑系统钢立柱与临时支撑节点的设计,应确保节点在基坑施工阶段能够可靠地传递支撑的自重和各种施工荷载。这里对工程实践中各种成熟的竖向支撑系统与支撑的连接构造进行介绍。

1. 角钢格构柱与支撑的连接构造

角钢格构柱与支撑的连接节点,施工期间主要承受临时支撑竖向荷载引起的剪力,设计一般根据剪力的大小计算确定后在节点位置钢立柱上设置足够数量的抗剪钢筋或抗剪栓钉。图4-15为钢立柱设置抗剪钢筋与临时支撑的连接节点示意图。

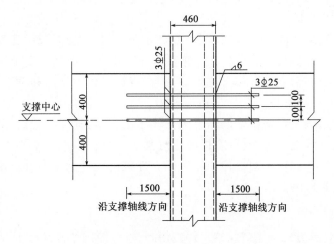

图4-15 钢立柱设置抗剪钢筋与临时支撑的连接节点(尺寸单位:mm)

施工阶段在直接作用于施工车辆等较大超载的施工栈桥区域,需要在栈桥梁下钢立柱上设置钢牛腿或者在梁内钢牛腿上焊接抗剪能力较强的槽钢等构件。图4-16为钢格构柱设置钢牛腿作为抗剪件时的示意图。

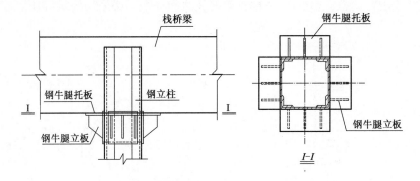

图4-16 钢格构柱设置钢牛腿作为抗剪件的示意图

2. 钢立柱在底板位置的止水构造

由于钢立柱需在水平支撑全部拆除之后方可割除,水平支撑则随着地下结构由下往上逐层施工而逐层拆除,因此钢立柱需穿越基础底板,钢立柱穿越基础底板范围将成为地下水往上渗流的通道,为防止地下水上渗,钢立柱在底板位置应设置止水构件,通常采用在钢立柱构件周边加焊止水钢板的形式。对于角钢拼接格构柱通常止水构造是在每根角钢的周边设置两块止水钢板,通过延长渗水途径起到止水目的。对于钢管混凝土立柱,则需要在钢管位于底板的适当标高位置设置封闭的环形钢板,作为止水构件。

第六节　施　工　要　求

一、支撑施工的总体原则

无论何种支撑、其总体施工原则都是相同的,其施工应遵循下列基本原则:

(1)支撑的安装与拆除顺序,应同基坑支护结构的设计计算工况相一致。

(2)支撑的安装必须按"先支撑,后开挖"的顺序施工;支撑的拆除,除最上一道支撑拆除后设计容许处于悬臂状态外,均应按"先换撑,后拆除"的顺序施工。

(3)在基坑竖向土方施工应分层开挖。土方在平面上分区开挖时,支撑应随开挖进度分区安装,并使一个区段内的支撑形成整体。

(4)支撑安装应采用开槽架设。当支撑顶面需运行挖土机械时,支撑顶面的安装标高宜低于坑内土面 200~300mm,支撑与基坑挖土之间的空隙应用粗砂回填,并在挖土机及土方车辆的通道外架设路基箱。

(5)立柱穿过主体结构底板以及支撑结构穿越主体结构地下室外墙的部位,必须采用可靠的止水构造措施。

二、钢支撑

钢支撑架设和拆除速度快、架设完毕后不需等待强度即可直接开挖下层土方,而且支撑材料可重复循环使用的特点,对节省基坑工程造价和加快工期具有显著优势,适用于开挖深度一般、平面形状规则、狭长形的基坑工程中。但与钢筋混凝土结构支撑相比,变形较大,比较敏感,且由于圆钢管和型钢的承载能力不如钢筋混凝土结构支撑的承载能力大,因而支撑水平向的间距不能很大,相对来说机械挖土不太方便。在大城市建筑物密集地区开挖深基坑,支护结构多以变形控制,在减少变形方面钢结构支撑不如钢筋混凝土结构支撑,如能根据变形发展,分阶段多次施加预应力,亦能控制变形量。

1.钢支撑与不同围护挡墙的连接

钢支撑体系施工时,根据围护挡墙结构形式及基坑的挖土的施工方法不同,围护挡墙上的围檩形式也有所区别。一般情况下采用钻孔灌注桩、SMW、钢板桩等等围护挡墙时,必须设置围檩,一般首道支撑设置钢筋混凝土围檩、下道支撑设置型钢围檩。混凝土围檩刚度大,承载能力高,可增大支撑的间距。钢围檩施工方便,钢围檩与挡墙间的空隙,宜用细石混凝土填实。

当采用地下连续墙作为围护挡墙时,根据基坑的形状及开挖工况不同,可以设置围檩、以可以不设置围檩,当设置围檩体系时,可采用钢筋混凝土或钢围檩。无围檩体系一般用在地铁车站等狭长形基坑中,钢支撑与围护挡墙间常采用直接连接,地墙的平面布置为对称布置,一般情况下一幅地墙设置两根钢支撑。

无围檩支撑体系施工过程时,应注意当支撑与围护挡墙垂直时支撑与挡墙可直接连接,无须设置预埋件,当支撑与围护挡墙斜交时,应在地墙施工时设置预埋件,用于支撑与挡墙间连

接。无围檩体系的支撑施工应注意基坑开挖发生变形后,常产生松弛现象,导致支撑坠落。目前常用方法有两种:①凿开围檩处围护墙体钢筋,将支撑与围护墙体钢筋连接;②围护墙体设置钢牛腿,支撑搁置在牛腿上。

2. 钢支撑安装工艺流程

钢支撑安装的工艺流程如下:

(1)根据支撑布置图在基坑四周支护墙上定出围檩轴线位置;

(2)根据设计要求,在支护墙内侧弹出围檩轴线标高基准线;

(3)按围檩轴线及标高,在支护墙上设置围檩托架或吊杆;

(4)安装围檩;

(5)根据围檩标高在基坑立柱上焊支撑托架;

(6)安装短向(横向)水平支撑;

(7)安装长向(纵向)水平支撑;

(8)对支撑预加压力;

(9)在纵、横支撑交叉处及支撑与立柱相交处,用夹具或电焊固定;

(10)在基坑周边围檩与支护墙间的空隙处,用混凝土填充。

3. 钢支撑的施工要求

钢支撑的施工应符合下列要求:

(1)钢支撑吊装就位时,吊车及钢支撑下方禁止有人员站立,现场做好防下坠措施;

(2)支撑端头应设置封头端板,端板与支撑杆件应满焊;

(3)支撑与冠梁、腰梁的连接应牢固,钢腰梁与围护墙体之间的空隙应填充密实;采用无腰梁的钢支撑系统时,钢支撑与围护墙体的连接应满足受力要求;

(4)钢支撑的预应力施加应符合下列要求:

①支撑安装完毕后,应及时检查各节点的连接状况,经确认符合要求后方可施加预压力;预应力应均匀、对称、分级施加。

②预应力施加过程中应检查支撑连接节点,必要时应对支撑节点进行加固;预应力施加完毕后应在额定压力稳定后予以锁定。

③钢支撑使用过程应定期进行预应力监测,必要时应对预应力损失进行补偿。

三、钢筋混凝土支撑

钢筋混凝土支撑应首先进行施工分区和流程的划分,支撑的分区一般结合土方开挖方案,按照盆式开挖、"分区、分块、对称"的原则确定,随着土方开挖的进度及时跟进支撑的施工,尽可能减少围护体侧开挖段无支撑暴露的时间,以控制基坑工程的变形和稳定性。混凝土支撑的施工有多项分部工程组成,根据施工的先后顺序,一般可分为施工测量、钢筋工程、模板工程以及混凝土工程。

钢筋混凝土支撑体系(支撑及围檩)应在同一平面内整浇,支撑与支撑、支撑与围檩相交处宜采用加腋,使其形成刚性节点。

支撑施工宜用开槽浇筑的方法,底模板可用素混凝土,也可采用木、小钢模等铺设,也可利用槽底作土模,侧模多用木、钢模板。

钢筋混凝土支撑与立柱的连接在顶层支撑处可采用钢板承托方式,在顶层以下的支撑位置,一般可由立柱直接穿过支撑。其立柱的设置与钢支撑立柱相同。

设在支护墙腰部的钢筋混凝土腰梁与支护墙间应浇筑密实,腰梁可用设置在冠或上层支撑腰梁的悬吊钢筋作竖向吊点。悬吊钢筋直径不宜小于20mm,间距一般1~1.5m,两端应弯起,插入冠梁及腰梁不少于40d。

四、支撑立柱的施工

内支撑体系的钢立柱目前用得最多的形式为角钢格构柱,即每根柱由四根等边角钢组成柱的四个主肢,四个主肢间用缀板或者缀条进行连接,共同构成钢格构柱。

钢格构柱一般均在工厂进行制作,考虑到运输条件的限制,一般均分段制作,单段长度一般最长不超过15m,运至现场之后再组成整体进行吊装。钢格构柱现场安装一般采用"地面拼接、整体吊装"的施工方法,首先将工厂里制作好运至现场的分段钢立柱在地面拼接成整体,其后根据单根钢立柱的长度采用两台或多台吊车抬吊的方式将钢格构柱吊装至安装孔口上方,调整钢格构柱的转向满足设计要求之后,和钢筋笼连接成一体后就位,调整垂直度和标高,固定后进行立柱桩混凝土的浇筑施工。

钢格构柱作为基坑实施阶段的重要的竖向受力支承结构,其垂直度至关重要,将直接影响钢立柱的竖向承载力,因此施工时必须采取措施控制其各项指标的偏差度在设计要求的范围之内。钢格构柱垂直度的控制首先应特别注意提高立柱桩的施工精度,立柱桩根据不同的种类,需要采用专门的定位措施或定位器械,其次钢立柱的施工必须采用专门的定位调垂设备对其进行定位和调垂。目前,钢立柱的调垂方法基本分为气囊法、机械调垂架法和导向套筒法三大类。其中机械调垂架法是几种调垂方法中最经济实用的,因此大量应用于内支撑体系中的钢立柱施工中,当钢立柱沉放至设计标高后,在钻孔灌注桩孔口位置设置 H 型钢支架,在支架的每个面设置两套调节丝杆,一套用于调节钢格构柱的垂直度,另一套用于调节钢格构柱轴线位置,同时对钢格构柱进行固定。

具体操作流程为:钢格构柱吊装就位后,将斜向调节丝杆和钢柱连接,调整钢格构柱安装标高在误差范围内,然后调整支架上的水平调节丝杆,调整钢柱轴线位置,使钢格构柱四个面的轴向中心线对准地面(或支撑架 H 型钢上表面)测放好的柱轴线,使其符合设计及规范要求,将水平调节丝杆拧紧。调整斜向调节丝杆,用经纬仪测量钢柱的垂直度,使钢立柱柱顶四个面的中心线对准地面测放出的柱轴线,控制其垂直度偏差在设计要求范围内。

五、支撑的替换与拆除

1.支撑替换与拆除的必要性

近年来的围护设计在功能上都要求做到地下室外墙不留洞,而且混凝土支撑构件不穿墙,以保证结构物外墙不留隐患和施工能顺利进行。为此,当地下室外墙施工到一定部位时,相应的支撑就必须拆除。支撑拆除时,如不采取替代措施,则意味着将增加桩作为竖向梁的跨度,在最不利的情况下,桩将呈长悬臂状态工作。这种做法至少是不经济的,在一定条件下甚至是

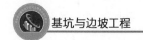

不可行的,因此换撑是必要的。

2. 钢筋混凝土支撑拆除要点

钢筋混凝土支撑拆除时,应严格按设计工况进行支撑拆除,遵循"先换撑,后拆除"的原则。采用爆破法拆除作业时应遵守当地政府的相关规定。内支撑拆除要点主要为:

(1)内支撑拆除应遵照当地政府的有关规定,考虑现场周边环境特点,按"先置换,后拆除"的原则制定详细的操作条例,认真执行,避免出现事故。

(2)内支撑相应层的主体结构达到规定的强度等级,并可承受该层内支撑的内力时,可按规定的换撑方式将支护结构的支撑荷载传递到主体结构后,方可拆除该层内支撑。

(3)内支撑拆除应小心操作,不得损伤主体结构。在拆除下层内支撑时,支撑立柱及支护结构在一定时期内还处于工作状态,必须小心断开支撑与立柱,支撑与支护桩的节点,使其不受损伤。

(4)最后拆除支撑立柱时,必须作好立柱穿越底板位置的加强防水处理。

(5)在拆除每层内支撑的前后必须加强对周围环境的监测,出现异常情况立即停止拆除并立即采取措施,确保换撑安全、可靠。

3. 临时支撑的设置

拆除旧支撑和设置临时支撑在基坑工程上也称为"换撑"。在实施的程序上一般是先行设置临时支撑,然后拆掉旧支撑。由于多数情况下,地下室外墙与竖向围护构件之间的距离能满足外墙外防水制作即可,故距离一般不大,临时支撑用一般方木(或钢件)即可。注意到防止局部应力集中及支撑固定的要求,在临时支撑的两端即边墙与桩面上应垫以厚木板之类的部件。

4. 内支撑的拆除方法

原设置的内支撑在临时支撑开始工作后即可予以拆除。混凝土支撑的拆除手段可以有以下几种:

(1)用手工工具拆除,即人工凿除混凝土并用气割切断钢筋。

(2)在混凝土内钻孔然后装药爆破。爆破方式一般采用无声炸药松动爆破。在爆破实施前要征得有关部门批准。

(3)在混凝土内预留孔,然后装药爆破。爆破工艺同上。由于设置预留孔,在支撑的构件的强度验算时要计入预留孔对构件断面的削弱作用。

上述几种支撑拆除方法中,爆破拆除法由于其经济性适中而且施工速度快、效率高以及爆破之后后续工作相对简单的特点,近年来得到了广泛的推广应用。

5. 支撑拆除时的围护结构变形

支撑拆除的瞬间围护结构将发生突然变形。换撑工作草率时其数值可达未拆除前最大变形的几倍,这一现象值得引起人们重视。如不是用换撑,而是用"填槽",也要注意这一问题。

六、施工和监测的配合

深基坑围护的监测工作一般不是由施工单位承担,监测作为深基坑工程的必要环节另有专章论述。这里涉及的仅是施工单位与监测单位应如何协作,以及监测对施工的指导作用。

从监测仪器埋设开始,施工单位就应对监测单位提供协作,其中最主要的是保护监测仪器不受损坏。埋设的监测仪器及其附件在施工中受损坏的事件时有发生。为了监测仪器能正常工作,施工单位应对埋设的监测仪器提供有效而妥善的保护。

监测工作是收集施工过程中涉及围护结构工作状态有关信息的有效手段,在工程中起着一种预警作用。这里应该提及的是监测资料必须及时整理,最好是现场马上整理及时将信息反馈给有关单位和有关人员,以便合理安排施工或制订补救措施。

第七节　内支撑支护设计实例

一、工程概况

某地铁车站为地下二层。主基坑开挖深度约 15.85m,开挖宽度 18.7m,车站两端端头井基坑开挖深 17.5m。该站位于规划东路和西路交叉路口东侧,东路宽 50m,西路宽 40m。该地区为待开发的规划用地,东侧为科技经济园,西侧紧靠本工程的车辆基地。地铁控制范围内的保护要求极高,对水平变形和沉降等控制要求十分严格。图 4-17 为施工现场实景图。

图 4-17　施工现场实景图

二、围护设计方案

该地铁车站深基坑工程,涵盖了支护结构选型、支护结构内力和变形分析、基坑开挖对周边既有建筑物和地下管线的影响研究、地下水处理措施的选择等诸多领域。可供选择的基坑围护结构主要有地下连续墙、咬合桩、钻孔灌注桩、SMW 工法等。其中地下连续墙有刚度大、整体性好、变形相对小、能较好抗渗止水等优点,但场地地质条件相对较好,且连续墙造价较高,故排除地下连续墙基坑围护方案;SMW 工法虽有施工速度快、环境污染小、考虑内插型钢回收造价较低等优点,但本车站基底埋深 14.7m,所以不采用 SMW 工法。因此车站基坑围护结构采用咬合桩。

场地浅部潜水静止水位一般深为 1~4m,补给来源主要为大气降水与地表水,坑外补充水资源较丰富;同时基坑开挖深度范围内主要地层为粉土和砂质粉土,该地层渗透系数较大;在砂质粉土地区进行土方开挖,如果出现较大渗漏点时,基坑外大量砂土随地下水涌入基坑,从而导致坑外地面塌陷,边坡失稳,危及围护结构安全,所以基坑止水、降水效果好坏是基坑设计成败的关键。

针对上述情况,钻孔桩采用咬合桩。采用全套管钻孔桩,一方面便于桩身成孔,确保桩身质量;一方面结合其工艺可实现素混凝土切割咬合特性,将成桩施工误差控制在桩身混凝土保护层范围,只要提高施工精度和适当加大桩身混凝土保护层厚度就可实现。图 4-18 为围护体及支撑平面布置图,图 4-19 为一字形咬合式钻孔灌注桩示意图。

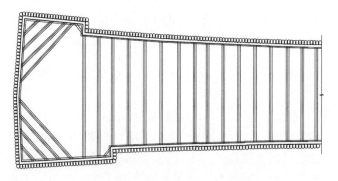

图 4-18　围护体及支撑平面布置图

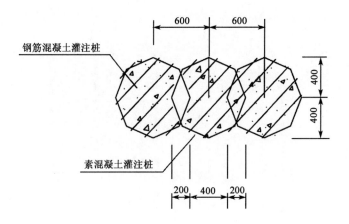

图 4-19　一字形咬合式钻孔灌注桩示意图(尺寸单位:mm)

三、支撑体系设计

由于排桩 + 内支撑的支护体系适用于平面形状规则且狭长的基坑,且钢支撑可循环使用、降低造价,体系受地域条件、土质条件限制较小,钢支撑的构架状态单纯,便于掌握其应力状态,所以桩撑支护体系在地铁车站深基坑的支护设计中得到了广泛的应用。因此,主体围护结构采用钻孔咬合桩加钢管内支撑的形式。

本基坑工程竖向设置四道水平型钢支撑系统,第一道钢支撑采用 $\phi 609$ 钢管(壁厚 12mm),第二道~第四道钢支撑采用 $\phi 609$ 钢管(壁厚 16mm)。冠梁采用 $1200mm \times 800mm$ 的钢筋混凝土梁,围檩采用双拼 $500 \times 300 \times 11 \times 15H$ 型钢围檩。图 4-20 为围护结构剖面图。

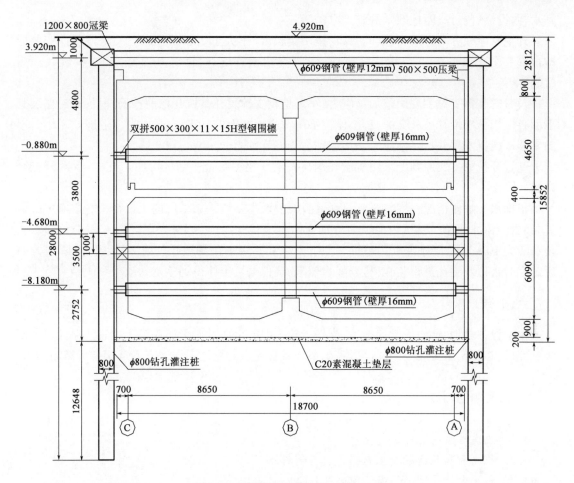

图4-20　围护结构剖面图(尺寸单位:mm)

四、主要施工步骤

本车站采用明挖顺做法施工,其主要施工步骤如下:建筑物拆除、管线改移等进行场地平整、施工围护结构前准备→围护结构施工→基坑第一层土开挖→设置第一层钢支撑→第二层土开挖→设置第二层钢支撑→第三层土开挖→设置第三层钢支撑→第四层土开挖→设置第四层钢支撑→最后开挖至坑底→垫层混凝土施工→施作底板防水层→底板混凝土浇筑→拆除第四道支撑、施工侧墙→对第三道支撑进行换撑→施工侧墙、车站中板→拆除第二道支撑→施工车站顶板及防水层→拆除第一、四道支撑→车站主体结构完成,管线恢复→回填基坑及恢复路面。

五、施工技术及工艺

车站主体位于农舍及农田下,故采用明挖顺作法施工。

根据车站地面交通、周边环境、地质条件、埋置深度、进度要求及技术经济指标等方面综合考虑,本站主体结构基坑围护采用ϕ800mm直径咬合桩,咬合桩桩间重叠200mm,采用基坑内

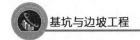

降水、内设钢管支撑、明挖顺做的施工方法。

开挖时应充分考虑时间、空间效应,按一定长度(不大于25m)分段施工,每段开挖应分层(4m高)、分小段(6m长),随挖随支撑,限时安装钢管支撑,做好基坑降水,减少坑底暴露时间。

及时安装钢支撑和准确施加预应力;第一层钢支撑可在基坑开挖前抽槽埋设,第二层及其下面各层均分小段开挖和支撑,每小段(约6m长)土方于16小时内开挖完。随即在8小时以内安装两根钢支撑并加好预应力。预加轴力为设计轴力的30%~60%。

基坑开挖的方式原则上采用机械开挖与人工开挖相结合。基坑设四道支撑,五次开挖至基底。

根据水文地质情况,参照类似工程的成功经验,本基坑采用基坑内大口径(直径400mm射流泵)井点降水措施。基坑内沿纵向分别设两排线状井点(局部扩大段设三~四排),井点间距一般为10~15m,降水深度为基坑底面下1~2m。降水在基坑开挖前20天开始,降水开始后定期对水位观测孔进行监测,检查降水效果,确保基坑土体得到一定的疏干和固结。

六、小结

由于设计合理,严格按设计施工,支护工程不但安全而且便于作业施工。有效保证地下室顺利完成,在狭窄施工现场四周民房基础不详及管道多的场地采用该方案是安全可靠的。

思考题与习题

4.1　内支撑系统有什么特点?

4.2　钢支撑和现浇混凝土支撑各自有何特点?

4.3　水平支撑系统平面布置原则是什么?

4.4　支撑系统及立柱桩的设计计算要点有哪些?

第五章 框架预应力锚杆支护技术

第一节 概　　述

　　框架预应力锚杆边坡支护结构由钢筋混凝土框架、挡土板、小吨位预应力锚杆、锚下承载结构、坡面排水系统和墙后土体组成，属于轻型柔性支护结构，其立面图和剖面图分别如图5-1、图5-2所示。在框架预应力锚杆边坡支护结构中，由于锚杆的作用从根本上改善了土体的力学性能和受力状态，变传统支护结构的被动挡护为充分利用土体本身自稳能力的主动挡护，有效地控制了土体位移，随边坡向外破坏力的增大，锚杆支护力随之增大，直至超出极限平衡而破坏，支护力随锚杆的被拔出而逐步减弱，形成柔性支护结构。图5-3为兰州某高校家属院边坡采用框架预应力锚杆支护技术加固后的照片，图5-4为兰州某加油站毛石挡墙采用框架预应力锚杆支护技术进行加固后的照片。

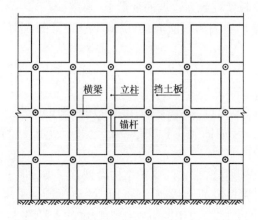

图5-1　框架预应力锚杆支护结构立面图

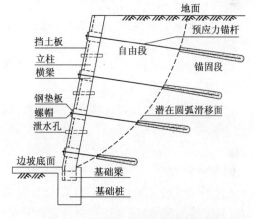

图5-2　框架预应力锚杆支护结构剖面图

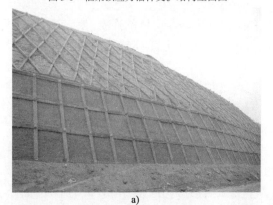
a)

b)

图5-3　兰州某高校家属院边坡加固照片

a)东侧边坡加固照片；b)西侧边坡加固照片

图5-4 兰州某加油站毛石挡墙边坡加固照片

框架预应力锚杆柔性支护结构与传统的桩锚支护结构或锚杆肋梁支护结构相比,有以下优点:

(1)改变了支护结构受力原理。传统的桩锚或锚杆肋梁支护结构是被动受力结构,只有当基坑或边坡发生位移后,土压力作用在支护结构上,才能起到支护或加固的作用。而框架预应力锚杆柔性支护结构是主动受力结构,施加的预应力提高了边坡的稳定性。另外,框架预应力锚杆柔性支护结构具有良好的空间协同工作性能,当其中的某一根锚杆由于外界因素作用失效以后,其所承担的作用力会分散到相邻锚杆上,这样不至于整个支护结构立即失去支护效果,这一点尤其适合于西北湿陷性黄土地区。

(2)克服了传统边坡支护结构的支护高度受限制、造价高、工程量大、稳定性差等缺点,同时在施工过程中对边坡的扰动较小,而且可以有效地控制基坑或边坡的侧移。锚杆上施加的预应力可以使框架产生土体方向的位移,对严格控制基坑或高边坡的变形十分有效。

(3)可以减小框架梁的内力。在适当的部位施加适当的预应力,可以减小框架梁的内力,节省原材料,降低造价。

(4)在公路和铁路边坡采用该支护结构施工完毕以后还可以结合一定的绿化措施,这符合公路、铁路边坡的生态支护理念。

由于框架预应力锚杆柔性支护结构存在以上诸多优点,尽管它的作用机理和理论研究还不是很成熟,但是其在深基坑开挖支护、边坡和桥台加固等工程实践中已经得到了广泛的应用。

对基坑和边坡工程而言,就支护结构受力特点来划分,常见的支护结构类型有三类,即:

(1)被动受力支护结构:其特点为支护结构依靠自身的结构刚度和强度被动地承受土压力,限制土体的变形,从而达到保持边坡安全稳定的要求。常用的方法多为传统的支护技术,如人工挖孔灌注桩、钢板桩等。

(2)主动受力支护结构:其特点为通过不同的途径和方法提高土体的强度,使支护材料和土体形成共同作用的体系,从而达到支护的目的。常用的方法为土钉墙支护技术、搅拌桩技术等,这些技术又被称为补强类护坡技术(孙家乐等,1996)。

(3)组合型支护结构:根据土体力学性质将前两种支护方法同时应用于同一个基坑或者边坡中。这类支护技术目前在许多工程中得到了广泛的应用,表现出很多的优势和潜力。

显然,框架预应力锚杆柔性支护结构属于主动受力支护结构。在框架预应力锚杆结构中,锚杆与框架梁柱共同作用,它们加固基坑和边坡的机理是通过强大的预应力对坡体起到预加固的作用,坡体在预应力的作用下,首先是土体的物理力学性能得到一定程度的改善,充分利用土体的自身能力,增强坡体的稳定性;其次,滑体垂直于滑面方向的压力有较大的增加,如此增大了滑动面上的摩擦力,从而增加了滑体抗滑移能力,提高坡体稳定性。框架梁柱主要起承受并传递锚固力的作用,同时加强了结构的整体效能。

第二节　框架预应力锚杆支护结构设计计算

框架预应力锚杆支护结构主要由挡土板、立柱、横梁组成，三者整体连接形成类似楼盖的竖向梁板结构体系。框架预应力锚杆支护结构设计计算主要包括挡土板、立柱、横梁和基础埋深设计。

一、挡土板计算

一般情况下，挡土板的长边与短边之比小于2。因此，挡土板上的荷载将沿两个方向传到四边的支承上，应进行两个方向的内力计算，即挡土板按双向板结构计算。但是，框架预应力锚杆支护结构的梁柱区格划分相对楼盖较小，根据以往的理论分析和工程经验可知挡土板受力一般较小，因此按照构造要求确定板的厚度及配筋即可满足设计要求。

二、立柱和横梁计算

框架预应力锚杆柔性支护结构的立柱和横梁是一个密不可分的整体，在进行构件设计时，可以对其进行合理的单元划分（图5-5），然后对立柱和横梁单独设计。如前所述，由于考虑了荷载等效的原理，图5-5中计算单元宽度系数 η_1、η_2 的取值情况如下：当计算锚杆的轴力时，η_1、η_2 均取 0.25；当计算立柱和横梁的内力时，η_1、η_2 均取 0.375。

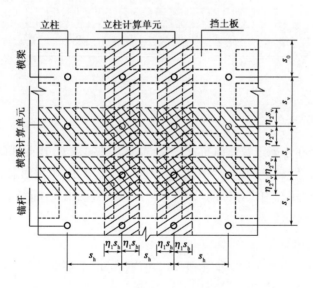

图5-5　立柱和横梁的计算单元划分

1. 立柱的设计

立柱的计算模型见图5-6，其支座反力求解同样采用力法。但是由于 η_1、η_2 的取值不同于锚杆，因此 M'_p 应按式（5-1）、式（5-2）计算。

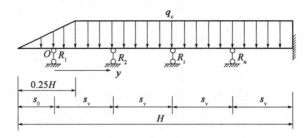

图 5-6　立柱计算模型

当 $0 \leqslant y \leqslant 0.25H - s_0$ 时：

$$M'_p = -\frac{e_{hk}}{2H}s_h(y + s_0)^3 \tag{5-1}$$

当 $0.25H - s_0 \leqslant y \leqslant H - s_0$ 时：

$$M'_p = -\frac{3}{32}e_{hk}s_hH\left(y + s_0 - \frac{H}{6}\right) - \frac{3}{8}e_{hk}s_h\left(y + s_0 - \frac{H}{4}\right)^2 \tag{5-2}$$

2. 横梁的设计

横梁可视为以立柱为铰支座的多跨连续梁,由于采用框架预应力锚杆柔性支护结构支护的基坑或边坡宽度一般来讲都比较大,因此根据多跨连续梁的计算原理可将横梁的计算简化为等跨的五跨连续梁进行计算,中间各跨的内力和配筋都按第三跨来考虑,计算模型如图 5-7 所示。图 5-7 中 q_b 为作用在横梁上的均布土压力荷载,且 $q_b = 0.75e_{hk}s_v$。

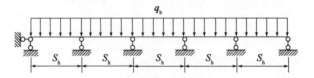

图 5-7　横梁计算模型

三、锚杆计算

锚杆设计的关键在于确定其立面布置,然后求解其轴向拉力,在此基础上验算框架预应力锚杆支护结构的稳定性,满足后进行下一步的设计。若不满足,则需重新进行立面布置,再验算稳定性,直至满足稳定性为止。因此,锚杆设计的内容有确定立面布置、求解轴向拉力、计算锚杆长度和直径。

1. 锚杆轴向拉力计算

锚杆所承受的拉力为立柱和横梁在锚杆作用位置处的水平支座反力的合力所传来的支反力,即

$$T_j = \frac{R_j}{\cos\alpha_j} \tag{5-3}$$

式中：T_j——第 j 排锚杆所承受的轴向拉力(kN)；

$\quad\quad R_j$——立柱和横梁在第 j 排锚杆作用位置处水平支座反力的合力(kN)；

α_j——第 j 排锚杆与水平面的倾角(°)。

式(5-3)中 R_j 可以表示为下式：

$$R_j = R_{jb} + R_{jc} \tag{5-4}$$

式中：R_{jb}——第 j 排锚杆作用位置处所对应的横梁的水平支座反力(kN)，理论上讲作用于横梁的是均布线荷载，根据所选取的土压力模型的特点，$R_{jb} = 0.25 e_{hk} s_h s_v$；

R_{jc}——第 j 排锚杆作用位置处所对应的立柱的水平支座反力(kN)，采用力法求解。

由于框架预应力锚杆支护结构的受力状态类似于楼盖设计中的梁板结构体系，根据各构件之间的传力特点和所选取的土压力模型，采用荷载等效的原理取每根立柱所承受的荷载 q_c 为相邻两跨锚杆各 $0.25s_h$ 宽度之间的土压力。考虑到锚杆施加了预应力，这样假定在锚杆位置处支护结构的位移为零，因此可以假定立柱与锚杆的连接处为一铰支座，从而把立柱视为支承在锚杆和地基上的多跨连续梁，其计算模型如图5-6所示。立柱的具体计算采用力法求解，基本思想是：首先建立一组力法典型方程，即 $[\delta]\{R\} + \{\Delta_p\} = 0$，再根据锚杆间距构造要求和边坡高度确定锚杆的层数，进一步根据 MATLAB 的知识截取方程矩阵中指定的维数求解。其中，方程中的柔度矩阵 $[\delta]$ 和自由列向量 $\{\Delta_p\}$ 可以通过锚杆作用位置处的单位荷载弯矩 $\overline{M}_j$ 和土压力荷载单独作用时的弯矩 M_p 积分获得。

$$\left.\begin{aligned}
\delta_{jj} &= \int \frac{\overline{M}_j^2 \mathrm{d}y}{EI} \\
\delta_{jk} &= \int \frac{\overline{M}_j \overline{M}_k \mathrm{d}y}{EI} \\
\Delta_{jp} &= \int \frac{\overline{M}_j M_p \mathrm{d}y}{EI}
\end{aligned}\right\} \tag{5-5}$$

式中：$\overline{M}_j$、$\overline{M}_k$、M_p 分别代表 $\overline{R}_{jc} = 1$、$\overline{R}_{kc} = 1$ 和土压力荷载 q_c 单独作用时立柱基本结构中的弯矩，分别按式(5-6)~式(5-8)计算。

$$\overline{M}_j = \begin{cases} 0 & 0 \leqslant y \leqslant (j-1)s_v \\ y - (j-1)s_v & (j-1)s_v \leqslant y \leqslant H - s_0 \end{cases} \tag{5-6}$$

当 $0 \leqslant y \leqslant 0.25H - s_0$ 时：

$$M_p = -\frac{e_{hk}}{3H} s_h (y + s_0)^3 \tag{5-7}$$

当 $0.25H - s_0 \leqslant y \leqslant H - s_0$ 时：

$$M_p = -\frac{1}{16} e_{hk} s_h H \left(y + s_0 - \frac{H}{6}\right) - \frac{1}{4} e_{hk} s_h \left(y + s_0 - \frac{H}{4}\right)^2 \tag{5-8}$$

2. 锚杆长度和直径设计

土层锚杆长度由自由段和锚固段组成。非锚固段不提供抗拔力，其长度 L_f 应根据边坡滑裂面的实际距离确定，对于倾斜锚杆，自由段长度应超过破裂面 1.0m 以上。锚固段提供锚固力，其长度 L_a 应按锚杆承载力的要求，根据锚固段地层和锚杆类型确定，除了满足稳定性的要求外，其最小长度不宜小于 4.0m，但也不宜过长。此处假定滑移面为直线，锚杆长度计算简图见图5-8。

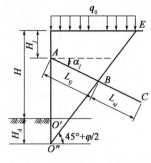

图 5-8　锚杆长度计算简图

1）锚固段长度计算（图 5-8 中 *BC* 段）

$$L_{aj} = \frac{KT_j}{\pi D\tau} \tag{5-9}$$

式中：L_{aj}——第 j 排锚杆锚固段长度（m）；

　　　τ——土层界面黏结强度，其取值除取决于土层特性外，还与施工方法、灌浆质量等因素有关，最好进行现场拉拔试验以确定锚杆的极限抗拔力；

　　　K——考虑超载和工作条件的安全分项系数；

　　　T_j——锚杆轴向拉力（kN）。

2）自由段长度的计算

图 5-8 中 $\overline{O''E}$ 为破裂面，*AB* 段长度即为锚杆自由段长度 L_{fj}，可以表示为：

$$L_{fj} = \frac{(H + H_d - H_j)\tan\left(45° - \dfrac{\varphi}{2}\right)\sin\left(45° + \dfrac{\varphi}{2}\right)}{\sin\left(135° - \dfrac{\varphi}{2 - \alpha_j}\right)} \tag{5-10}$$

式中：H_d——基础埋深（m）；

　　　H_j——第 j 排锚杆离边坡顶部的距离（m）。

3）锚杆直径计算

当求得锚杆轴向拉力后，锚杆直径可由容许应力法按下式计算：

$$d_j = \sqrt{\frac{4KT_j}{\pi f_y}} \tag{5-11}$$

式中：d_j——第 j 排锚杆的直径（mm）；

　　　f_y——锚杆钢筋的抗拉强度设计值（kPa）。

四、基础埋深设计

框架预应力锚杆柔性支护结构属于多支点支护结构，计算其基础埋深的方法有二分之一分割法、分段等值梁法、静力平衡法和布鲁姆（Blum）法。其中，二分之一分割法是将各道支撑之间的距离等分，假定每道支撑承担相邻两个半跨的侧压力，这种办法缺乏精确性；分段等值梁法考虑了多支撑支护结构的内力与变形随开挖过程而变化的情况，计算结果与实际情况吻合较好，但是计算过程复杂；布鲁姆法是将支护结构嵌入部分的被动土压力以一个集中力代替。这三种方法在计算过程中都需要求解锚杆支点反力，而锚杆支点反力已在前面求出，此处采用静力平衡法，即设定一个埋置深度 H_d（图 5-9），求出相应的被动土压力，以嵌入部分自由端的转动为求解条件，即可求得 H_d。

由 $\sum M_{O'} \geqslant 0$ 得：

$$R_1(H - s_0 + H_d) + R_2(H - s_0 - s_v + H_d) + \cdots + R_n[H - s_0 - (n-1)s_v + H_d]$$
$$+ \frac{1}{3}E_p H_d - 1.2\gamma_0(E_{a1}H_{a1} + E_{a2}H_{a2}) \geqslant 0$$

经整理化简得：

$$\sum_{j=1}^{n} R_j [H - s_0 - (j-1)s_v + H_d] + \frac{1}{3} E_p H_d - 1.2\gamma_0 \sum_{i=1}^{2} (E_{ai}H_{ai}) \geqslant 0 \qquad (5\text{-}12)$$

式中：E_p——嵌入部分被动土压力（kN），且 $E_p = 0.25\gamma K_p s_h H_d^2$；

γ_0——支护结构的重要性系数；

E_{a1}——主动土压力三角形荷载的合力（kN），且 $E_{a1} = 0.0625 e_{hk} H s_h$；

H_{a1}——主动土压力三角形荷载的合力作用点至嵌入底端的距离（m），且 $H_{a1} = (5H + 6H_d)/6$；

E_{a2}——主动土压力矩形荷载的合力（kN），且 $E_{a2} = 0.125 e_{hk}(3H + 4H_d)s_h$；

H_{a2}——主动土压力矩形荷载的合力作用点至嵌入底端的距离（m），且 $H_{a2} = (3H + 4H_d)/8$。

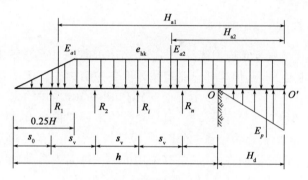

图 5-9　基础埋深计算简图

第三节　框架预应力锚杆支护结构整体稳定性验算

框架预应力锚杆支护结构的稳定性应分为两个方面，一是单层锚杆的自身稳定和框架预应力锚杆的整体倾覆稳定；二是框架预应力锚杆挡墙整体滑移稳定性验算。滑移稳定通常采用通过墙底土层的圆弧滑动面计算，对于具有多层锚杆的支护结构的深层滑移的稳定性验算，德国学者克朗兹所推荐的方法都是图解法，这不利于手算或者计算机求解，本书作者给出了边坡滑裂面的位置确定方法和稳定性计算方法，可解决这个问题。

一、抗倾覆稳定性验算

对于框架预应力锚杆支护结构的抗倾覆稳定问题，需要考虑两个方面：一是单排锚杆拉力的极限平衡验算；二是整个支护结构绕边坡坡脚转动的极限平衡验算，这相应于抗倾覆问题（图5-10），两者要满足的基本条件如下：

（1）单排锚杆的极限平衡稳定性验算

当 $j = 1$ 时：

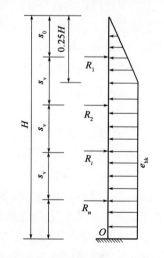

图 5-10　框架预应力锚杆支护结构的稳定性分析简图

$$R_1 \geqslant \frac{3s_0^2}{2H}s_\mathrm{h}e_\mathrm{hk} \tag{5-13}$$

当 $j \geqslant 2$ 时:

$$\sum_{i=1}^{j} R_i \geqslant \frac{3}{32}[8s_0 + 8(j-1)s_\mathrm{v} - H]s_\mathrm{h}e_\mathrm{hk} \tag{5-14}$$

（2）多层锚杆的整体抗倾覆稳定性验算

由 $\sum M_{O'} \geqslant 0$ 可得:

$$\sum_{j=1}^{n} R_j[H - s_0 - (j-1)s_\mathrm{v}] - \frac{37}{128}e_\mathrm{hk}s_\mathrm{h}H^2 \geqslant 0 \tag{5-15}$$

二、抗滑移稳定性验算

1. 稳定性安全系数计算模型

在5.2节中所给出的框架预应力锚杆柔性支护结构的平面模型求解中虽然考虑了支护结构的局部稳定和整体稳定问题,但是都只能定性评价支护结构的稳定性而不能给出安全系数的具体数值。现行的《建筑基坑支护技术规程》（JGJ 120—2012）中给出了采用圆弧滑动简单条分法进行土钉墙内部稳定性验算的公式,但是没有给出框架预应力锚杆柔性支护结构的稳定性分析方法。通常情况下,在边坡稳定分析中,设计人员往往按照简单土坡计算中采用的经验公式确定圆弧滑动面的圆心所在的区域,其采用的方法通常有瑞典圆弧法、Bishop 条分法、Janbu 条分法、不平衡推力传递系数法以及有限元法等。但是,在考虑了预应力锚杆的作用以后,边坡土体的力学性能得到改善,从而引起边坡的受力状态发生变化,仍将其按简单土坡处理是不合理的。本章借助圆弧滑动条分法的思想,基于极限平衡理论和圆弧滑动破坏模式,利用积分法建立了框架预应力锚杆边坡支护结构的内部稳定性安全系数计算模型和最危险滑移面搜索模型,并使用网格法对最危险滑移面的圆心进行动态搜索和确定,最后利用 Matlab 语言编制了框架预应力锚杆边坡支护结构的稳定性分析程序。

所谓边坡稳定性分析就是按照边坡的某一种破坏形态和破坏机理,根据岩土工程条件、荷载条件以及支护工况所进行的定量的受力平衡分析。将传统的用于简单土坡稳定分析的极限平衡方法用于框架预应力锚杆边坡支护结构的稳定分析时,除考虑土体的力学指标外,还需要考虑锚杆拉力的作用。假定边坡的破坏模式为圆弧滑动破坏,其破坏机理是在土体自重及坡顶地面荷载作用下土体内产生的滑移力超过圆弧滑动面的抗滑移力而导致不稳定土体作圆弧滑动。

框架预应力锚杆边坡支护结构的内部稳定性验算简图如图5-11所示,设基坑或边坡高度为 H,边坡倾角为 β,滑移面半径为 R,结构底部水平推力设计值为 T。对于整个圆弧滑动体 OAI,作用在其上的滑移力为土体自重和坡顶地面附加荷载 q_0 在圆弧切线方向的分力 S_0;作用在其上的抗滑移力有:土体的黏聚力 c 产生的抗滑移力 S_1、土体自重和坡顶地面附加荷载 q_0 在圆弧法线方向的反力从而产生的摩擦抗滑移力 S_2、锚杆在圆弧滑移面外锚固体与周围接触土体引起的极限抗拉承载力 T_{nj} 和结构底部推力设计值 T' 共同产生的抗滑移力 S_3。

进行边坡稳定性分析的目的就是要找出所有既满足静力平衡条件,又满足合理性要求的安全系数解集。从工程实用的角度看,就是找寻安全系数解集中最小的安全系数,其相当于这个解集的一个点,这个点就是边坡稳定安全系数。边坡的内部整体稳定性安全系数 F_s 可以定义为圆弧滑动面上的抗滑移力与滑移力之比,即

$$F_s = \frac{S_1 + S_2 + S_3 + \Delta S}{S_0} \tag{5-16}$$

式中:ΔS——考虑锚杆预应力作用而改善土体力学性能的影响效应,目前还无法量化其影响,在设计时仅作为安全储备考虑。在进行边坡工程稳定性验算时,式(5-16)中的稳定性系数 F_s 对应一级、二级、三级基坑或边坡分别不应小于1.30、1.25、1.20。

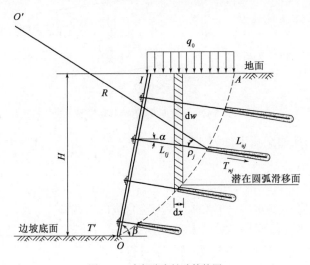

图 5-11　内部稳定性验算简图

2. 圆弧滑移面搜索模型

建立框架预应力锚杆边坡支护结构分析内部稳定性时的最危险滑移面搜索模型如图 5-12 所示。采用圆弧滑动积分法进行稳定性分析,最关键的问题就是确定最危险滑移面的位置。对于最危险滑移面的确定方法,详述如下。

1)基本假定

(1)边坡为土质边坡,土质较为均匀,不考虑地下水作用和孔隙应力的影响,边坡稳定属于平面应变问题。

(2)最危险圆弧滑移面通过边坡坡脚 O 点,滑移面为圆弧形,如图 5-12 所示,锚杆水平、竖向等间距布置。

(3)假定圆弧滑移面圆心 O' 只出现在图 5-12 中 B 点的左上方。

(4)考虑到结构体系中横梁、立柱、挡土板和预应力锚杆形成了空间框架,整个体系刚度较大,因此忽略结构由于土压力的影响而产生的变形的不均匀性,并假定在最危险圆弧滑移面状况下每根锚杆的轴力都达到极限抗拉承载力。

2)滑移面搜索模型中各变量的确定

以坡脚 O 点为坐标原点,水平为 x 轴,竖向为 y 轴,建立如图 5-12 所示直角坐标系。设圆弧滑移面的圆心坐标为 $O'(x_0, y_0)$,则滑移面半径为:

$$R = \sqrt{x_0^2 + y_0^2} \tag{5-17}$$

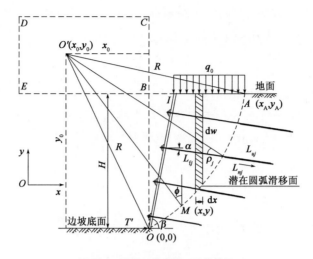

图 5-12　滑移面搜索模型计算简图

设圆弧滑移线与地面交点坐标为 $A(x_A, y_A)$，其中 $x_A = \sqrt{R^2 - (y_0 - H)^2} + x_0$，$y_A = H$。圆弧滑移线方程为：

$$y = y_0 - \sqrt{y_0^2 - x^2 + 2x_0 x} \qquad (0 \leqslant x \leqslant x_A) \qquad (5\text{-}18)$$

（1）圆弧线上任意一点 $M(x, y)$ 处的半径与竖直线的夹角 φ

如图 5-13 所示，设圆弧滑移线上任意一点 $M(x, y)$ 处的半径与竖直线的夹角为 φ，即 $\angle O'MQ$，由图 5-13 所示三角形 $O'MQ$ 几何关系可得：

$$\sin\varphi = \frac{x - x_0}{R}, \cos\varphi = \frac{y_0 - y}{R} \qquad (5\text{-}19)$$

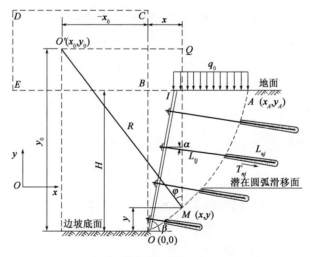

图 5-13　任意半径与竖直线的夹角 φ 计算简图

（2）土体微段自重与地面附加荷载的等效自重

如图 5-14 所示，设锚杆的水平间距为 s_h，土体重度为 γ，则土体微段自重与坡顶地面附加荷载 q_0 的等效自重计算如下：

$$dw = \begin{cases} (y' - y)s_h \gamma dx & 0 \leq x \leq H\cot\beta \\ [(y' - y)\gamma + q_0]s_h dx & H\cot\beta \leq x \leq x_A \end{cases} \quad (5\text{-}20)$$

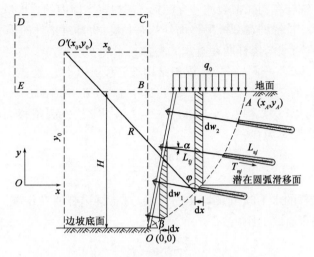

图 5-14　土体自重与坡顶附加荷载的等效自重计算简图

其中：

$$y' = \begin{cases} x\tan\beta & 0 \leq x \leq H\cot\beta \\ H & H\cot\beta \leq x \leq x_A \end{cases} \quad (5\text{-}21)$$

（3）滑移力 S_0 的确定

滑移力 S_0 由圆弧滑动体内的土体自重和地面附加荷载共同产生，其在滑动面切线方向的合力为：

$$S_0 = \int_0^{x_A} \sin\varphi dw \quad (5\text{-}22)$$

（4）抗滑移力 S_1 和 S_2 的确定

抗滑移力 S_1 由土体黏聚力 c 产生，其在滑动面切线方向的合力为：

$$S_1 = \int_0^{x_A} \frac{cs_h}{\cos\varphi} dx \quad (5\text{-}23)$$

S_2 为土体自重和基坑边坡表面附加荷载 q_0 在滑动面法线方向所产生的分力从而引起的摩擦抗滑移力，其在滑动面切线方向的合力为：

$$S_2 = \int_0^{x_A} \cos\varphi\tan\varphi dw \quad (5\text{-}24)$$

（5）抗滑移力 S_3 的确定

①锚杆抗拉极限承载力的确定

锚杆承载力计算时一般不考虑其抗剪、抗弯作用，其破坏一般取决于锚杆杆体强度破坏、锚固体从土体中拔出破坏或者锚下承载结构破坏。此处假定锚杆处于受拉工作状态，则第 j 排锚杆在圆弧滑移面外锚固体与土体的极限抗拉承载力 T_{nj} 可按下式计算：

$$T_{nj} = \pi D \sum q_{sik} L_{aji} \quad (5\text{-}25)$$

式中：q_{sik}——锚杆穿越第 i 层土土体与锚固体极限摩阻力标准值（kPa），其数值应由现场试验

确定,如无试验资料可以根据《建筑基坑支护技术规程》(JGJ 120—2012)的建议取值;

L_{aji}——第 j 排锚杆在圆弧滑裂面外穿越第 i 层稳定土体内的长度(m),显然,$\sum L_{aji} = L_{aj}$,即为第 j 排锚杆在圆弧滑移面外的总长度,也即是锚杆的锚固段长度。

②圆弧半径所在直线与锚杆所在直线的夹角 ρ

如图 5-15 所示,设第一排锚杆位于支护结构坡面顶点以下 s_0 处,向下的倾角为 α,第一排锚杆所在直线与坡面的交点坐标为 $P(x_1, y_1)$,其中 $x_1 = (H - s_0)\cot\beta$,$y_1 = H - s_0$。所以,该排锚杆所在直线方程可以写为 $y'' = y_1 - (\tan\alpha)(x'' - x_1)$。因此,圆弧滑移面圆心 $O'(x_0, y_0)$ 到第一排锚杆所在直线的距离为:

$$d_1 = \frac{|\,y_0 + (\tan\alpha)(x_0 - x_1) - y_1\,|}{\sqrt{1 + \tan^2\alpha}} \tag{5-26}$$

一般情况下,各排锚杆的水平倾角 α 均相同,故通过各排锚杆所在位置的系列直线为一组平行的直线,每相邻两根直线的距离为:

$$d_s = \frac{s_V\cos(\alpha + \beta - \pi/2)}{\sin\beta} \tag{5-27}$$

故滑移面圆心 $O'(x_0, y_0)$ 到其第 j 排锚杆所在直线的距离 d_j 可以表示为:

$$d_j = d_1 + (j - 1)d_s \qquad (j = 1 \sim m) \tag{5-28}$$

式中:m——设置的锚杆排数。

由图 5-15 所示的几何关系可以看出 d_j/R 就是第 j 排锚杆所在的直线与过该直线与圆弧滑移线交点的半径所在直线的夹角 ρ_j 的正弦,即

$$\sin\rho_j = d_j/R, \cos\rho_j = \sqrt{1 - \sin^2\rho_j} \tag{5-29}$$

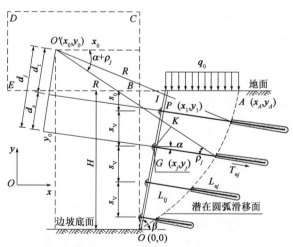

图 5-15 锚杆在圆弧滑移面内外长度计算简图

③第 j 排锚杆在圆弧滑移面内外的长度

设第 j 排锚杆在圆滑滑移面内和滑移面外的长度分别为 L_{fj} 和 L_{aj},则锚杆的总长为:

$$L_j = L_{fj} + L_{aj} \tag{5-30}$$

设第 j 排锚杆与支护结构坡面的交点坐标为 $G(x_j, y_j)$，则由图 5-15 可知：

$$x_j = [H - s_0 - (j-1)s_v]\cot\beta \tag{5-31}$$

$$y_j = H - s_0 - (j-1)s_v \tag{5-32}$$

通过第 j 排锚杆所在直线与圆弧滑移面交点的半径的直线方程为：

$$y(j) = y_0 - [\tan(\alpha + \rho_j)][x(j) - x_0] \tag{5-33}$$

由图 5-15 所示几何关系知，第 j 排锚杆在圆弧滑移面内的长度 L_{fj} 与夹角 ρ_j 的正弦的乘积即为 G 点到由式(5-33)决定的直线的距离 $|GK|$，即 L_{fj} 可以表示为：

$$L_{fj} = \frac{|GK|}{\sin\rho_j} = \frac{\left| y_j + [\tan(\alpha + \rho_j)](x_j - x_0) - y_0 \right|}{\sqrt{1 + \tan^2(\alpha + \rho_j)}\sin\rho_j} \tag{5-34}$$

由式(5-29)和式(5-31)~式(5-34)可以解出第 j 排锚杆在圆弧滑移面内的长度 L_{fj}，锚杆总长 L_j 为设计参数，求得 L_{fj} 后，由式(5-30)即可确定锚杆在圆弧滑移面外长度 L_{aj}。

④支护结构底部推力设计值 T' 的计算

框架预应力锚杆支护结构的基础埋深一般都较大，考虑其对内部整体稳定性的贡献，由静力平衡条件求得支护结构底部推力设计值：

$$T' = E_h s_h - (\cos\alpha)\sum_{j=1}^{m} T_{nj} \tag{5-35}$$

式中：E_h——侧向土压力合力的水平分力设计值(kN/m)。

⑤抗滑移力 S_3 的计算

抗滑移力 S_3 由锚杆的极限抗拉承载力 T_{nj} 和支护结构底部推力设计值 T' 共同产生，其在滑动面切线方向的合力为：

$$S_3 = \sum_{j=1}^{m} T_{nj}\cos\rho_j\tan\varphi + \sum_{j=1}^{m} T_{nj}\sin\rho_j + \frac{T'}{R}(y_0 - x_0\tan\varphi) \tag{5-36}$$

3. 最危险滑移面的确定

由式(5-22)~式(5-24)以及式(5-36)确定了式(5-16)中的几个关键变量即 S_0、S_1、S_2 和 S_3，则在给定圆心后，即可由式(5-16)求得该圆弧滑移面所对应的考虑锚杆作用的内部整体稳定性安全系数 F_s。在图 5-12 所示的最危险滑移面搜索模型计算简图中，矩形 $BCDE$ 为圆心所在搜索区域。从理论上讲，矩形 $BCDE$ 区域的范围必须足够大，以保证求得的最危险滑移面的位置的准确性。但是，通过结合具体工程多次反复试算发现，给定矩形区域范围为 $2.5H \times 1.2H$，基本上能保证搜索得到的圆心都在此区域内。因此，利用网格法和本章算法编制的计算机程序动态地搜索使得安全系数最小的圆心即为最危险滑移面圆心。如果圆心到达搜索区域边界时，程序通过增量法动态调整搜索区域的大小，继续搜索，从而保证最终所得到的圆心在搜索区域内。

第四节　框架预应力锚杆支护结构构造要求

一、材料要求

1. 灌浆材料

灌浆材料性能应符合下列规定：

(1)水泥应使用普通硅酸盐水泥,需要时可使用抗硫酸盐水泥;

(2)砂的含泥量按质量计不得大于 3% ,砂中云母、有机物、硫化物及硫酸盐等有害物质的含量按质量计不得大于 1% ;

(3)水中不应含有影响水泥正常凝结和硬化的有害物质,不得使用污水;

(4)外掺剂的品种及掺入量应由试验确定;

(5)浆体配制的灰砂比宜为 0.8~1.5,水灰比宜为 0.38~0.50;

(6)浆体材料 28d 的无侧限抗压强度不应低于 25MPa。

2. 锚具

(1)锚具应由锚环、夹片和承压板组成,应具有补偿张拉和松弛的功能;

(2)预应力锚具的锚固效率应至少发挥预应力杆体极限抗拉力的 95% 以上,达到实测极限拉力时的总应变应小于 2% ;

(3)预应力锚具、夹具和连接器必须符合现行行业标准《预应力筋用锚具、夹具和连接器》(GB/T 14370—2015)的规定;

(4)锚具罩应采用钢材或塑料材料制作加工,需完全罩住锚杆头和预应力筋的尾端,与支承面的接缝应为水密性接缝。

3. 套管材料和波纹管

(1)具有足够的强度,保证其在加工和安装的过程中不致损坏;

(2)具有抗水性和化学稳定性;

(3)与水泥浆、水泥砂浆或防腐油脂接触无不良反应。

4. 防腐材料应满足下列要求

(1)在锚杆的使用年限内,保持其防腐性能和耐久性;

(2)在规定的工作温度内或张拉过程中不得开裂、变脆或成为流体;

(3)应具有化学稳定性和防水性,不得与相邻材料发生不良反应;不得对锚杆自由段的变形产生限制和不良影响。

5. 框架和挡土板

(1)对于永久性锚杆挡土墙立柱、挡土板和横梁采用的混凝土,其强度等级不应小于 C30;临时性框架锚杆挡墙混凝土强度等级不应小于 C20。

(2)钢筋宜采用 HRB400 级和 HRB335 级钢筋。

(3)立柱基础位于稳定的岩层内,可采用独立基础、条形基础或桩基等形式。

(4)各分级挡墙之间的平台顶面,宜用 C15 混凝土封闭,其厚度为 150mm,并设 2% 横向排水坡度。

6.锚杆

由于锚杆每米直接费用中钻孔所占比例较大,因此,在设计中应适当减少钻孔量,采用承载力低而密的锚杆是不经济的,应选用承载力较高的锚杆,同时也可避免"群锚效应"的不利影响。锚杆材料可根据锚固工程性质、锚固部位和工程规模等因素,选择 HRB335 级、HRB400 级普通带肋钢筋。预应力锚杆可选择高强精轧螺纹钢筋。不宜采用镀铸钢材。钢筋每孔不宜多于 3 根,其直径宜为 18 ~ 36mm。

二、构造要求

1.预应力锚杆

(1)锚杆的总长度应为锚固段、自由段和外锚段的长度之和,并应满足下列要求:

①锚杆自由段长度按外锚头到潜在滑面的长度计算;预应力锚杆自由段长度不应小于 5m,且宜超过潜在滑裂面不小于 1.5m。

②锚固段的计算长度在 4.0 ~ 10.0m 之间为宜。当计算长度小于最小长度时,考虑到实际施工期锚固区地层局部强度可能降低,或岩体中可能存在不利组合结构面,锚杆被拔出的危险性增大,结合国内外有关经验,应取 4.0m;当计算长度大于最大长度时,锚杆的抗拔力与锚固长度不再成正比关系,故应采取改善锚固段岩体质量、改变锚头构造或扩大锚固段直径等技术,提高锚固力。

(2)锚杆隔离架(对中支架)应沿锚杆轴向方向每隔 1 ~ 3m 设置一个,对土层应取小值,岩层应取大值。考虑到锚杆钢筋应与灌浆管同时插入,锚杆钻孔的直径必须大于灌浆管、钢筋及支架高度的总和。

(3)锚杆的倾角宜采用 10° ~ 35°,并应避免对相邻构筑物产生不利影响。

(4)当锚固段岩层破碎、渗水量大时,宜对岩体作固结灌浆处理,以达到封闭裂隙、封阻渗水、提高锚固性能的目的。

(5)锚杆的使用寿命应与被加固的构筑物和所服务的公路的使用年限相同,其防腐等级也应达到相应的要求。

(6)锚杆防腐处理的可靠性及耐久性是影响锚杆使用寿命的重要因素,"应力腐蚀"和"化学腐蚀"双重作用将使杆体锈蚀速度加快,大大降低锚杆的使用寿命,防腐处理应保证锚杆各段均不出现局部腐蚀的现象。

(7)永久性锚杆的防腐应符合下列规定:

①非预应力锚杆的自由段,应除锈、刷沥青船底漆并用沥青玻璃纤布缠裹不少于两层。

②对采用精轧螺纹钢制作的预应力锚杆的自由段可按上述方法进行处理后装入聚乙烯塑料套管中;套管两端 100 ~ 200mm 长度范围内用黄油充填,外绕扎工程胶布固定;也可采用除锈、刷沥青船底漆、涂钙基润滑脂后绕扎塑料布再涂润滑油、装入塑料套管、套管两端黄油充填。

③位于无腐蚀性岩土层内的锚固段应除锈,水泥浆或水泥砂浆保护层厚度不应小于

25mm;位于腐蚀性岩土层内的锚杆的锚固段,应采取特殊防腐处理,且水泥浆或水泥砂浆保护层厚度不应小于50mm。

④经过防腐处理后,非预应力锚杆的自由段外端应埋入钢筋混凝土构件内50mm以上;对预应力锚杆,其锚头的锚具经除锈、三度涂防腐漆后应采用钢筋网罩、现浇混凝土封闭。混凝土强度等级不应低于C30,厚度不应小于100mm,混凝土保护层厚度不应小于50mm。

(8)临时锚杆的防腐蚀可采取下列措施:

①非预应力锚杆的自由段,可采用除锈后刷沥青防锈漆处理;

②预应力锚杆的自由段,可采用除锈后刷沥青防锈漆或加套管处理;

③外锚头可采用外涂防腐材料或外包混凝土处理。

2.框架和挡土板

1)框架

(1)框架预应力锚杆挡墙立柱截面尺寸除应满足强度、刚度和抗裂要求外,还应满足挡土板的支座宽度(最小搭接长度不小于100mm)、锚杆钻孔和锚固等要求。立柱宽度不宜小于300mm,截面高度不宜小于400mm。

(2)装配式立柱,应考虑立柱在搬动、吊装过程以及施工中锚杆可能出现受力不均等不利因素,故在立柱内外两侧不切断钢筋,应配置通长的受力钢筋。

(3)当立柱的底端按自由端计算时,为防止底端出现负弯矩,在受压侧应适当配置纵向钢筋。

2)挡土板

(1)考虑到现场立模和浇筑混凝土的条件较差,为保证混凝土的施工质量,现浇挡土板的厚度不宜小于100mm。

(2)在岩壁上一次浇注混凝土板的长度不宜过大,以避免当混凝土收缩时岩石的约束作用产生拉应力,导致挡土板开裂,此时应采取减短浇筑长度等措施。

(3)挡土板上应设置泄水孔,当挡土板为预制时,泄水孔和吊装孔可合并设置。

3.锚杆与立柱连接

锚杆与立柱的连接如图5-16所示。

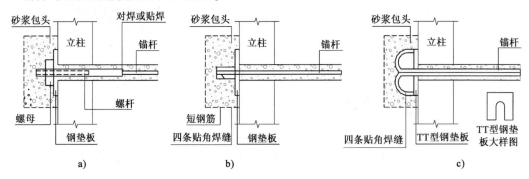

图5-16 锚杆和立柱的连接示意图
a)螺母锚固;b)焊接短钢筋锚固;c)设置弯钩锚固

4．其他方面

（1）永久性框架锚杆挡墙现浇混凝土构件的温度伸缩缝间距不宜大于 20～25m。

（2）锚杆挡墙的锚固区内有建（构）筑物基础传递的较大荷载时，除应验算挡土墙的整体稳定外，还应适当加长锚杆，并应采用长短相间的设置方法。

第五节　设计、施工注意事项

一、设计注意事项

（1）立柱和板为预制构件的装配立柱式锚杆挡土墙适用于岩层较好的挖方地段。

（2）钢筋混凝土框架式预应力锚杆挡土墙：墙面垂直型适用于稳定性、整体性较好的 I、II 类岩石边坡，在坡面现浇网格状的钢筋混凝土格架梁，立柱和横梁的节点上设锚杆，岩面可加钢筋网并喷射混凝土作支挡和封面处理；墙面后仰型可用于各类岩石边坡和稳定性较好的土质边坡，格架内墙面根据稳定性可作封面、支挡或绿化。

（3）钢筋混凝土预应力锚杆挡土墙：当挡土墙的变形需要严格控制时，宜采用预应力锚杆。锚杆的预应力也可增大滑面或破裂面上的静摩擦力，并使岩土压实挤密，更有利于坡体的稳定。

（4）锚杆的布置应符合的规定：

①锚杆上下排间距、水平间距均不宜小于 2m；

②当锚杆间距小于上述规定或锚固段岩土层稳定性较差时，锚杆应采用长短相间的方式布置；

③第一排锚杆锚固体的上覆土层厚度不宜小于 4m，上覆岩层的厚度不宜小于 2m；

④第一锚固点位置可设于坡顶下 1.5～2.0m 处；

⑤锚杆布置尽量与边坡走向垂直，并应与结构面呈较大倾角相交；

⑥立柱位于土层时宜在立柱底部附近设置锚杆。

二、施工注意事项

（1）稳定性一般的高边坡，当采用大爆破、大开挖、开挖后不及时支护或存在外倾结构面时，均有可能发生边坡局部失稳和局部岩体塌方，此时应采用自上而下、分层开挖和分层锚固的逆作法施工。框架预应力锚杆支护结构施工的工艺原理在于路堑坡面形成后，采用干作业法钻孔，高压风清孔，此后将锚杆钢筋放入孔内，灌注水泥砂浆。用高压风清扫坡面，同时对孔外钢筋即伸入护面及立柱部分钢筋进行防锈处理。挂网喷混凝土，在立柱、横梁的位置，待喷混凝土初凝后，用刮板将粗糙的表面大致整平，使立柱、横梁底面与护面之间夹的一层塑料薄膜不致损坏，以保自由接触，然后进行立柱、横梁、封端施工，全部工序完成后，形成封闭框架，压在混凝土护面上如此循环进行，直至挡墙完成。框架预应力锚杆支挡结构施工的操作要点有：①施工准备；②排除地表水及坡面防水防风化；③路堑开挖；④钻孔及清孔；⑤锚杆的加工及入孔；⑥灌注水泥浆或水泥水泥砂浆；⑦挂网喷射混凝土；⑧喷混凝土整平及立柱、横梁、封端施工。

（2）锚杆施工前应作好下列准备：

①应掌握锚杆施工区其他建（构）筑物的基础和地下管线等情况；

②应判断锚杆施工对临近构筑物和地下管线的不良影响，并拟定相应预防措施；

③编制符合锚杆设计要求的施工组织设计；应检验锚杆的制作工艺和张拉锁定方法与设备；确定锚杆注浆工艺并标定张拉设备；

④应检查原材料的品种、质量和规格型号，以及相应的检验报告。

（3）锚孔施工应符合下列规定：

①锚孔定位偏差、锚孔偏斜度和钻孔深度偏差各规范有不同的规定，设计时按相关的规范执行；

②锚孔应用清水洗净，严格执行灌浆施工工艺要求，当用水冲洗影响锚杆的抗拔强度时，可用高压风吹净。

（4）锚杆机械应考虑钻孔通过的岩土类型、成孔条件、锚固类型、锚杆长度、施工现场环境、地形条件、经济性和施工速度等因素进行选择。在不稳定地层中或地层受扰动导致水土流失会危及邻近建筑物或公用设施的稳定时，应采用套管护壁钻孔或干钻。

（5）预应力锚杆锚头承压板及其安装应符合下列要求：

①承压板应安装平整、牢固，承压面应与锚孔轴线垂直；

②承压板底部的混凝土应填充密实，并满足局部抗压强度要求。

（6）锚杆的灌浆应符合下列要求：

①灌浆前应清孔，排放孔内积水；

②注浆管宜与锚杆同时放入孔内，注浆管出浆口应插入距孔底 $100 \sim 300$ mm；

③孔口溢出浆液或排气管停止排气并满足注浆要求时，可以停止注浆；

④根据工程条件和设计要求确定灌浆压力，确保钻孔灌浆饱满和浆体密实；

⑤浆体强度检验用试块的数量每 30 根锚杆不应少于一组，每组试块不应少于 6 个。

（7）预应力锚杆的张拉与锁定应符合下列规定，具体施工如视频 5、视频 6 所示。

视频 5　　　　　　　　视频 6

①锚杆张拉宜在锚固体强度大于 20MPa 并达到设计强度的 80% 后进行。

②锚杆张拉顺序应避免相近锚杆相互影响。

③锚杆张拉控制应力不宜超过 0.65 倍钢筋或钢绞线强度标准值。

④锚杆进行正式张拉之前，应取 $0.10 \sim 0.20$ 倍锚杆轴向拉力值，对锚杆预张拉 $1 \sim 2$ 次，使其各部位的接触紧密和杆体完全平直。

⑤宜进行锚杆设计预应力值的 $1.05 \sim 1.10$ 倍的超张拉，预应力保留值应满足设计要求；对地层及被锚固结构位移控制要求较高的工程，预应力锚杆的锁定值宜为锚杆轴向拉力特征值；对容许地层及被锚固结构产生一定变形的工程，预应力锚杆的锁定值宜为锚杆设计预应力值的 $0.75 \sim 0.90$ 倍。

第六节　框架预应力锚杆支护设计实例

一、工程概况

1. 工程简介

甘肃省崇信县佰泰家园北端边坡为一自然边坡,边坡上坡沿即崇信县佰泰家园拟建场地的北边界线、边坡上坡沿距离拟建 2 号住宅楼建筑红线约 28.00m;边坡底比拟建场地地平深 12.00m;边坡东西走向,倾向北(N);边坡坡角为 85°~90°(边坡陡峭);边坡为土质边坡。拟加固边坡为北端一高度为 13m 的边坡,依据《建筑边坡工程技术规范》(GB 50330—2013),边坡工程安全等级确定:建筑边坡类型为土质边坡,10m < 边坡高度 $H \leq 15m$,工程安全等级为二级。

2. 自然地理与场地地质地层条件

佰泰家园北端边坡位于县城西;东邻妇幼保健站、南毗佰泰家园 2 号住宅楼、西毗石油公司、北望县城广场。场地为拆迁后空地,地表基本平整,高程 1137.90~1150.54m,高差 12.64m。地貌单元属山前坡地,芮河Ⅱ级阶地。根据《岩土工程技术报告》,场地土以全新世黄土状粉土(Q_4^{eol} 黄土)、黄土状粉质黏土(Q_4^{eol} 黄土)、粉质黏土(Q_4^{al})、卵石(Q_4^{pl})及泥质砂岩(N)为主组成。地层从上至下分述:

①杂填土(含①-1 素填土):时代及成因 Q_4^{ml},杂色,干燥,松散,主要由建筑垃圾及粉土组成。

②黄土状粉土:时代及成因 Q_4^{eol},黄褐—灰褐色,稍湿,松散,勘察时呈硬塑状态,遇水呈可塑状态,很疏松,肉眼可见排列杂乱的大孔隙,多虫孔,孔壁由白色钙质粉末充填,黏性一般,砂感明显,白色花纹穿插土体,具高压缩性,具湿陷性,强度低,局部以粉质黏土产出。层厚 4.20~6.40m,平均厚度 5.10m;层底埋深 7.20~7.60m,平均埋深 7.38m。

③黄土状粉质黏土:时代及成因 Q_4^{eol},黄褐—灰褐色,稍湿,勘察时呈硬塑状态,遇水呈可塑状态,很疏松,肉眼可见排列杂乱的大孔隙,多虫孔,孔壁由白色钙质粉末充填,白色花纹穿插土体。垂直节理发育,土质地质不均一,黏性较差,有砂感。具高压缩性,具湿陷性,强度较低,夹厚度不等的粉土夹层。层厚 4.10~6.50m,平均厚度 5.04m;层底埋深 6.80~13.30m,平均埋深 11.41m。

④粉质黏土:时代及成因 Q_4^{al},红褐色,稍湿—中湿,勘察时呈硬塑状态,遇水呈可塑状态,具水平微层理,质地较均一,肉眼可见小孔隙,由白色钙质粉末充填,黏性中等,具中等压缩性,具湿陷性(局部夹④-1 中粗砂:灰褐色,稍湿,松散)。层厚 0.50~1.10m,平均厚度 0.75m;层底埋深 7.40m~13.90m,平均埋深 11.70m。

⑤卵石:时代及成因 Q_4^{pl},灰褐色,稍密,稍湿—中湿,砾石粒径 >20mm 的含量占 >50%,最大为 150mm,砂土及粉土充填,颗粒级配不均匀,亚圆,中等分选性。层厚 0.60~2.40m,平

均厚度 1.62m;层底埋深 2.40～15.40m,平均埋深 11.26m。

⑥泥质砂岩:时代及成因 N,红褐—棕褐色,沉积成因,泥质胶结,泥状结构,细粒状结构,裂缝发育,属软质岩石。所有勘探孔都未揭穿此层,勘探孔深 10.00～20.00m,揭露厚度 0.40～2.10m,层顶埋深 2.40～15.40m。

3. 水文地质条件

边坡场地区域属于汭河流域泾河水系,汭河中有水流。据实际调查:1949 年至今,大雨或暴雨时,汭河水流量最高水位只到县城广场北岸、地表水流无冲刷边坡的记录。因此,汭河水流及地表径流对边坡区影响较小。根据岩土工程勘察,在勘察深度范围内无地下水赋存。据实际调查附近居民生活用压水井:稳定水位埋深约 20.00m。根据地下水的赋存条件、含水层特征、水理性质和水动力条件,地下水赋存在构造及风化裂隙带内,勘察区埋藏较深,主要含水层岩性为泥质砂岩。因此地下水对边坡施工无影响。

二、支护方案

1. 支护范围

本次边坡加固处理的范围为 3 号楼后侧一段 24.2m 长的区域,由于此段边坡高度达到 13m,而且坡度较陡,所以需要加固。

2. 支护原则

对边坡土体进行加固,使其达到长期稳定状态,满足建筑边坡安全要求;对坡面上的雨水进行疏排,减少雨水对加固后边坡及道路的影响。

3. 支护方案

(1)清理坡面;

(2)边坡加固;

(3)雨水拦挡疏排。

三、支护设计

1. 设计标准

(1)边坡安全等级为二级;

(2)抗震设防烈度为 7 度;

(3)防腐等级为Ⅰ级;

(4)加固措施安全,经济合理,尽量兼顾美观。

2. 设计依据

(1)甲方提供的由平凉市规划建筑勘测设计有限公司编制的《泾川县房地产开发公司崇信县佰泰家园居住区详规》。

(2)甲方提供的由甘肃金地岩土工程有限公司编制的《崇信县佰泰家园居住区岩土工程技术报告》。

（3）《建筑边坡工程技术规范》（GB 50330—2013）。

（4）《岩土锚杆与喷射混凝土支护工程技术规范》（GB 50086—2015）。

（5）《建筑桩基技术规范》（JGJ 94—2008）。

（6）《混凝土结构设计规范》（GB 50010—2010）。

（7）其他相关工程技术规范、规程的规定。

3. 设计参数

根据甲方提供的总平面图，本次设计参数选择如下：

1）边坡设计坡角

边坡按单级设计，坡角85°。

2）岩土体参数

在边坡加固深度范围内，土体较为复杂，边坡土体参数见表5-1和表5-2。

1-1 剖面计算参数　　　　　　　　　　　　　　　　表5-1

土层序号	土层名称	土层厚度（m）	重度 γ（kN·m^{-3}）	黏聚力 c(kPa)	内摩擦角 φ(°)	界面黏结强度 τ(kPa)
①	杂填土	0.3	13.2	9.0	21.0	20
②	素填土	1.5	13.2	9.0	21.0	20
③	黄土状粉土	5.6	14.4	9.1	21.5	50
④	黄土状粉质黏土	4.1	15.6	16.0	22.0	50
⑤	粉质黏土	0.9	16.2	20.0	21.7	50
⑥	卵石	1.9	18.6	25.0	30.0	200

1-1 剖面计算参数　　　　　　　　　　　　　　　　表5-2

土层序号	土层名称	土层厚度（m）	重度 γ（kN·m^{-3}）	黏聚力 c(kPa)	内摩擦角 φ(°)	界面黏结强度 τ(kPa)
①	杂填土	0.8	13.2	9.0	21.0	20
②	黄土状粉土	6.5	14.4	9.1	21.5	50
③	黄土状粉质黏土	4.5	15.6	16.0	22.0	50
④	粉质黏土	0.6	16.2	20.0	21.7	50
⑤	卵石	1.8	18.6	25.0	30.0	200

4. 支护设计

1）坡面清理

人工清除边坡上的浮土及杂草，使边坡的坡角满足设计要求。

2）边坡锚固

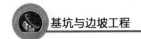

边坡土体总体采用带面板式框架预应力锚杆挡墙进行加固,挡墙高度13m,挡墙的框架梁柱呈正交式。

3)锚杆

(1)成孔

锚杆孔孔径150mm,锚杆水平间距2.2m,竖向间距2.2m,第一排锚杆离坡顶1.0m,锚杆与水平面夹角均取10°。

(2)锚杆及锚具

锚杆采用预应力锚杆,预张拉力为设计预应力值的1.05~1.10倍,每排锚杆施加的预应力值不等。锚杆的张拉及锁定值按《锚杆喷射混凝土支护技术规范》(GB 50086—2012)执行。锚杆材料选用直径为28mm的HRB335级钢筋,锚具选用JLM-32锚具。锚杆灌浆采用M25级水泥浆。

5.框架格梁、挂网及喷射混凝土

1)格梁(包括立柱和横梁)

格梁截面尺寸为300mm×300mm,主筋及箍筋因加固区段的不同而有所变化,混凝土强度等级C25,保护层厚度取35mm,由于边坡长度仅为24.2m,因此不设伸缩缝。

2)挂网

挡墙的框架格梁中间采用挂网喷射混凝土面板,面板厚度100mm,钢筋网为双向ϕ6.5@200mm×200mm。

3)喷射混凝土

喷射混凝土厚度100mm,喷射混凝土强度等级C25。由于场地土对混凝土及混凝土中的钢筋无腐蚀性,因此混凝土采用普通混凝土即可。

4)台座

台座为C30钢筋混凝土板,长宽均为150mm,厚度150mm,采用双层配筋ϕ8@150mm×150mm,上下排间距100mm。

6.防腐处理

外锚头锚具经除锈、涂防腐漆三道后采用钢筋网罩,埋入C30现浇混凝土,厚度100mm,保护层厚度50mm;自由段采用优质聚氯乙烯塑料套管防腐,套管两端长度100mm内填黄油防腐,外绕扎工程胶布固定,一端与锚具相连,另外一端进入锚固段500mm。

7.防水、排水设计

(1)挡墙底部设计排水沟,坡面以上区域雨水经排水沟疏排。截水沟底宽500mm,顶宽800mm,高500mm。

(2)挡墙坡面应设置排水孔,排水孔水平竖向间距均取2.2m,排水孔外倾坡度5%,孔径50mm,材料宜采用PVC管。

8.设计结果

边坡支护具体形式见图5-17~图5-20。边坡支护完成后的照片如图5-21和图5-22所示。

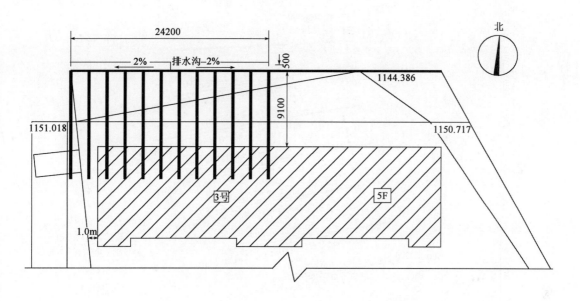

图 5-17　框架预应力锚杆边坡支护设计平面图(尺寸单位:mm)

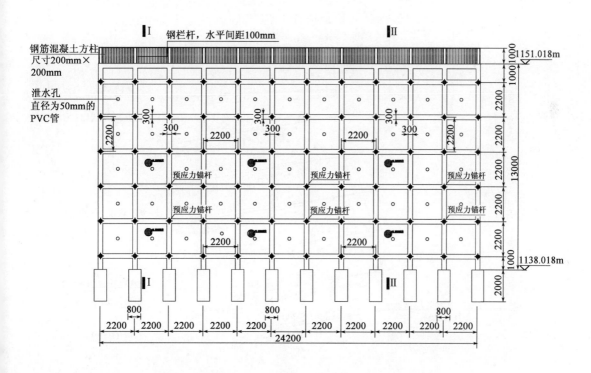

图 5-18　框架预应力锚杆边坡支护设计立面图(尺寸单位:mm)

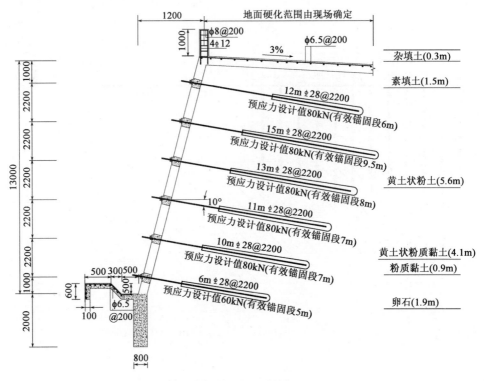

图 5-19　I-I 剖面图(尺寸单位:mm)

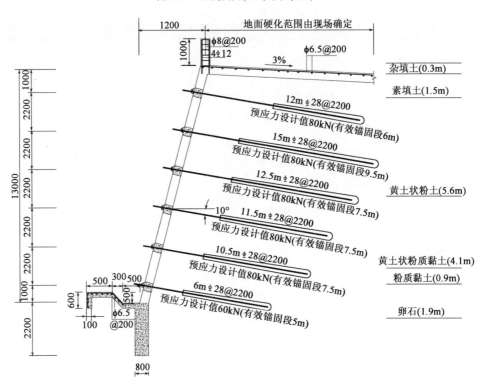

图 5-20　Ⅱ-Ⅱ剖面图(尺寸单位:mm)

图 5-21 框架预应力锚杆支护照片　　　　　　　　图 5-22 坡顶地面

四、锚杆施工工艺

1. 施工工艺

土层锚杆施工过程,包括钻孔、安放拉杆,灌浆和张拉锚固,如图 5-23 所示。在边坡开挖至锚杆埋设标高时,按图示施工顺序进行,然后循环进行第二层等的施工。

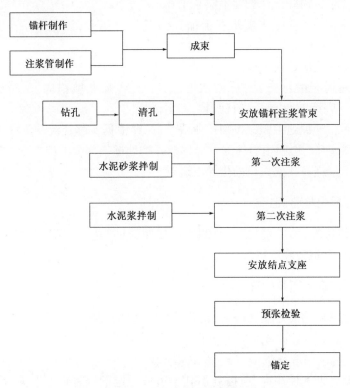

图 5-23 锚杆施工顺序示意图

2. 施工要点

(1)钻孔:土层锚杆的钻孔工艺,直接影响土层锚杆的承载能力、施工效率和整个支护工

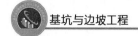

程的成本。

（2）锚杆的制作与安放。

（3）灌浆：锚杆施工技术的关键是二次注浆，土锚的关键是锚固段与土体的摩擦力，其值与锚固段和周围土体的挤密、黏结度有关。用通常的一次注浆工艺，其承载力较低；如果在水泥砂浆初凝状态时再在其底部注入水泥浆，使水泥浆挤入土体，能增加土体对锚固段的法向应力，从而较大地提高土锚的承载力，二次注浆其承载力一般为一次注浆时的两倍，而且徐变会大大减少。锚杆注浆时，采用底部注浆法，即用注浆导管将水泥浆送到底部，边注浆边抽，直至口部流浆后，浆口部封堵、加压。注浆压力 0.4～0.6MPa，锚杆返浆后即可停止注浆。水灰比控制在 0.45～0.5 范围内。施工中应做好注浆记录。

（4）预应力张拉：为保证锚固段工作可靠，锚固段应埋置至一定深度，即应在土壁稳定坡线以下。

五、施工说明

（1）锚杆在施工前应进行基本试验，检验是否满足设计要求。

（2）锚孔定位偏差不宜大于 20mm。

（3）锚孔偏斜度不应大于 2%。

（4）锚孔深度超过锚杆设计长度不应小于 0.5m。

（5）灌浆前应清理孔道；注浆孔宜于锚杆同时放入锚孔，注浆管端头到孔底距离宜为 100mm，确保浆体灌浆密实。

（6）浆体强度检验用试块不应少于六组。

（7）采用孔底返浆灌注方法，分两次灌浆，一次灌浆充填锚固段，待锚固体强度大于 20MPa 并达到设计强度的 80% 后进行张拉，锁定锚杆。

（8）清理坡面及支护施工顺序按顺作业法进行，即根据实际情况从下往上施工，锚杆预应力的施加从下往上进行，边回填边施加。局部超开挖处框架部分的施工全部支模。

（9）整个施工过程在技术人员的指导下进行。

六、边坡工程质量检验、监测

本边坡为二级边坡，其质量检验、监测均应按照《建筑边坡工程技术规范》（GB 50330—2013）第 16.1～16.2 相关规定执行。

七、边坡开挖注意事项及位移观测

（1）边坡修坡时周边应严禁超堆荷载，严禁重型车辆行驶。

（2）边坡开挖过程中，应采取措施防止碰撞支护结构，一旦发生异常情况应立即停止开挖，并尽快查明原因和采取补救措施，方能继续开挖。

（3）边坡的施工期和使用期，应控制不利于边坡稳定的因素产生和发展。不应随意开挖坡脚，应避免地表水及地下水渗入坡体，并应对有利边坡稳定的相关环境进行有效保护。

（4）边坡治理过程及治理结束使用期应做好必要的变形监测工作，发现问题及时通知相关部门协商解决。边坡施工过程中应建立工程监测系统，做到动态信息化施工。围护及土方开挖施工是信息化施工,其中边坡的位移观测,能起到指导施工的作用,并保证围护体系的安全。本边坡的周边既有建筑物离边坡顶部边缘均有一定距离,因此在支护过程中仅需要进行常规的巡视和人工的观测。特别是在边坡周边堆放建筑材料时应进行全天候观察,如发现有险情及时采取补救措施和抢险措施,防止事故的发生。

(5)施工过程中及建成投入使用后,场区地表散水、排水要流畅,防止生产生活、大气降水渗入场地土,造成场地土的湿陷,降低场地土的承载力,从而影响边坡的稳定性。

思考题与习题

5.1　框架预应力锚杆支护结构有哪些优缺点?

5.2　框架预应力锚杆支护结构的作用机理是什么?

5.3　框架预应力锚杆支护结构由哪几部分组成?各部分的计算模型和设计参数如何选取?

5.4　框架预应力锚杆支护结构的锚杆如何设计?

5.5　影响框架预应力锚杆支护结构的基础埋深的因素有哪些?具体如何计算?

5.6　框架预应力锚杆支护结构的稳定性如何验算?

5.7　框架预应力锚杆支护结构有哪些构造要求?

5.8　框架预应力锚杆支护结构的设计施工注意事项有哪些?

5.9　已知某建筑边坡高度 $H=15\mathrm{m}$,边坡土质均匀,均为黄土状粉土,土体参数为:重度 $\gamma=16.5\mathrm{kN/m^3}$,内摩擦角 $\varphi=24°$,黏聚力 $c=15\mathrm{kPa}$,距离坡顶8m处有一排民用建筑,建筑宽度15.6m,试用框架预应力锚杆支护技术支护该边坡。

第六章 基坑降水

第一节 概　述

在基坑开挖过程中,当基坑开挖面位于地下水位以下时,土中的含水层被切断,基坑外及坑内开挖面以下的地下水就会不断渗入基坑。对于放坡开挖的基坑,地下水的渗流很容易造成流砂、边坡失稳和基坑底面地基承载力下降。当基坑设置支护体系、采用垂直开挖方式时,基坑侧壁的渗流将影响支护体系的稳定性;而坑底涌水可能造成基坑底面以下被动区土体强度下降,从而进一步影响基坑支护的稳定性。另一方面,当基坑底面以下存在承压含水层时,基坑开挖至坑底后,由于坑内土体的卸荷作用,基坑底面有被承压水顶破而发生突涌、隆起的危险。因此,在进行深基坑施工时必须做好地下水控制工作。

通过控制地下水,可以改善基坑施工作业条件,使基坑土方开挖在较干燥的土层中进行,提高挖土效率,并有利于基坑边坡的稳定性,防止基坑底部的隆起和破坏,从而保证基坑开挖和地下主体结构施工的正常进行。

根据工程地质和水文地质条件、基坑周边环境要求及支护结构形式,基坑工程地下水控制可以选用截水、降水、集水明排或其组合方法。基坑地下水控制应符合国家和地方法规对地下水资源、区域环境的保护要求,符合基坑周围建筑物、市政设施保护的要求。当降水不会对基坑周边环境造成损害,且国家和地方法规允许时,可优先考虑采用基坑降水的方法。

目前,基坑降水常用方法有管井、真空井点、喷射井点等方法,并宜按表6-1的适用条件选用。

各种降水方法的适用条件　　　　　　　　　　　　　　表6-1

方　　法	土　　类	渗透系数（m/d）	降水深度（m）
管　井	粉土、砂土、碎石土	0.1~200.0	不限
真空井点	黏性土、粉土、砂土	0.005~20.0	单级井点＜6m 多级井点＜20m
喷射井点	黏性土、粉土、砂土	0.005~20.0	＜20m

根据井点布置在坑外或坑内,降水方法可区分为三种类型:即坑外降水、坑内降水及坑外与坑内相结合降水。

(1)坑外降水:即将井点布设在基坑以外,适用于以下条件:①当基坑壁不设围护结构,地下水将向坑内渗流,在基坑边坡的坡趾附近易产生渗流破坏,这种情况下宜采用坑外井点降水方案;②基坑底部以下有承压含水层,需降水深度较大时,宜采用坑外降水;③当基坑周围环境容许降水,或坑外降水对邻近地面无大影响者,可在坑外降水。当含水层分布均匀时,可沿基坑边缘外侧平均等距离布置井点;当含水层分布不均匀时,在主要富水地段加密布设井点。在基岩裂隙水场地,重点布置在补给与排泄两端。

(2)坑内降水:即将井点布置在基坑内部。在基坑边部设置围护结构及止水帐幕的条件下,采用坑内降水方案,可减少降水的总出水量,缩小降水的影响范围,减小坑外的水位下降及相应的地面沉降,井点布置多呈网格状或梅花状。

(3)坑内与坑外相结合降水。采用坑外降水时,若基坑宽度较大,也可以在基坑内布置少量降水井点。

第二节 降水设计与计算

一、基坑降水设计要求

《建筑基坑支护技术规程》(JGJ 120—2012)规定:基坑内的设计降水水位应低于基坑底面 0.5m。当主体结构有加深的电梯井、集水井时,坑底应按电梯井、集水井底面考虑或对其另行采取局部地下水控制措施。

基坑降水需要设计降水井间距,并且计算降水井水位降深。

一般各降水井井位应沿基坑周边以一定间距形成闭合状。当地下水流速较小时,降水井宜按等间距布置;当地下水流速较大时,在地下水补给方向宜适当减小降水井间距。对宽度较小的狭长形基坑,降水井也可在基坑一侧布置。

按地下水位降深确定降水井间距和降水井水位降深时,地下水位降深应符合下式规定:

$$s_i \geqslant s_d \tag{6-1}$$

式中:s_i——基坑内任一点的地下水位降深(m);

s_d——基坑地下水位的设计降深(m)。

设计降水井间距和井水位设计降深时,除应符合式(6-1)的要求外,尚应根据单井流量和单井出水能力并结合当地经验确定。单井流量等可根据井点涌水量理论计算获得。

二、井点涌水量计算理论

井点涌水量的理论计算是以水井理论为基础的。水井理论由法国水利学家裘布依于1857 年提出。该水井理论的基本假定是:①含水层是水平的,均质各向同性;②水流呈轴对称的径向流运动;③在距井轴一定距离 R 处,水位下降为零;④水流运动符合达西定律。

根据抽取的地下水是否有压力,基坑降水井可以分为潜水井(也称无压井)和承压井。当基坑降水井布置在潜水层内,井内地下水无压力时,该类降水井称为潜水井。当降水井布置在两层不透水层之间的承压含水层内时,因地下水具有一定的压力,该类降水井称为承压井。

潜水井和承压井按其完整程度又可分为完整井及非完整井两种类型。完整井是井底达到了含水层下的不透水层,水只能通过井壁进入井内。非完整井是井底未达到含水层下的不透水层,水可从井底或井壁、井底同时进入井内。常见各种水井类型如图 6-1 所示。

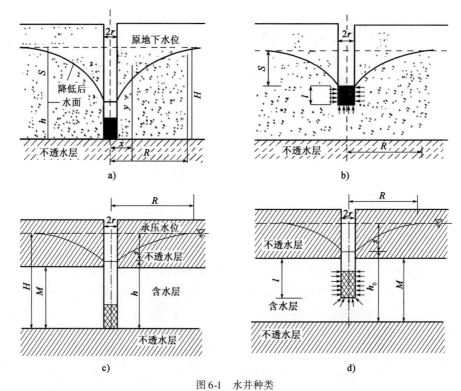

图 6-1 水井种类

a)潜水完整井(无压完整井);b)潜水非完整井(无压非完整井);c)承压完整井;d)承压非完整井

1. 潜水完整井涌水量计算

根据水井理论,当均匀地在井内抽水时,井内水位开始下降,而周围含水层中的潜水流向水位降低处。经过一定的抽水时间后,井周围原有的水面就由水平变成弯曲水面,最后这个曲线渐趋稳定,成为向井倾斜的水位降落漏斗。如图 6-2 所示为潜水完整井抽水时水位的变化情况。当含水层为均质土层、原地下水位为水平时,其水位降落漏斗为形状规则的旋转面,其轴线与井轴重合。在剖面图上,流线是一些曲线,这些曲线在上部与降落漏斗曲线近乎平行,而下部则与不透水层顶面近乎平行。

按照水井理论假定,根据达西线性渗透定律,取不透水层基底为 x 轴,取井轴为 y 轴,就可以求出流向井中的水流。对于任意横剖面为:

$$A = 2\pi xy \qquad (6-2)$$

式中:A——水流的横断面面积,取铅直的圆柱面作为水流断面面积;

x——由井中心至边缘的距离,即圆柱半径;

y——由不透水层到距中心距离为 x 处曲线上的高度。

该断面上的水力梯度为:

$$i = \frac{dy}{dx} \qquad (6-3)$$

将以上两式代入达西公式即可得出微分方程:

$$Q = A \cdot v = A \cdot ki = A \cdot k \frac{\mathrm{d}y}{\mathrm{d}x} \qquad (6\text{-}4)$$

式中：Q——水井的涌水量；

　　　v——渗透速度；

　　　k——渗透系数。

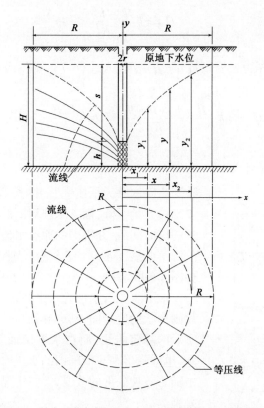

图6-2　抽水时潜水完整井含水层内的降落漏斗和流线网图

将式(6-2)代入式(6-4)得：

$$Q = 2\pi xy \cdot k \frac{\mathrm{d}y}{\mathrm{d}x} \qquad (6\text{-}5)$$

积分后得：

$$y^2 = \frac{Q}{\pi k}\ln x + c$$

取坐标为(x_1,y_1)，(x_2,y_2)的两点，则可写成：

$$y_1^2 = \frac{Q}{\pi k}\ln x_1 + c$$

$$y_2^2 = \frac{Q}{\pi k}\ln x_2 + c$$

因此可得：

$$y_2^2 - y_1^2 = \frac{Q}{\pi k}(\ln x_2 - \ln x_1) = \frac{Q}{\pi k}\ln\frac{x_2}{x_1} \qquad (6\text{-}6)$$

由图 6-2 可知,单井降水的影响半径为 R,潜水含水层厚度为 H,设降水井半径为 r,降水井内水位距不透水层的高度为 h。此时,若需计算单井的流量,可以设 $x_1 = r, y_1 = h, x_2 = R, y_2 = H$,则得:

$$H^2 - h^2 = \frac{Q}{\pi k} \ln \frac{R}{r}$$

即:

$$Q = \pi k \frac{H^2 - h^2}{\ln \frac{R}{r}} \tag{6-7}$$

因为降水井水位降深为 s,所以将 $h = H - s$ 代入式(6-7),则得潜水完整井的涌水量公式如下:

$$Q = \pi k \frac{(H+h)(H-h)}{\ln \frac{R}{r}} = \pi k \frac{(2H-s) \cdot s}{\ln \frac{R}{r}} \tag{6-8}$$

2. 承压完整井涌水量计算

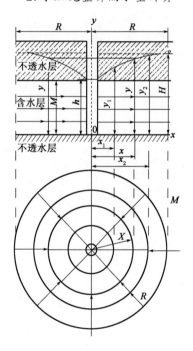

图 6-3 承压完整井水位降落漏斗和流网图

当降水井为承压完整井时,假设在井内均匀抽水,井中水位开始下降,而含水层周围的地下水将流向井中。经过一段时间后,井周围的原有水位就由水平变为向井弯曲的降落曲线。最后,这个曲线渐趋稳定,形成降落漏斗。如图 6-3 所示。

地下水原有水位为水平状态的条件下,降落漏斗具有规则形状的旋转面,其中心轴与井轴重合。垂直剖面为抽水后的降落曲线,而在水平剖面上则为规则形状的同心圆,也即降落漏斗范围内的水压面的等压线。但实际工程中随着各种条件的改变,实际情况与上述的降落漏斗有所差别。

取井底不透水层水平方向为 x 轴,而取井轴为 y 轴,可得出流向井的水流任意圆柱剖面的水头梯度 i 和过水断面面积 A 的表示式。

$$i = \frac{dy}{dx}$$

$$A = 2\pi x M$$

式中:x——由井轴至任一点的水平距离;

M——承压含水层厚度。

代入达西定律基本方程中,假设含水层的渗透系数为 k,可以得到单井的流量:

$$Q = Av = Aki = 2\pi x M k \frac{dy}{dx}$$

分离变数:

$$2\pi M k \cdot dy = Q \frac{dx}{x}$$

积分得到：

$$2\pi Mk \cdot y = Q\ln x + C$$

如图 6-3 所示，单井降水的影响半径为 R，承压含水层厚度为 M，由含水层底板起算的起始承压水头高度为 H。设降水井半径为 r，承压井内水位距含水层底板的距离为 h。则计算单井的流量可以设 $x_1 = r, y_1 = h, x_2 = R, y_2 = H$，则得：

$$2\pi Mk(H - h) = Q(\ln R - \ln r) \tag{6-9}$$

因为承压井内地下水位降深 $s = H - h$，则可得：

$$Q = \frac{2\pi Mk(H - h)}{(\ln R - \ln r)} = \frac{2\pi Mk \cdot s}{\ln \dfrac{R}{r}} \tag{6-10}$$

3. 群井涌水量计算

一般在基坑排水系统中各井点布置在基坑的周围，需从许多井点中同时抽水，因而使各个单井的水位降落漏斗相互干扰，为此必须考虑群井的相互作用，其总涌水量不等于各个单井涌水量之和。

如果有几个相互之间距离在影响半径范围内的井点同时抽水，水位降落会发生相互干扰现象，因而使各个单井的涌水量比计算的要小，但总的水位降低值却大于单个井点抽水时的水位降低值 s。这种情况对于以疏干为主要目的基坑工程施工是有利的。

关于群井相互干扰的理论是一个比较复杂的问题。现以潜水完整井为例，进行群井涌水量计算公式的推导。

如图 6-4 所示，假设一群井降水系统，1~n 号单井均为潜水完整井，各单井之间的间距均不大于各个单井的影响半径。含水层与单个井点相同，为均质土层。

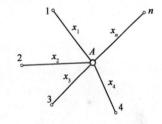

图 6-4 相互作用的群井

在群井系统中任取一点 A，其与各单井的距离为 x_1、x_2、x_3…x_n。需要分析的问题是相互作用的各个井点同时抽水时对 A 点水位和各个井点涌水量的影响。

根据前述单井理论分析，当一个井点单独抽水，而其他井点不抽水时，按照裴布依理论，水位降落漏斗的方程式为：

$$y_1^2 - h_1^2 = \frac{Q_1}{\pi k}\ln\frac{x_1}{r_1} \tag{6-11}$$

式中：y_1——第一个井点在 A 点不透水层以上水位的高度；

h_1——第一个井点处的水位；

Q_1——第一个井点的涌水量；

x_1——第一个井点与 A 点的水平距离；

r_1——第一个单井的半径。

同理，可得：

$$y_2^2 - h_2^2 = \frac{Q_2}{\pi k}\ln\frac{x_2}{r_2}$$

$$y_3^2 - h_3^2 = \frac{Q_3}{\pi k}\ln\frac{x_3}{r_3}$$

$$\vdots$$

$$y_n^2 - h_n^2 = \frac{Q_n}{\pi k}\ln\frac{x_n}{r_n}$$

如果各井同时进行抽水工作，每个井所形成的降落漏斗都交叉在一起，各个井点同时抽水的相互影响等于个别影响的总和。设 A 点在群井综合影响下的水位为 y，则总降落曲线的方程式为：

$$y^2 - h_0^2 = \frac{Q_1}{\pi k}\ln\frac{x_1}{r_1} + \frac{Q_2}{\pi k}\ln\frac{x_2}{r_2} + \cdots + \frac{Q_n}{\pi k}\ln\frac{x_n}{r_n} \tag{6-12}$$

式中：Q_1、Q_2、$\cdots$、Q_n——各个井点同时抽水时，各个井点的涌水量；

$\qquad h_0$——每一个井点处的水位，令各井点处的水位均相等。

设各单井的半径均相等，即 $r_1 = r_2 = r_3 = \cdots = r_n$；同时，各井的涌水量亦相近似，即 $Q_1 = Q_2 = Q_3 \cdots = Q_n = Q/n$。$Q$ 为所有井点同时抽水时的总涌水量，n 为单井井点总数。则式(6-12)可写成：

$$y^2 - h_0^2 = \frac{Q}{\pi kn}\left(\ln\frac{x_1}{r} + \ln\frac{x_2}{r} + \cdots + \ln\frac{x_n}{r}\right)$$

或

$$y^2 - h_0^2 = \frac{Q}{\pi kn}(\ln x_1 \cdot x_2 \cdots x_n - n\ln r) \tag{6-13}$$

为计算群井涌水量，在群井影响范围内任取一点，其水位高度等于静止水位 H，假设该点距离各井点的水平距离为各单井的影响半径，则 $x_1 = R_1, x_2 = R_2, \cdots, x_n = R_n, y = H$。由此，式(6-13)可写成：

$$H^2 - h_0^2 = \frac{Q}{\pi kn}(\ln R_1 \cdot R_2 \cdots R_n - n\ln r) \tag{6-14}$$

由式(6-13)、式(6-14)，可得：

$$H^2 - y^2 = \frac{Q}{\pi kn}(\ln R_1 \cdot R_2 \cdots R_n - \ln x_1 \cdot x_2 \cdots x_n) \tag{6-15}$$

若任取的计算点距离各单井的中心很远，即使令 $R_1 = R_2 = R_3 = \cdots = R_n = R$，计算误差也不大，所以可得：

$$H^2 - y^2 = \frac{Q}{\pi kn}(n\ln R - \ln x_1 \cdot x_2 \cdots x_n) = \frac{Q}{\pi k}\left(\ln R - \frac{1}{n}\ln x_1 \cdot x_2 \cdots x_n\right) \tag{6-16}$$

由此可得：

$$Q = \pi k\frac{H^2 - y^2}{\ln R - \dfrac{1}{n}(\ln x_1 x_2 \cdots x_n)} \tag{6-17}$$

设 s 为井点群重心处的地下水位降深，则 $s = H - y$，代入式(6-17)，则得潜水完整井的群井涌水量公式如下：

$$Q = \pi k\frac{(2H - s)s}{\ln R - \dfrac{1}{n}(\ln x_1 x_2 \cdot, \cdots, x_n)} \tag{6-18}$$

式中： s——井点群重心处水位降低数值；

x_1、x_2、x_3、$\cdots$、x_n——各井点至井点群重心的距离。

如果基坑降水设计将各井点设在一个圆周上，则 $x_1 = x_2 = x_3 = \cdots = x_n = x_0$，即等于圆的半径，代入上式，则得到潜水完整井群井涌水量计算公式：

$$Q = \pi k \frac{(2H - s)s}{\lg R - \lg x_0}$$ (6-19)

三、基坑涌水量计算

基坑降水井点系统一般布置在基坑周围，各个单井同时抽水，因此基坑涌水量计算需要考虑群井的相互作用，把由各井点组成的群井系统，视为一口大的圆形单井，如图6-5所示。

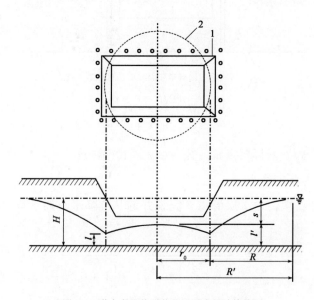

图 6-5 潜水完整井群井基坑涌水量计算简图
1-矩形基坑；2-等效圆形单井

参照前述单井涌水量推导过程，即式(6-8)，可得潜水完整井群井的涌水量计算公式：

$$Q = \pi k \frac{(2H - s) \cdot s}{\ln \dfrac{R'}{r_0}} = \pi k \frac{(2H - s) \cdot s}{\ln(1 + \dfrac{R}{r_0})}$$ (6-20)

式中：Q——基坑降水总涌水量($\mathrm{m^3/d}$)；

k——土的渗透系数($\mathrm{m/d}$)；

H——潜水含水层厚度，即地下水位至不透水层的厚度(m)；

s——水位降落值(m)；

R——单井降水影响半径(m)；

r_0——由井点管围成的基坑等效半径(m)，可按 $r_0 = \sqrt{A/\pi}$ 计算；

R'——群井降水影响半径(m)，$R' = R + r_0$；

A——井点系统包围的基坑面积($\mathrm{m^2}$)。

在实际基坑降水工程中,由于基坑形状、工程地质和水文地质条件、降水井类型的不同,将涉及不同情况的基坑涌水量计算问题。为满足工程设计的需要,《建筑基坑支护技术规程》(JGJ 120—2012)附录 E 给出了 5 种典型条件下的基坑涌水量计算公式。

1. 均质含水层潜水完整井

群井按大井简化时,均质含水层潜水完整井的基坑降水总涌水量可按下列公式计算(图 6-6):

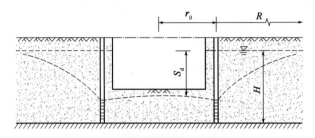

图 6-6　均质含水层潜水完整井的基坑涌水量计算

$$Q = \pi k \frac{(2H - s_d) \cdot s_d}{\ln\left(1 + \dfrac{R}{r_0}\right)} \tag{6-21}$$

式中:s_d——基坑地下水位设计降深(m);其余参数同式(6-20)。

2. 均质含水层潜水非完整井

群井按大井简化时,均质含水层潜水非完整井的基坑降水总涌水量,可按下列公式计算(图 6-7):

$$Q = \pi k \frac{H^2 - h^2}{\ln\left(1 + \dfrac{R}{r_0}\right) + \dfrac{h_m - l}{l}\ln\left(1 + 0.2\dfrac{h_m}{r_0}\right)} \tag{6-22}$$

$$h_m = \frac{H + h}{2} \tag{6-23}$$

式中:h——降水后基坑内的水位高度(m);

　　　l——过滤器进水部分的长度(m)。

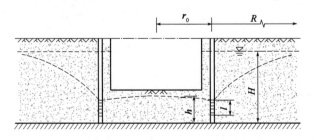

图 6-7　均质含水层潜水非完整井的基坑涌水量计算

3. 均质含水层承压水完整井

群井按大井简化时,均质含水层承压水完整井的基坑降水总涌水量,可按下列公式计算

（图6-8）：

$$Q = 2\pi k \frac{Ms_{\mathrm{d}}}{\ln\left(1 + \dfrac{R}{r_0}\right)} \tag{6-24}$$

式中：M——承压含水层厚度。

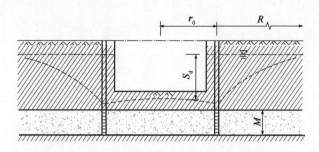

图6-8 均质含水层承压水完整井的基坑涌水量计算

4.均质含水层承压水非完整井

群井按大井简化时，均质含水层承压水非完整井的基坑降水总涌水量，可按下式计算（图6-9）：

$$Q = 2\pi k \frac{Ms_{\mathrm{d}}}{\ln\left(1 + \dfrac{R}{r_0}\right) + \dfrac{M - l}{l}\ln\left(1 + 0.2\dfrac{M}{r_0}\right)} \tag{6-25}$$

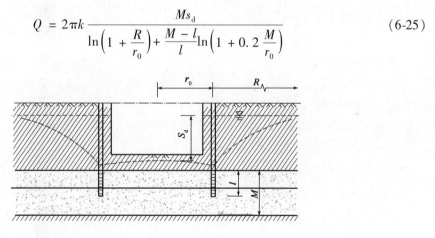

图6-9 均质含水层承压水非完整井的基坑涌水量计算

5.均质含水层承压水—潜水完整井

群井按大井简化时，均质含水层承压水—潜水完整井的基坑降水总涌水量，可按下式计算（图6-10）：

$$Q = \pi k \frac{(2H_0 - M)M - h^2}{\ln\left(1 + \dfrac{R}{r_0}\right)} \tag{6-26}$$

式中：H_0——承压水含水层的初始水头。

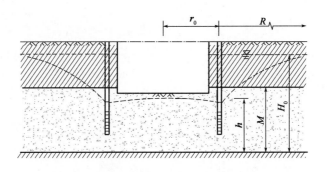

图 6-10　均质含水层承压—潜水完整井的基坑涌水量计算

四、基坑降水设计相关参数

1. 降水影响半径

按地下水稳定渗流计算井距、井的水位降深和单井流量时,影响半径(R)宜通过试验确定。缺少试验时,可按下列公式计算并结合当地经验取值:

1)潜水含水层

$$R = 2s_w\sqrt{kH} \tag{6-27}$$

2)承压水含水层

$$R = 10s_w\sqrt{k} \tag{6-28}$$

式中:R——影响半径(m);

　　s_w——井水位降深(m),当井水位降深小于 10m 时,取 $s_w = 10$m;

　　k——含水层的渗透系数(m/d);

　　H——潜水含水层厚度(m)。

2. 降水井的设计单井流量

当已计算出基坑降水的总涌水量 Q 时,可按下式计算降水井的设计单井流量:

$$q = 1.1\frac{Q}{n} \tag{6-29}$$

式中:q——单井设计流量;

　　Q——基坑降水的总涌水量(m³/d),可按式(6-21)~ 式(6-26)计算;

　　n——降水井数量。

如果已知单井出水能力 q_0,则参照式(6-29)可估算出所需要的降水井数量。

3. 含水层渗透系数

含水层的渗透系数 k 宜按现场抽水试验确定。对粉土和黏性土,也可通过原状土样的室内渗透试验并结合经验确定。当缺少试验数据时,可根据土的其他物理指标按工程经验确定。根据相关统计资料,各种土类渗透系数的一般范围见表 6-2。

岩土层渗透系数 k 的经验值 表6-2

土的名称	渗透系数 k		土的名称	渗透系数 k	
	m/d	cm/s		m/d	cm/s
黏土	<0.005	$<6 \times 10^{-6}$	中砂	10~20	$1 \times 10^{-2} \sim 2 \times 10^{-2}$
粉质黏土	0.005~0.1	$6 \times 10^{-6} \sim 1 \times 10^{-4}$	均质中砂	35~50	$4 \times 10^{-2} \sim 6 \times 10^{-2}$
黏质粉土	0.1~0.5	$1 \times 10^{-4} \sim 6 \times 10^{-4}$	粗砂	20~50	$2 \times 10^{-2} \sim 6 \times 10^{-2}$
黄土	0.25~10	$3 \times 10^{-4} \sim 1 \times 10^{-2}$	均质粗砂	60~75	$7 \times 10^{-2} \sim 8 \times 10^{-2}$
粉土	0.5~1.0	$6 \times 10^{-4} \sim 1 \times 10^{-3}$	圆砾	50~100	$6 \times 10^{-2} \sim 1 \times 10^{-1}$
粉砂	1.0~5	$1 \times 10^{-3} \sim 6 \times 10^{-3}$	卵石	100~500	$1 \times 10^{-1} \sim 6 \times 10^{-1}$
细砂	5~10	$6 \times 10^{-3} \sim 1 \times 10^{-2}$	无充填物卵石	500~1000	$6 \times 10^{-1} \sim 1 \times 10^{0}$

第三节 基坑降水方法及其施工

常用降低基坑地下水位的方法包括：明沟排水法和人工降低地下水位法。人工降低地下水位法又可分为轻型井点、喷射井点、降水管井、电渗井点等方法。

一、轻型井点降水

1. 工作原理

轻型井点是人工降低地下水位的一种方法，它是沿基坑四周或一侧、以一定间距将直径较细的井管（井管下端为滤管）沉入深于基底的含水层内，在地面上用水平铺设的集水总管将各井点管连接起来，在一定位置设置真空泵和离心泵，开动真空泵和离心泵，地下水在真空吸力的作用下经滤管进入井管，然后经集水总管排出，从而使基坑内原有地下水位降低至基坑底面以下。因为该方法利用真空降水，因此也称为真空降水法。轻型井点降低地下水位的示意图如图6-11所示。

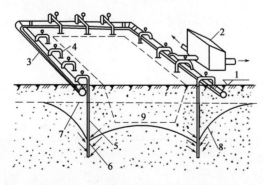

图6-11 轻型井点降低地下水位示意图

1-地面；2-水泵房；3-总管；4-连接管；5-井点管；6-滤管；7-原有地下水位线；8-降低后地下水位线；9-基坑

轻型井点降水一船适用于粉砂、粉土、粉质黏土等渗透系数较小(0.005~20m/d)的弱含水层中降水。单级井点降水深度小于6m,多级井点降水深度小于20m。

采用轻型井点降水,其井点间距小,能有效地拦截地下水流入基坑内,尽可能地减少残留滞水层厚度,对保持边坡和桩间土的稳定较有利,因此降水效果较好。但是,该方法存在占用场地大、设备多、投资大等缺点。对于建筑场地狭窄的深基坑工程,其占地和费用一般使建设单位和施工单位难以接受。在较长时间的降水过程中,对供电、抽水设备的要求高,维护管理复杂。

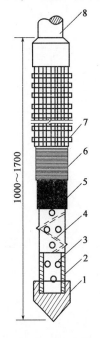

图6-12 滤管构造

1-铸铁头;2-钢管;3-管壁上的进水孔;4-缠绕的塑料管;5-细滤网;6-粗滤网;7-粗铁丝保护网;8-井点管

2.轻型井点主要设备

轻型井点系统由井点管、连接管、集水总管及抽水设备等组成。

1)井点管

井管一般采用外径38~110mm的无缝钢管,长度为5~7m。井点管的下端装有长度1.0~1.7m的滤管,其构造如图6-12所示。滤管直径常与井点管直径相同。在管壁上钻有直径12~18mm的梅花形排列的渗水孔,渗水孔的孔隙率应大于15%。井管壁外包两层孔径不同的滤网,内层为细滤网,外层为粗滤网。为避免进水孔淤塞,在管壁与滤网间用塑料管或钢丝绕成螺旋形隔开,滤网外面再围一层8号粗钢丝保护网。常用滤网类型有方织网、斜织网和平织网。一般在细砂中适宜采用平织网,中砂中宜采用斜织网,粗砂、砾石中则用方织网。滤管下端放一个锥形铸铁头以利井管插埋。井点管的上端用弯管接头与总管相连。

2)集水总管

集水总管采用直径75~100mm的无缝钢管,每根长4m左右,互相用法兰连接。在管壁上每隔1~2m设一个与井点管连接的短接头。

3)连接管

连接管采用直径38~55mm的胶皮管或塑料管,长度为1.2~2.0m,用来连接井点管和集水总管。

4)抽水设备

根据水泵和动力设备的不同,轻型井点分为真空泵井点、射流泵井点和隔膜泵井点三种。这三者用的设备不同,其所配用功率和能负担的总管长度见表6-3。

各种轻型井点的配用功率、井点根数与总管长度　　　　　　表6-3

轻型井点类别	配用功率(kW)	井点根数(根)	总管长度(m)
真空泵井点	18.5~22	80~100	96~120
射流泵井点	7.5	30~50	40~60
隔膜泵井点	3	50	60

真空泵井点的抽水机组由一台干式真空泵、两台离心式水泵(一台备用)和水气分离器组成。这种井点对不同渗透系数的土层有较大的适应性,排水和排气能力大。一套抽水机组的两台离心泵既作为互相备用,又可在地下水量大时一起开泵排水。真空泵和离心泵根据土的渗透系数和涌水量选用。

射流泵井点由喷射扬水器、离心泵和循环水箱组成。射流泵能产生较高真空度,但排气量小,稍有漏气则真空度易下降,因此所带动的井点管根数较少。射流泵的优点是耗电少、质量轻、体积小、机动灵活,但它的喷嘴易磨损,直径变大则效率降低,使用时保持水质清洁极为重要。

隔膜泵井点机组构造简单,是单根井点平均消耗功率最少的井点。隔膜泵的底座应安装得平稳牢固,泵出水口的排水管应平接不得上弯,否则影响泵的功能。

3. 轻型井点系统的布置

轻型井点系统的平面布置应根据基坑的平面形状与尺寸、基坑降水深度及含水层的渗透性能等因素而定。应尽可能将要施工的建筑物基坑面积内各主要部分都包围在井点系统之内。井间距宜取 0.8 ~ 2.0m。

对于面积较大的基坑采用环状井点,有时为方便挖土及运土车辆出入基坑,也可布置成"U"形。环状井点的四角部分应适当加密。井管距离基坑壁一般取 0.7 ~ 1m,如图 6-13 所示。

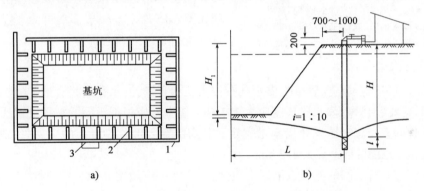

图 6-13 环状井点

a)平面布置;b)高程布置

1-总管;2-井点管;3-泵站

当开挖窄而长的基坑时,可按线状井点布置。如基坑宽度不大于 6m,且降水深度不超过 5m 时,可采用单排线状井点,布置在地下水流的上游一侧,两端适当加以延伸。一般延伸宽度以不小于基坑宽为宜,如图 6-14 所示。如开挖宽度大于 6m 或土质不良,则可用双排线状井点。

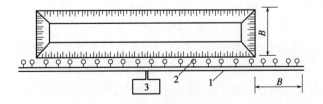

图 6-14 单排线状井点平面布置图

1-总管;2-井点管;3-排水设备

井点系统的高程布置主要是确定井管的埋设深度(不包括滤管)。设井管埋设深度为H,计算公式如下(图6-13):

$$H \geq H_1 + h + iL \tag{6-30}$$

式中:H_1——井点管埋设面至基坑底的距离;

$\quad h$——降低后的地下水位至基坑中心底的距离,一般不应小于0.5m;

$\quad i$——地下水降落坡度,环状井点取1/10,单排井点取1/4~1/5;

$\quad L$——井点管至群井中心的水平距离。

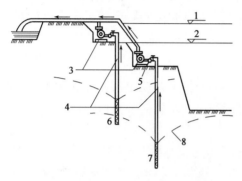

图6-15 二级轻型井点降水原理示意图

1-原地面线;2-原地下水位线;3-抽水设备;4-井点管;5-总管;6-第一级井点;7-第二级井点;8-降低水位线

由计算确定的井管埋设深度应小于水泵的最大抽吸高度,还要考虑到井管一般要露出地面0.2m左右。如果井管计算埋设深度小于降水深度6m时,则可用一级轻型井点;若H值稍大于6m时,通过设法降低井点总管的埋设面后可满足降水要求时,仍可采用一级井点。当一级井点系统达不到降水深度要求时,需要采用二级井点,即先挖去第一级井点所疏干的土,然后再在其底部安装第二级井点。二级轻型井点降水原理如图6-15所示。一般多级井点上下级的高差宜取4~5m。

4. 井点构造要求

(1)井管宜采用金属管,管壁上渗水孔宜按梅花状布置,渗水孔直径宜取12~18mm,渗水孔的孔隙率应大于15%,渗水段长度应大于1.0m;管壁外应根据土层的粒径设置滤网。

(2)井管的直径应根据设计出水量确定,可采用直径38~110mm的金属管;成孔直径应满足填充滤料的要求,且不宜大于300mm。

(3)孔壁与井管之间的滤料宜采用中粗砂,滤料上应使用黏土封堵,封堵至地面的厚度应大于1m。

5. 井点施工要求

轻型井点施工的程序是:先排放总管,再沉设井点管,用连接管将井点管与总管接通,然后安装抽水设备。

井点管成孔工艺可以选用清水或泥浆钻进、高压水套管冲击工艺(钻孔法、冲孔法或射水法)。对不易塌孔、缩孔的地层也可选用长螺旋钻机成孔;成孔深度宜大于降水井设计深度0.5~1.0m。钻进到设计深度后,应注水冲洗钻孔,稀释孔内泥浆。

成孔后插入井点管,在井点管与孔壁之间迅速填灌砂滤层,以防孔壁塌土。滤料填充应密实均匀,滤料宜采用粒径为0.4~0.6mm的纯净中粗砂。成井后应及时洗孔,并应抽水检验井的滤水效果。

用连接管将井点管与集水总管和水泵连接,形成完整降水系统。抽水时,应先开真空泵抽出管路中的空气,使之形成真空。这时地下水和土中的空气在真空吸力作用下被吸入集水箱,空气经真空泵排出,当集水管存了足够多的水时,再开动离心泵抽水。抽水系统不应漏水、漏气。降水时真空度应保持在 55kPa 以上，且抽水不应间断。因此，为保证连续抽水，应配置双套电源。待地下建筑回填后才能拆除井点，并将井点孔填土。冬季施工时应对集水总管做保温处理。

二、喷射井点

当基坑所需降水深度超过 6m 时，一级的轻型井点就难以收到预期的降水效果，此时若采用二级甚至多级轻型井点以增加降水深度，将会增加基坑土方施工工程量、增加降水设备用量并延长工期，也扩大了井点降水的影响范围，对环境保护不利。为此，可考虑采用喷射井点。

1. 工作原理

喷射井点一般有喷水井点和喷气井点两种，两者的工作原理相同，只是工作流体分别是压力水和压缩空气。井点系统由喷射器、高压水泵和管路组成。

喷射器的工作原理是利用高速喷射液体的动能工作，如图 6-16 所示。由离心泵供给高压水流入喷嘴①高速喷出。经混合室②造成在此处压力降低，形成负压和真空，则井内的水在大气压力作用下，将水由吸水管⑤压入吸水室④，吸入水和高速射流在混合室②中相互混合，射流的动能将本身的一部分传给被吸入的水，使吸入水流的动能增加，混合水流入扩散室③，由于扩散室截面扩大，流速下降，大部分动能转为压能，将水由扩散室送至高处。喷射井点组装图见图 6-17。

地下水同工作水一同扬升出地面后，经排水管道系统排至集水池或水箱，一部分用低压泵排走，另一部分供高压水泵压入外管内作为工作水流。如此循环作业，将地下水不断从井点管中抽走，使地下水逐渐下降，达到设计要求的降水深度。

喷射井点适用于深层降水，在粉土、细砂和粉砂中较为适用。但是，在较粗的砂粒中，由于出水量较大，循环水流就显得不经济，这时宜采用深井泵。一般一级喷射井点可降低地下水位 8～20m。

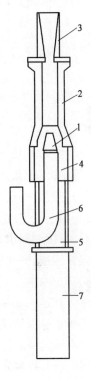

图 6-16 喷射器构造
1-喷嘴；2-混合室；3-扩散室；4-吸水室；5-吸水管；6-喷射管；7-滤管

2. 喷射井点布置及构造要求

喷射井点管路系统的布置和井点管的埋设与轻型井点基本相同，如图 6-18 所示。井间距宜取 1.5～3.0m。井孔直径宜取 400～600mm，井孔应比滤管底部深 1m 以上。孔壁与井管之间填充滤料的要求也同轻型井点相同。当喷射井点的井口至设计降水水位的深度大于 6m 时，可采用多级井点降水，多级井点上下级的高差宜取 4～5m。

喷射井点的井管宜采用金属管，管壁上渗水孔宜按梅花状布置，渗水孔直径宜取 12～18mm，渗水孔的孔隙率应大于 15%，渗水段长度应大于 1.0m；管壁外应根据土层的粒径设置滤网。喷射器混合室直径可取 14mm，喷嘴直径可取 6.5mm。工作水泵可采用多级泵，水泵压力宜大于 2MPa。

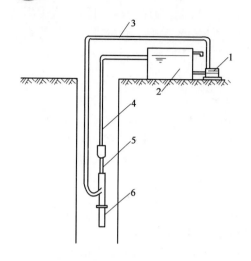

图 6-17　喷射井点组装图
1-水泵;2-水箱;3-工作水管;
4-上水管;5-喷射器;6-滤管

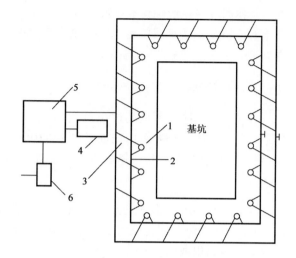

图 6-18　喷射井点平面布置简图
1-喷射井管;2-供水总管;3-排水管道;
4-高压离心水泵;5-水池;6-排水泵

3. 喷射井点施工要求

喷射井点成孔方法与轻型井点相同。下井管时,水泵应先开始运转,以便每下好一根井点管,立即与总管接通(不接回水管),然后及时进行单根试抽排泥,让井管内出来的泥浆从水沟排出,并测定真空度,待井管出水变清后地面测定真空度不宜小于 93.3kPa。全部井点管沉没完毕后,再接通回水总管全面试抽,然后使工作水循环,进行正式工作。各套进水总管均应用阀门隔开,各套回水管也应分开。

为防止喷射器损坏,安装前应对喷射井管逐根冲洗(开泵压力不宜大于 0.3MPa),以后再将其逐步开足。如果发现井点管周围有翻砂、冒水现象,应立即关闭井管检修。

工作水应保持清洁。尤其是工作初期更应注意工作水的干净。试抽 2d 后,应更换清水,此后视水质污浊程度定期更换清水,以减轻对喷嘴及水泵叶轮的磨损。

用喷射井点降水,为防止产生工作水反灌现象,在滤管下端最好增设逆止球阀。

三、电渗井点

1. 工作原理

电渗井点可以与轻型井点或喷射井点结合使用。其工作原理是在降水井点管的内侧垂直打入金属棒(钢筋、钢管等)作为阳极,利用轻型井点或者喷射井点管本身作为阴极。用导线分别将阴阳极连通,并与发电机(采用直流发电机或直流电焊机)相连。当对阳极施加强直流电时,带有负电荷的土粒即向阳极移动(即电泳现象),而带有正电荷的水则向阴极方向移动,产生电渗现象。对于渗透系数较小的黏性土,电泳和电渗现象可以加速土中水由井点管快速排出,井点管连续抽水则地下水位逐渐降低,同时也可加速土体固结,增加土体强度。如果同时应用真空泵产生抽吸作用,那么在电渗与井点管内真空的双重作用下,软土地基的基坑固结排水速度还可以加快。电渗井点示意图如图6-19所示。

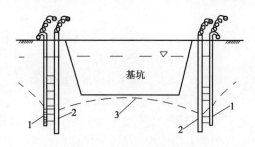

图6-19 电渗井点示意图
1-井点管;2-金属棒;3-地下水降落曲线

2.电渗井点施工要求

电渗井点埋设程序一般是先埋设轻型井点或喷射井点管,预留出布置电渗井点阳极的位置,待轻型井点降水不能满足降水要求时,再埋设电渗阳极,以改善降水性能。

电渗井点阴极即井点管的埋设与轻型井点、喷射井点相同。

阳极采用$\phi50 \sim 70$mm的钢管或$\phi20 \sim 25$mm的钢筋垂直埋设,埋设深度应比井点管深500mm,上部外露在地面上$200 \sim 400$mm。如果入土深度不大,可用锤击法打入;否则可用75mm旋叶式电钻钻孔埋设,钻进时加水和高压空气循环排泥。阳极在水平方向应与阴极保持一定间距:一般当采用轻型井点时,间距为$0.8 \sim 1.0$m;当采用喷射井点时,间距取$1.2 \sim 1.5$m。需要注意的是,阳极严禁与相邻阴极相碰,以免造成短路,损坏设备。

一般阴阳极数量相等,平行交错排列,必要时可增加阳极的数量。

四、降水管井

高层建筑的不断涌现,使得基坑深度不断增加,因此基坑降水深度也越来越大。对于地下水丰富的土层、砂层,用明排水易造成土颗粒大量流失,引起边坡塌方,用轻型井点难以满足降水深度的要求,这时候可采用管井井点。采用管井降水时,每个管井单独用一台水泵抽取地下水。因此,管井具有排水量大、排水效果好、设备简单、易于维护等特点,其适用于渗透系数为$0.1 \sim 200$m/d的粉土、砂土、碎石土,且降水深度不受限制。

1.管井设备及构造

管井井管由井壁管和滤水管两部分组成。井壁管可采用直径$200 \sim 350$mm无砂混凝土管、钢管、铸铁管、塑料管等。下部滤水管过滤部分可用长$2 \sim 3$m的焊接钢筋笼,外包孔眼为$1 \sim 2$mm滤网,也可采用无砂混凝土滤管、钢管或铸铁管。

滤管内径应按满足单井设计出水量要求而配置的水泵规格确定,滤管内径宜大于水泵外径50mm,且滤管外径不宜小于200mm。

管井井管与土层中钻孔孔壁之间需过滤层。管井成孔直径应满足填充滤料的要求,一般成孔直径应大于管井外径$150 \sim 200$mm。井管外滤料宜选用磨圆度好的硬质岩石成分的圆砾,不宜采用棱角形石渣料、风化料或其他黏质岩石成分的砾石。滤料规格宜满足下列要求:

(1)砂土含水层。

$$D_{50} = 6d_{50} \sim 8d_{50} \tag{6-31}$$

式中:D_{50}——小于该粒径的填料质量占总填料质量50%所对应的填料粒径(mm);

d_{50}——含水层中小于该粒径的土颗粒质量占总土颗粒质量50%所对应的土颗粒粒径(mm)。

(2)d_{20}小于2mm的碎石土含水层。

$$D_{50} = 6d_{20} \sim 8d_{20} \tag{6-32}$$

式中：d_{20}——含水层中小于该粒径的土颗粒质量占总土颗粒质量 20% 所对应的土颗粒粒径（mm）。

（3）对 d_{20} 大于或等于 2mm 的碎石土含水层,宜充填粒径为 10 ~ 20mm 的滤料。

（4）滤料的不均匀系数应小于 2。

降水过程中,采用直径 50 ~ 100mm 的钢管或胶皮管作为吸水管,插入滤水井管内,其底端应沉到管井吸水时的最低水位以下,并安装逆止阀,上端安装带法兰盘的短钢管一节。

当基坑降水深度超过 15m 时,在管井井点采用一般的潜水泵和离心泵满足不了降水的要求,可加大管井深度,改用深井泵即深井井点来解决。深井井点一般可降低水位 30 ~ 40m,有的甚至可以达到 100m 以上。常见的深井泵有两种类型:电动机在地面上的深井泵及深井潜水泵(沉没式深井泵)。大口径井点和深井井点差不多,只是一个是增加深度,一个是加大口径。

当采用深井泵或深井潜水泵抽水时,水泵的出水量应根据单井出水能力确定,水泵的出水量应大于单井出水能力的 1.2 倍。深井井管的底部应设置沉砂段,井管沉砂段长度不宜小于 3m。沉砂段的作用是沉淀那些通过滤网的少量砂粒。一般采用与滤水管同直径钢管,下端用钢板封底。

2. 管井布置

管井降水可以采用两种布置方式,一种是基坑外降水,一种是基坑内降水。

基坑外降水是沿基坑外围每隔一定距离设置一个管井。根据基坑的平面形状或沟槽的宽度,管井可布置成环形,也可以沿基坑、沟槽两侧或单侧布置成直线形。井中心距基坑或沟槽边壁的距离需根据管井成孔所用钻机的钻孔方法而定:当用冲击式钻机并用泥浆护壁时为 0.5 ~ 1.5m,用套管法时不小于 3m。

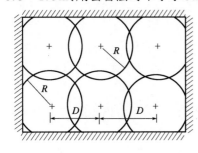

图 6-20　基坑内管井井点布置图
R-降水影响半径;D-井点间距

当基坑开挖面积较大,或者为了防止降低地下水对周围环境的不利影响,可采用坑内降水、同时设置止水帷幕的方式。根据基坑所需降水深度、单井涌水量以及抽水影响半径 R 等确定管井井点间距,再以此间距在坑内呈棋盘式点状布置,如图 6-20 所示。一般管井之间的间距 D 可取 10 ~ 15m,同时应不小于 $\sqrt{2}R$,以保证基坑范围内地下水位全面降低。

通常每个滤水管井单独用一台水泵,水泵的设置标高尽可能设在最小吸程处(一般取 5 ~ 7m)。高度不够时,水泵可设在基坑内。当水泵排水量大于单孔滤水管井涌水量的数倍时,可另设集水总管,把相邻的相应数量的吸水管连成一体,共用一台水泵。

3. 管井施工要求

管井成孔的施工工艺应结合土层特点确定。对不易塌孔、缩孔的地层宜采用清水钻进;钻孔深度宜大于降水井设计深度 0.3 ~ 0.5m。采用泥浆护壁时,应在钻进到孔底后清除孔底沉渣并立即放置井管,注入清水。当泥浆相对密度不大于 1.05 时,方可投入滤料。遇塌孔时不得放置井管,滤料填充体积不应小于计算量的95%。填充滤料后,应及时洗井,洗井应充分,直至过滤器及滤料滤水畅通,并应抽水检验降水井的滤水效果。

当地下建筑物竣工,并回填、夯实到地下水位线以上后,方可拆除井点系统。井管用完后,可用起重设备将井管徐徐拔出,滤水管拔出后,可洗净再利用。井管所留孔洞需用砂砾填充夯实,上部500mm用黏性土填充。

五、常用井点降水的设计

根据常用井点的设计原理,基坑降水设计主要内容和步骤如下:

(1)需要确定井管的埋设深度。埋置深度务必使地下水位低于基坑底面0.5m。可参照轻型井点系统井管埋设深度计算式(6-30),综合考虑各种因素确定。

(2)确定基坑等效半径:因为基坑涌水量计算需要考虑群井的相互作用,把由各井点组成的群井系统,视为一口大的圆形单井,其等效影响半径可按 $r_0 = \sqrt{A/\pi}$ 计算(A 为井点系统包围的基坑面积)。

(3)确定单井降水影响半径 R:应按现场抽水试验确定,缺少试验时,可参照式(6-27)、式(6-28)并结合当地经验取值。

(4)计算基坑涌水量 Q:根据含水层和降水井的类型,参照公式(6-21)~式(6-26)计算。

(5)计算单井的出水能力 q_0:降水井的单井出水能力应大于按式(6-29)计算的设计单井流量。当单井出水能力小于设计单井流量时,应增加井的数量、井的直径或深度。

各类井的单井出水能力可按下列规定取值:

①真空井点出水能力可取 $36 \sim 60\text{m}^3/\text{d}$;

②喷射井点的出水能力可按表6-4取值;

喷射井点的出水能力   表6-4

外管直径（mm）	喷 射 管		工作水压力（MPa）	工作水流量（m³/d）	设计单井出水流量（m³/d）	适用含水层渗透系数（m/d）
	喷嘴直径（mm）	混合室直径（mm）				
38	7	14	0.6 ~ 0.8	112.8 ~ 163.2	100.8 ~ 138.2	0.1 ~ 5.0
68	7	14	0.6 ~ 0.8	110.4 ~ 148.8	103.2 ~ 138.2	0.1 ~ 5.0
100	10	20	0.6 ~ 0.8	230.4	259.2 ~ 388.8	5.0 ~ 10.0
162	19	40	0.6 ~ 0.8	720.0	600.0 ~ 720.0	10.0 ~ 20.0

③管井的单井出水能力可按下式计算:

$$q_0 = 120\pi r_s l\sqrt[3]{k} \tag{6-33}$$

式中:q_0——单井出水能力(m^3/d);

$\quad r_s$——过滤器半径(m);

$\quad l$——过滤器进水部分的长度(m);

$\quad k$——含水层渗透系数(m/d)。

(6)确定需要设置的井点数量 n:

$$n = 1.1 \frac{Q}{q_0} \tag{6-34}$$

（7）计算井点管间距：当各降水井井位沿基坑周边以等间距布置时，只要确定出环形井点的周长，即可计算出井点管的间距。当采用基坑内管井降水、同时设置止水帷幕的方式时，根据管井井点的布置要求进行设计。

（8）水位降深验算：在确定井点数量、间距及布置后，可进行基坑降水水位的计算，以验算其水位降深是否满足了降水设计的要求。

①当含水层为粉土、砂土或碎石土时，潜水完整井的基坑地下水位降深可按下式计算（图6-21、图6-22）：

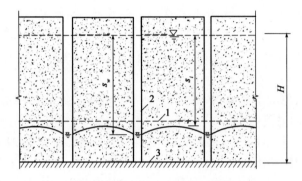

图6-21　潜水完整井地下水位降深计算
1-基坑面；2-降水井；3-潜水含水层底板

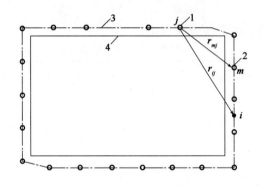

图6-22　计算点与降水井的关系
1-第 j 口井；2-第 m 口井；3-降水井所围面积的边线；4-基坑边线

$$s_i = H - \sqrt{H^2 - \sum_{j=1}^{n} \frac{q_j}{\pi k} \ln \frac{R}{r_{ij}}} \tag{6-35}$$

式中：s_i——基坑内任一点的地下水位降深（m）；基坑内各点中最小的地下水位降深可取各个相邻降水井连线上地下水位降深的最小值，当各降水井的间距和降深相同时，可取任一相邻降水井连线中点的地下水位降深；

　　　　H——潜水含水层厚度（m）；

　　　　q_j——按干扰井群计算的第 j 口降水井的单井流量（m³/d）；

k——含水层的渗透系数($\mathrm{m/d}$);

R——影响半径(m);应按现场抽水试验确定;缺少试验时,可按式(6-27)、式(6-28)计算并结合当地工程经验确定;

r_{ij}——第 j 口井中心至地下水位降深计算点的距离(m),当 $r_{ij} > R$ 时,取 $r_{ij} = R$;

n——降水井数量。

对潜水完整井,按干扰井群计算的第 j 个降水井的单井流量(q_j)可通过求解下列 n 维线性方程组计算:

$$s_{w,m} = H - \sqrt{H^2 - \sum_{j=1}^{n} \frac{q_j}{\pi k} \ln \frac{R}{r_{jm}}} \qquad (m = 1, \cdots, n) \tag{6-36}$$

式中:$s_{w,m}$——第 m 口井的井水位设计降深(m);

r_{jm}——第 j 口井中心至第 m 口井中心的距离(m);当 $j = m$ 时,应取降水井半径 r_w;当 $r_{jm} > R$ 时,取 $r_{jm} = R$。

当含水层为粉土、砂土或碎石土,各降水井所围平面形状近似圆形或正方形且各降水井的间距、降深相同时,潜水完整井的地下水位降深也可按下列公式计算:

$$s_i = H - \sqrt{H^2 - \frac{q}{\pi k} \sum_{j=1}^{n} \ln \frac{R}{2r_0 \sin \frac{(2j-1)\pi}{2n}}} \tag{6-37}$$

$$q = \frac{\pi k (2H - s_w) s_w}{\ln \frac{R}{r_w} + \sum_{j=1}^{n-1} \ln \frac{R}{2r_0 \sin \frac{j\pi}{n}}} \tag{6-38}$$

式中:q——按干扰井群计算的降水井单井流量($\mathrm{m^3/d}$);

r_0——井群的等效半径(m),井群的等效半径应按各降水井所围多边形与等效圆的周长相等确定,取 $r_0 = u/(2\pi)$

当式(6-37)中 $r_0 > \dfrac{R}{2\sin \dfrac{(2j-1)\pi}{2n}}$ 时,取 $r_0 = \dfrac{R}{2\sin \dfrac{(2j-1)\pi}{2n}}$

当式(6-38)中的 $r_0 > \dfrac{R}{2\sin \dfrac{j\pi}{n}}$ 时,取 $r_0 = \dfrac{R}{2\sin \dfrac{j\pi}{n}}$

j——第 j 口降水井;

s_w——井水位的设计降深(m);

r_w——降水井半径(m);

u——各降水井所围多边形的周长(m)。

②含水层为粉土、砂土或碎石土时,承压完整井的基坑地下水位降深可按下式计算(图6-23):

$$s_i = \sum_{j=1}^{n} \frac{q_j}{2\pi M k} \ln \frac{R}{r_{ij}} \tag{6-39}$$

式中:M——承压含水层厚度(m)。

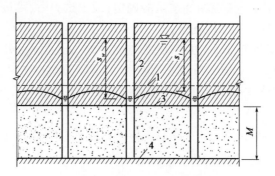

图 6-23　承压水完整井地下水位降深计算

1-基坑面;2-降水井;3-承压含水层顶板;4-承压含水层底板

对承压完整井,按干扰井群计算的第 j 个降水井的单井流量,可通过求解下列 n 维线性方程组计算:

$$s_{w,m} = \sum_{j=1}^{n} \frac{q_j}{2\pi Mk} \ln \frac{R}{r_{jm}} \qquad (m = 1, \cdots, n) \tag{6-40}$$

当含水层为粉土、砂土或碎石土时,各降水井所围平面形状近似圆形或正方形,且各降水井的间距、降深相同时,承压完整井的地下水位降深也可按下列公式计算:

$$s_i = \frac{q}{2\pi Mk} \sum_{j=1}^{n} \ln \frac{R}{2r_0 \sin \dfrac{(2j-1)\pi}{2n}} \tag{6-41}$$

$$q = \frac{2\pi Mks_w}{\ln \dfrac{R}{r_w} + \sum\limits_{j=1}^{n-1} \ln \dfrac{R}{2r_0 \sin \dfrac{j\pi}{n}}} \tag{6-42}$$

式中:r_0——井群的等效半径(m);井群的等效半径应按各降水井所围多边形与等效圆的周长相等确定,取 $r_0 = u/(2\pi)$;

当式(6-41)中 $r_0 > \dfrac{R}{2\sin \dfrac{(2j-1)\pi}{2n}}$ 时,取

$$r_0 = \frac{R}{2\sin \dfrac{(2j-1)\pi}{2n}}$$

当式(6-42)中的 $r_0 > \dfrac{R}{2\sin \dfrac{j\pi}{n}}$ 时,取

$$r_0 = \frac{R}{2\sin \dfrac{j\pi}{n}}$$

第四节 基坑降水对周围环境的影响及其防治措施

一、基坑降水对周围环境的影响

在松散沉积层中进行人工降低地下水位时,如果抽水井滤网和砂滤层的设计不合理或施工质量差,在抽水时就会将软土层中的黏粒、粉粒,甚至细砂等细小土颗粒随同地下水一起抽出地面,使周围地面土层很快产生不均匀沉降,造成地面建筑和地下管线不同程度的损坏。

另一方面,当井管开始抽水时,井内水位下降,井外含水层中的地下水不断流向滤管,经过一段时间后,在井周围形成漏斗状的弯曲水面——降水漏斗。在这一降水漏斗范围内的软土层会发生渗透固结而造成地基土沉降。而且,由于土层的不均匀性和边界条件的复杂性,降水漏斗往往是不对称的,因而使周围建筑物或地下管线产生不均匀沉降,甚至开裂。

在深基坑施工时,若降水周期长、水位降深大,土层有足够的排水固结时间,则会导致降水影响范围内的土层产生固结沉降,造成邻近的建筑物、道路、地下管线的不均匀沉降,严重时将导致建筑物开裂、道路破坏、管线错断等工程事故的发生。

二、基坑降水引起的地层变形计算

基坑降水引起的地层变形量可按下式计算:

$$s = \psi_w \sum_{i=1}^{n} \frac{\Delta\sigma'_{zi}\Delta h_i}{E_{si}} \tag{6-43}$$

式中:s——计算剖面的地层压缩变形量(m);

ψ_w——沉降计算经验系数,应根据地区工程经验取值,无经验时,宜取 $\psi_w = 1$;

$\Delta\sigma'_{zi}$——降水引起的地面下第 i 土层的平均附加有效应力(kPa),对黏性土,应取降水结束时土的固结度下的附加有效应力;

Δh_i——第 i 层土的厚度(m),土层的总计算厚度应按渗流分析或实际土层分布情况确定;

E_{si}——第 i 层土的压缩模量(kPa),应取土的自重应力至自重应力与附加有效应力之和的压力段的压缩模量值。

基坑外土中各点降水引起的附加有效应力宜按地下水渗流稳定分析方法计算;当符合非稳定渗流条件时,可按地下水非稳定渗流计算。附加有效应力也可根据基坑降水设计中计算的地下水位降深的计算公式(6-35)、式(6-36),按下列公式计算(图6-24):

(1)第 i 土层位于初始地下水位以上时:

$$\Delta\sigma'_{zi} = 0 \tag{6-44}$$

(2)第 i 土层位于降水后水位与初始地下水位之间时:

$$\Delta\sigma'_{zi} = \gamma_w z \tag{6-45}$$

(3)第 i 土层位于降水后水位以下时:

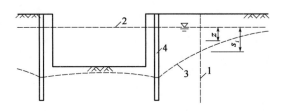

图 6-24 降水引起的附加有效应力计算

1-计算剖面 1;2-初始地下水位;3-降水后的水位;4-降水井

$$\Delta\sigma'_{zi} = \lambda_i\gamma_w s_i \tag{6-46}$$

式中:γ_w——水的重度(kN/m^3);

$\quad z$——第 i 层土中点至初始地下水位的垂直距离(m);

$\quad \lambda_i$——计算系数,应按地下水渗流分析确定,缺少分析数据时,也可根据当地工程经验取值;

$\quad s_i$——计算剖面对应的地下水位降深(m)。

三、防范基坑降水不利影响的措施

在高水位地区开挖深基坑时,为保证基坑开挖施工的顺利进行,基坑降水必不可少。为了防范基坑降水对周围环境的不利影响,可采取相应的措施,减少井点降水对周边建筑物、地下管线、道路等造成的危害或对周围环境造成长期不利的影响。

1. 设置回灌井

当基坑降水引起的地层变形对基坑周边环境产生不利影响时,宜采用回灌方法减少地层变形量。回灌井点就是在降水井点和需要保护的原有建(构)筑物之间打一排井点。在基坑降水的同时,通过回灌井点向土层内灌入一定数量的水,形成一道隔水帷幕,从而阻止或减少回灌井点外侧建(构)筑物下的地下水流失,使其地下水位基本不变,土层压力仍处于原始平衡状态,避免因为降水而使地基自重应力增加、地面产生沉降。

回灌方法宜采用管井回灌。回灌井应布置在降水井外侧,回灌井与降水井的距离不宜小于6m;回灌井的间距应根据回灌水量的要求和降水井的间距确定。回灌井点的深度应按降水水位曲线和土层渗透性来确定,一般宜进入稳定水面不小于1m。回灌井过滤器应位于渗透性强的土层中,且宜在透水层全长设置过滤器。回灌水量应根据水位观测孔中水位变化进行控制和调节,回灌后的地下水位不应超过降水前的水位。采用回灌水箱时,其距地面的水头高度应根据回灌水量的要求确定;回灌用水应采用清水,宜用降水井抽水进行回灌。回灌水质应符合环境保护要求。回灌井点布置如图 6-25 所示。

2. 采用砂沟、砂井回灌

该回灌方法是在降水井点与被保护区域之间设置砂井作为回灌井,沿砂井布置一道砂沟,然后将降水井点抽出来的水适时、适量地排入砂沟,再经砂井回灌到地下,从而保证被保护区域地下水位的基本稳定,达到保护环境的目的,实践证明其效果良好。

采用回灌技术时,要防止降水和回灌两井相通,以防降水井点仅抽吸回灌井点的水,而使

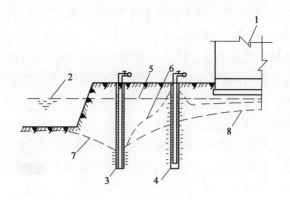

图 6-25 回灌井点布置示意图

1-原有建筑物;2-开挖的基坑;3-降水井点;4-回灌井点;5-原有地下水位线;6-降水和回灌井点间水位线;7-降低后地下水位线;8-仅有降水井点时的地下水位线

基坑内水位无法下降,失去降水的作用。回灌砂沟应设在透水性较好的土层内。

为了实时掌握地下水位的变化,在回灌系统保护范围内设置水位观测井,测量地下水位高程,根据水位调节回灌水量,从而达到控制沉降的目的。

3. 防止抽水带出土粒的措施

为防止土粒随水流被抽吸带出,降水井管的滤管、滤料和滤层厚度均应符合规范要求,并保证施工质量。滤网孔径应根据土的粒径选择,下井管前必须严格检查滤网,发现破损或包扎不牢、不严密应及时修补。滤料粒径应根据土质条件确定,不宜太大,以免失去过滤作用。

4. 采用截水方法控制地下水

基坑截水是在基坑降水场地外侧设置挡水帷幕,切断降水漏斗曲线向基坑外侧延伸的部分,从而减小基坑降水对周围环境的影响范围。截水帷幕宜采用沿基坑周边闭合的平面布置形式。当采用沿基坑周边非闭合的平面布置形式时,应对地下水沿帷幕两端绕流引起的基坑周边建筑物、地下管线、地下构筑物的沉降进行分析。如图 6-26 所示。

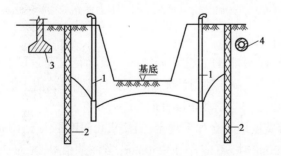

图 6-26 基坑截水帷幕布置示意图

1-井点管;2-截水帷幕;3-坑外建筑物浅基础;4-坑外地下管线

根据工程地质条件、水文地质条件及施工条件等,基坑截水方法可以选用水泥土搅拌桩帷幕、高压旋喷或摆喷注浆帷幕、地下连续墙或咬合式排桩。支护结构采用排桩时,可采用高压旋喷或摆喷注浆与排桩相互咬合的组合帷幕。对碎石土、杂填土、泥炭质土、泥炭、pH 值较低的土地或地下水流速较大时,宜通过试验确定水泥土搅拌桩帷幕、高压喷射注浆帷幕的适用性或外加剂品种及掺量。

1)水泥土搅拌桩帷幕

采用水泥土搅拌桩帷幕时,搅拌桩桩径宜取 450 ~ 800mm。为保证截水效果,搅拌桩桩体应相互搭接、桩体连续。考虑到搅拌桩施工会产生桩位偏差和垂直度偏差,因此当桩长较大时,止水帷幕底端很难达到理想的搭接宽度。但是,当桩体搭接长度过大时,则桩的间距减小,桩的有效部分过少,造成材料浪费并增加工期。因此,为了达到预期的截水效果,搅拌桩的施工偏差应符合下列要求:

①桩位的允许偏差应为 50mm;

②垂直度的允许偏差应为 1%。

搅拌桩的搭接宽度应符合下列规定:

①单排搅拌桩帷幕的搭接宽度:当搅拌深度不大于 10m 时,不应小于 150mm;当搅拌深度为 10 ~ 15m 时,不应小于 200mm;当搅拌深度大于 15m 时,不应小于 250mm。

②对地下水位较高、渗透性较强的地层,宜采用双排搅拌桩截水帷幕;搅拌桩的搭接宽度,当搅拌深度不大于 10m 时,不应小于 100mm;当搅拌深度为 10 ~ 15m 时,不应小于 150mm;当搅拌深度大于 15m 时,不应小于 200mm。图 6-27 为某基坑工程双排水泥搅拌桩止水帷幕平面布置图,搅拌桩直径为 700mm,组与组之间咬合 200mm,排与排之间咬合 100mm。

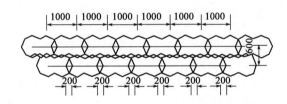

图 6-27　双排水泥搅拌桩止水帷幕平面布置图(尺寸单位:mm)

2)高压旋喷、摆喷注浆帷幕

采用高压旋喷、摆喷注浆帷幕时,注浆固结体有效半径宜通过试验确定。缺少试验时,可根据土的类别及其密实程度、高压喷射注浆工艺,按工程经验采用。摆喷帷幕的喷射方向与摆喷点连线的夹角宜取 10° ~ 25°,摆动角度宜取 20° ~ 30°。

水泥土固结体搭接宽度应符合如下规定:当注浆孔深度不大于 10m 时,不应小于 150mm;当注浆孔深度为 10 ~ 20m 时,不应小于 250mm;当注浆孔深度为 20 ~ 30m 时,不应小于 350mm。对地下水位较高、渗透性较强的地层,可采用双排高压喷射注浆帷幕。单排高压摆喷帷幕如图 6-28 所示。

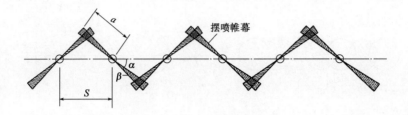

图 6-28　单排高压摆喷帷幕平面形式

高压喷射注浆水泥浆液的水灰比宜取 0.9～1.1，水泥掺量宜取土的天然重度的 25%～40%。当土层中地下水流速高时，宜掺入外加剂改善水泥浆液的稳定性与固结性。

高压喷射注浆应按水泥土固结体的设计有效半径与土的性状选择喷射压力、注浆流量、提升速度、旋转速度等工艺参数，对较硬的黏性土、密实的砂土和碎石土宜取较小提升速度、较大喷射压力。当缺少类似土层条件下的施工经验时，应通过现场工艺试验确定施工工艺参数。

高压喷射注浆截水帷幕施工时应符合下列规定：

（1）采用与排桩咬合的高压喷射注浆截水帷幕时，应先进行排桩施工，后进行高压喷射注浆施工；

（2）高压喷射注浆的施工作业顺序应采用隔孔分序方式，相邻孔喷射注浆的间隔时间不宜小于 24h；

（3）喷射注浆时，应由下而上均匀喷射，停止喷射的位置宜高于帷幕设计顶面 1m；

（4）可采用复喷工艺增大固结体半径、提高固结体强度；

（5）喷射注浆时，当孔口的返浆量大于注浆量的 20% 时，可采用提高喷射压力等措施；

（6）当因喷射注浆的浆液渗漏而出现孔口不返浆的情况时，应将注浆管停置在不返浆处持续喷射注浆，并宜同时采用从孔口填入中粗砂、注浆液掺入速凝剂等措施，直至出现孔口返浆；

（7）喷射注浆后，当浆液析水、液面下降时，应进行补浆；

（8）当喷射注浆因故中途停喷后，继续注浆时应与停喷前的注浆体搭接，其搭接长度不应小于 500mm；

（9）当注浆孔邻近既有建筑物时，宜采用速凝浆液进行喷射注浆；

（10）高压喷射注浆的孔位偏差应为 50mm，注浆孔垂直度偏差应为 ±1.0%；

（11）高压旋喷、摆喷注浆帷幕的施工尚应符合现行行业标准《建筑地基处理技术规范》（JGJ 79—2012）的有关规定。

3）组合帷幕

基坑截水也可以采用水泥土搅拌桩、高压喷射注浆帷幕与排桩咬合的组合帷幕形式。高压喷射注浆与排桩组合的帷幕可采用旋喷、摆喷形式。组合帷幕中支护桩与旋喷、摆喷桩的平面轴线关系应使旋喷、摆喷固结体受力后与支护桩之间有一定的压合面，如图 6-29 所示。

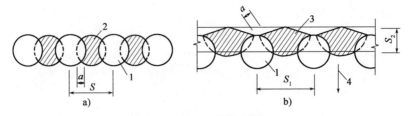

图 6-29　组合截水帷幕平面形式

a)旋喷固结体或搅拌桩与排桩组合帷幕;b)摆喷固结体与排桩组合帷幕

1-支护桩;2-旋喷固结体或搅拌桩;3-摆喷固结体;4-基坑方向

4)止水帷幕的分类

根据止水帷幕底端是否进入下卧隔水层,基坑止水帷幕可以分为两种:落底式止水帷幕和悬挂式止水帷幕。

(1)落底式止水帷幕

当基坑底面以下存在连续分布、埋深较浅的隔水层时,应采用落底式帷幕,如图 6-30所示。

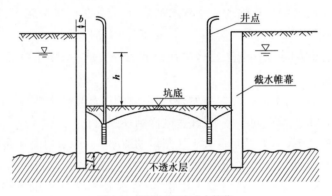

图 6-30　落底式竖向止水帷幕

为了满足地下水绕过止水帷幕底端的渗流稳定性要求,落底式帷幕进入下卧隔水层的深度应满足下式要求,且不宜小于 1.5m:

$$l \geqslant 0.2\Delta h - 0.5b \tag{6-47}$$

式中：　l——帷幕进入隔水层的深度(m)；

Δh——基坑内外的水头差值(m)；

b——止水帷幕的厚度(m)。

(2)悬挂式止水帷幕

当基坑底以下含水层厚度大时,截水帷幕底端无法进入不透水层,即为悬挂式帷幕。采用悬挂式帷幕时,帷幕进入透水层的深度应满足对地下水沿帷幕底端绕流的渗透稳定性要求,并应对帷幕外地下水位下降引起的基坑周边建筑物、地下管线沉降进行分析。当不满足渗透稳定性要求时,应采取增加帷幕深度、设置减压井等防止渗透破坏的措施。

当采用悬挂式止水帷幕时,应同时采用坑内降水,并宜根据水文地质条件结合坑外回灌措施。

四、基坑降水的渗透稳定性分析

1. 基坑突涌的稳定性

当基坑底面以下有承压水存在时,开挖基坑将减小承压含水层上覆不透水层的厚度。当不透水层厚度减小到一定程度时,承压水的水头压力能顶裂或冲毁基坑底板,造成突涌。

突涌发生的形式包括:①基底被顶裂,出现网状或树枝状裂缝,地下水从裂缝中涌出,并带出下部的土颗粒;②基坑底发生流砂现象,从而造成边坡失稳和整个地基悬浮流动。基底发生类似于"沸腾"的喷水现象,使基坑积水,地基土扰动。

如图 6-31 所示,由基坑开挖后不透水层厚度 D 与承压水头压力的平衡条件可知,D 应为:

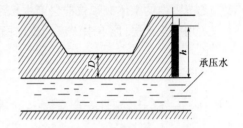

图 6-31 基坑下最小隔水层厚度

$$D = \frac{\gamma_{\mathrm{w}}}{\gamma} \cdot h \qquad (6\text{-}48)$$

式中: D——基坑开挖后不透水层厚度(m);

γ——土的重度($\mathrm{kN/m^3}$);

γ_{w}——水的重度($\mathrm{kN/m^3}$);

h——承压水头高于承压含水层顶板的高度。

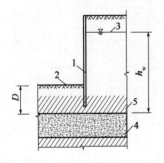

图 6-32 坑底土体的突涌稳定性验算
1-截水帷幕;2-基底;3-承压水测管水位;
4-承压水含水层;5-隔水层

当 $D > \frac{\gamma_{\mathrm{w}}}{\gamma} \cdot h$ 时,基坑不发生突涌。当 $D < \frac{\gamma_{\mathrm{w}}}{\gamma} \cdot h$ 时,就可能发生突涌。

当不透水层厚度 D 不满足要求时,为了防止突涌,应采用减压井降低基坑下部承压水头,防止由于承压水压力引起基坑突涌。

当基坑底面以下有水头高于坑底的承压水含水层,且未用截水帷幕隔断其基坑内外的水力联系时,承压水作用下的坑底突涌稳定性应符合下式规定(图 6-32):

$$\frac{D\gamma}{h_{\mathrm{w}}\gamma_{\mathrm{w}}} \geqslant K_{\mathrm{h}} \qquad (6\text{-}49)$$

式中: K_{h}——突涌稳定安全系数,不应小于1.1;

D——承压水含水层顶面至坑底的土层厚度(m);

γ——承压水含水层顶面至坑底土层的天然重度($\mathrm{kN/m^3}$);对多层土,取按土层厚度加权的平均天然重度;

h_{w}——承压水含水层顶面的压力水头高度(m);

γ_{w}——水的重度($\mathrm{kN/m^3}$)。

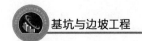
如果相对隔水层顶板低于基底,其上方为砂土等渗透性较强的土层,其重量相对于隔水层起到压重的作用,所以,按上式验算时,隔水层上方的砂土等应按天然重度取值。

2. 流土稳定性

悬挂式止水帷幕底端位于碎石土、砂土或粉土含水层时,由于止水帷幕使基坑内外存在水位差,因此会发生基坑外地下水沿帷幕底端绕行的渗流。当水位差产生的渗流力足够大时,基底局部范围内的土体或颗粒群会产生悬浮、移动的现象,即流土稳定性破坏。

对均质含水层,地下水渗流的流土稳定性应符合下式规定(图6-33):

$$\frac{(2l_{\mathrm{d}} + 0.8D_1)\gamma'}{\Delta h\gamma_{\mathrm{w}}} \geqslant K_{\mathrm{f}} \qquad (6\text{-}50)$$

式中:K_{f}——流土稳定性安全系数;安全等级为一、二、三级的支护结构,K_{f}分别不应小于1.6、

　　　1.5、1.4;

　　l_{d}——止水帷幕在坑底以下的插入深度(m);

　　D_1——潜水面或承压水含水层顶面至基坑底面的土层厚度(m);

　　γ'——土的浮重度(kN/m^3);

　　Δh——基坑内外的水头差(m);

　　γ_{w}——水的重度(kN/m^3)。

对渗透系数不同的非均质含水层,宜采用数值方法进行渗流稳定性分析。

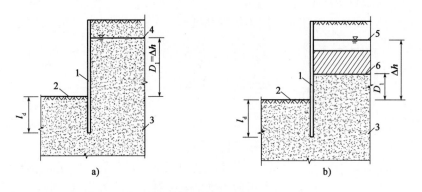

图6-33　采用悬挂式帷幕止水时的流土稳定性验算

1-止水帷幕;2-基坑底面;3-含水层;4-潜水水位;5-承压水测管水位;6-承压含水层顶面

a)潜水;b)承压水

3. 管涌

当基坑底面以下或周围的土层为疏松的砂土层时,地基土在具有一定渗流速度(或水力梯度)的水流作用下,其细小颗粒被冲走,土中的孔隙逐渐增大,慢慢形成一种能穿越地基的细管状渗流通路,从而掏空地基,使之变形、失稳,此现象即为管涌。

管涌多发生在砂性土中,其特征是:颗粒大小差别较大,往往缺少某种粒径;孔隙直径大且互相连通。颗粒多由重度较小的矿物组成,易随水流移动,有较大和良好的渗流通道。因此,基坑底面以下为级配不连续的砂土、碎石土含水层时,应进行土的管涌可能性判别,从而避免

对基坑周围环境造成不利影响。

当基坑可能发生管涌时,可以通过增加基坑截水帷幕的入土深度,使地下水绕帷幕底端的渗流路径长度增加,降低动水水力梯度,防止管涌现象的发生。

思考题与习题

6.1 基坑降水常用的方法有哪些?每种方法的适用条件是什么?

6.2 计算基坑涌水量需要哪些参数?这些参数如何确定?

6.3 什么是轻型井点降水?怎样进行井点布置?

6.4 喷射井点降水的工作原理是什么?

6.5 电渗井点的工作原理是什么?

6.6 如何进行管井井点的平面布置?

6.7 常用井点降水的设计内容和步骤有哪些?

6.8 基坑降水对周围环境的有哪些影响?

6.9 防范基坑降水不利影响的措施有哪些?

6.10 井点回灌技术有哪些主要的构造措施和施工措施?

6.11 某工程开挖矩形基坑,基坑底面尺寸为 $30m \times 50m$,基坑开挖深度4m,地下水位在自然地面以下 $0.5m$ 处,土质为含黏土的中砂,不透水层在地面以下20m,含水层土的渗透系数 $k = 18m/d$,基坑边坡采用1:0.5坡度放坡,试进行轻型井点的设计与布置。

6.12 某基坑工程降水面积 $50m \times 50m$,基坑中心降深 $s = 5m$,土的渗透系数 $k = 10m/d$,含水层厚度为15m,采用一级轻型井点降水,井点埋设深度为8m,过滤器长度 $L = 1.0m$,地下水位埋深 $1.2m$,求基坑总涌水量 Q。

第七章　基坑和边坡工程监测

第一节　概　　述

基坑和边坡工程一般具有土石方量较大、施工周期紧、建设环境复杂、相互影响因素多等特点,现有的土力学理论尚不能完全解决基坑和边坡工程设计中遇到的变形与稳定性问题。要在时间、空间上对基坑和边坡工程的变形与稳定性问题做出准确判断,必须依赖其施工过程和竣工后的现场监测成果。每个基坑和边坡工程都有其自身特点,影响因素和复杂性各不相同,为了确保工程安全,做到技术先进、经济合理和质量可靠,开展监测工作前,应制定专门的监测方案。

一、监测的原因

基坑和边坡支护结构设计虽然根据地质勘察资料和使用要求进行了较为详细的计算,但在工程实践中,与设计与估值相比,实际工程的工作状态往往存在一定的差异,设计与估值还不能全面而准确地反映工程的各种变化,同时在工程现场也可能出现某些偶然因素,所以在理论分析的指导下有计划地进行现场工程监测就显得十分重要。造成设计与估值与实际工作状态差异的主要原因是:

(1)地层性质存在着相当的变异性和离散性,地质勘察所获得的数据还很难准确代表土层的全面总体情况。

(2)对基坑围护结构进行设计和变形预估时,对土层和围护结构本身所做的分析模型构筑计算简化假定,以及参数选用等,与实际状况相比存在一定的近似性和相对误差。

(3)基坑开挖和施筑过程,随着土层开挖标高变化和支撑体系的设置与拆除,围护结构的受力处于经常性的动态变化状况,诸如挖掘机撞击、地面堆载等突发和偶然随机因素,使得结构荷载作用时间和影响范围难以预料。

二、基坑监测的主要目的

由于地质条件可能与设计采用的土体参数不符,且基坑支护结构在施工和使用期间可能出现自然因素和人为因素的变化,因此,必须在基坑开挖和支护施筑期间开展严密的现场监测,以保证工程的顺利进行。归纳起来,开展基坑工程现场监测的目的主要为:

(1)为施工开展提供及时的信息反馈信息。通过监测随时掌握土层和支护结构内力的变化情况,以及邻近建筑物、地下管线和道路的变形情况,将监测数据与设计与估值进行对比、分析,以判断前一步施工工艺和施工参数是否符合预期要求,以确定和优化下一步施工参数,以此达到信息化施工的目的,使得监测数据和成果成为现场施工工程技术人员判别工程是否安全的依据。近年来,这种预警预报式的信息化施工方法成为工程法规,通过政府管理部门指令性推行实施,避免了不少可能发生的工程事故。

(2)为基坑周围环境进行及时、有效地保护提供依据。通过对相邻土层、地下管线、相邻房屋的现场监测,验证基坑开挖方案和环境保护方案的正确性,及时分析出现的问题,及时采取措施对周围环境进一步加强保护。

(3)将监测结果用于反馈优化设计,为改进设计提供依据。基坑工程设计方案的定量化预测计算是否真正反映了工程实际状况,只有在方案实施过程中才能获得最终的答案,其中现场监测是取得上述验证的重要手段。由于各个场地地质条件的不同、施工工艺和周围环境的差异,设计计算中未曾计入的各种复杂因素,都可以通过对现场的监测结果的分析、研究,加以局部的修改、补充和完善,因此,我们应将监测和信息反馈看作设计的一部分,将其作为基坑工程后期设计的重要依据。

(4)通过对监测结果与理论预测值的比较、分析,可以检验设计理论的正确性,因此,监测工作还是发展设计理论的重要手段。

三、边坡监测的主要目的

在交通、矿山、建筑和水利等各个建设领域中,通过边坡工程的监测,可以达到以下目的。

(1)评价边坡施工及其使用过程中边坡的稳定程度,并作出有关预报,为建设单位、施工方及监理提供预报数据,跟踪和控制施工进程,对原有的设计和施工组织的改进提供最直接的依据,对可能出现的险情及时提供报警值,合理采用和调整有关施工工艺和步骤,做到信息化施工和取得最佳经济效益。对于已经或正在滑动的滑坡体掌握其演变过程,及时捕捉崩滑灾害的特征信息,如:崩塌、滑坡的正确分析评价、预测预报及治理工程等,提供可靠的资料和科学依据。

(2)为防治滑坡及可能的滑动和蠕动变形提供技术依据,预测和预报今后边坡的位移、变形的发展趋势,通过监测可对岩土体的时效特性进行相关的研究。通过监测可掌握崩塌、滑坡的变形特征及规律,预测预报崩滑体的边界条件、规模、滑动方向、失稳方式、发生时间及危害性,并及时采取防灾措施,尽量避免和减轻工程和人员的灾害损失。通过监测可为决策部门提供相应参数依据,为有关方面提供相关的信息,以制定相对应的防灾救灾对策。

(3)对已经发生滑动破坏和加固处理后的滑坡,监测结果也是检验崩塌、滑坡分析评价及滑坡处理工程效果的尺度。因而,监测既是崩塌滑坡调查、研究和防治工程的重要组成部分,又是崩滑地质灾害预报信息获取的一种有效手段。通过监测可为决策部门提供相应参数数据,为有关方面提供相应的对策。

(4)为进行有关位移反分析及数值模拟计算提供参数。对于岩土体的特征参数,由于直接通过试验无法直接取得,通过监测工作对实际监测的数据(特别是位移值)建立相关的计算模型,进行有关反分析计算。

第二节　基坑和边坡支护结构监测

一、监测的要求

1. 基坑监测的要求

1）一般规定

（1）基坑工程的现场监测应采用仪器监测与巡视检查相结合的方法。

（2）基坑工程现场监测的对象包括：

①支护结构；

②地下水状况；

③基坑底部及周边土体；

④周边建筑；

⑤周边管线及设施；

⑥周边重要的道路；

⑦其他应监测的对象。

（3）基坑工程的监测项目应与基坑工程设计方案、施工方案相匹配。应抓住关键部位，做到重点观测、项目配套，形成有效的、完整的监测系统。

2）仪器监测

（1）基坑工程仪器监测项目应根据表7-1进行选择。

基坑工程仪器监测项目　　　　　　　　　　　表7-1

监测项目 ＼ 基坑类别	一　级	二　级	三　级
围护墙（边坡）顶部水平位移	应测	应测	应测
围护墙（边坡）顶部竖向位移	应测	应测	应测
深层水平位移	应测	应测	宜测
立柱竖向位移	应测	宜测	宜测
围护墙内力	宜测	可测	可测
支撑内力	应测	宜测	可测
立柱内力	可测	可测	可测
锚杆内力	应测	宜测	可测
土钉内力	宜测	可测	可测
坑底隆起（回弹）	宜测	可测	可测
围护墙侧向土压力	宜测	可测	可测

续上表

监测项目 / 基坑类别		一　级	二　级	三　级
孔隙水压力		宜测	可测	可测
地下水位		应测	应测	应测
土体分层竖向位移		宜测	可测	可测
周边地表竖向位移		应测	应测	宜测
周边建筑	竖向位移	应测	应测	应测
	倾斜	应测	宜测	可测
	水平位移	应测	宜测	可测
周边建筑、地表裂缝		应测	应测	应测
周边管线变形		应测	应测	应测

注:基坑类别的划分按照国家标准《建筑地基基础工程施工质量验收规范》GB(50202)执行。

（2）当基坑周边有地铁、隧道或其他对位移有特殊要求的建筑及设施时,监测项目应与有关管理部门或单位协商确定。

（3）巡视检查:

①基坑工程整个施工期内,每天均应进行巡视检查。

②基坑工程巡视检查宜包括以下内容:

a.支护结构

Ⅰ支护结构成型质量;

Ⅱ冠梁、围檩、支撑有无裂缝出现;

Ⅲ支撑、立柱有无较大变形;

Ⅳ止水帷幕有无开裂、渗漏;

Ⅴ墙后土体有无裂缝、沉陷及滑移;

Ⅵ基坑有无涌土、流砂、管涌。

b.施工工况

Ⅰ开挖后暴露的土质情况与岩土勘察报告有无差异;

Ⅱ基坑开挖分段长度、分层厚度及支锚设置是否与设计要求一致;

Ⅲ场地地表水、地下水排放状况是否正常,基坑降水、回灌设施是否运转正常;

Ⅳ基坑周边地面有无超载。

c.周边环境

Ⅰ周边管道有无破损、泄漏情况;

Ⅱ周边建筑有无新增裂缝出现;

Ⅲ周边道路(地面)有无裂缝、沉陷;

Ⅳ邻近基坑及建筑的施工变化情况。

d. 监测设施

Ⅰ基准点、监测点完好状况;

Ⅱ监测元件的完好及保护情况;

Ⅲ有无影响观测工作的障碍物。

e. 根据设计要求或当地经验确定的其他巡视检查内容

③巡视检查以目测为主,可辅以锤、钎、量尺、放大镜等工器具以及摄像、摄影等设备进行。

④对自然条件、支护结构、施工工况、周边环境、监测设施等的巡视检查情况应做好记录。检查记录应及时整理,并与仪器监测数据进行综合分析。

⑤巡视检查如发现异常和危险情况,应及时通知建设单位及其他相关单位。

2. 边坡监测的要求

(1)边坡塌滑区有重要建(构)筑物的一级边坡工程施工时必须对坡顶水平位移、垂直位移、地表裂缝和坡顶建(构)筑物变形进行监测。

(2)边坡工程应由设计提出监测项目和要求,由建设单位委托有资质的监测单位编制监测方案,监测方案应包括监测项目、监测目的、监测方法、测点布置、监测项目报警值和信息反馈制度等内容,经设计、监理和建设单位等共同认可后实施。

(3)边坡工程可根据安全等级、地质环境、边坡类型、支护结构类型和变形控制要求,按表7-2选择监测项目。

边坡工程监测项目 表 7-2

测 试 项 目	测点布里位置	边坡工程安全等级		
		一级	二级	三级
坡顶水平位移和垂直位移	支护结构顶部或预估支护结构变形最大处	应测	应测	应测
地表裂缝	墙顶背后 $1.0H$(岩质)~$1.5H$(土质)范围内	应测	应测	选测
坡顶建(构)筑物变形	边坡坡顶建筑物基础、墙面和整体倾斜	应测	应测	选测
降雨、洪水与时间关系	—	应测	应测	选测
锚杆(索)拉力	外锚头或锚杆主筋	应测	选测	可不测
支护结构变形	主要受力构件	应测	选测	可不测
支护结构应力	应力最大处	选测	选测	可不测
地下水、渗水与降雨关系	出水点	应测	选测	可不测

注:1. 在边坡塌滑区内有重要建(构)筑物,破坏后果严重时,应加强对支护结构的应力监测。

2. H 为边坡高度,单位 m。

(4)边坡工程监测应符合下列规定:

①坡顶位移观测,应在每一典型边坡段的支护结构顶部设置不少于 3 个监测点的观测网,观测位移量、移动速度和移动方向。

②锚杆拉力和预应力损失监测,应选择有代表性的锚杆(索),测定锚杆(索)应力和预应力损失。

③非预应力锚杆的应力监测根数不宜少于锚杆总数 3% 预应力锚索的应力监测根数不宜

少于锚索总数的 5%,且均不应少于 3 根。

④监测工作可根据设计要求、边坡稳定性、周边环境和施工进程等因素进行动态调整。

⑤边坡工程施工初期,监测宜每天一次,且应根据地质环境复杂程度、周边建(构)筑物、管线对边坡变形敏感程度、气候条件和监测数据调整监测时间及频率;当出现险情时应加强监测。

⑥一级永久性边坡工程竣工后的监测时间不宜少于 2 年。

(5)地表位移监测可采用 GPS 法和大地测量法,可辅以电子水准仪进行水准测量。在通视条件较差的环境下,采用 GPS 监测为主;在通视条件较好的情况下采用大地测量法。边坡变形监测与测量精度应符合现行国家标准《工程测量规范》(GB 50026—2007)的有关规定。

(6)应采取有效措施监测地表裂缝、位错等变化。监测精度对于岩质边坡辨率不应低于 0.50mm、对于土质边坡分辨率不应低于 1.00mm。

(7)对地质条件特别复杂的、采用新技术治理的一级边坡工程,应建立边坡工程长期监测系统。边坡工程监测系统包括监测基准网和监测点建设、监测设备仪器安装和保护、数据采集与传输、数据处理与分析、预测预报或总结等。

(8)边坡工程监测报告应包括下列主要内容:

①边坡工程概况;

②监测依据;

③监测项目和要求;

④监测仪器的型号、规格和标定资料;

⑤测点布置图、监测指标时程曲线图;

⑥监测数据整理、分析和监测结果评述。

二、监测预警值

1. 基坑监测预警值

(1)基坑工程监测必须确定监测报警值,监测报警值应满足基坑工程设计、地下主体结构设计以及周边环境中被保护对象的控制要求。监测报警值应由基坑工程设计方确定。

(2)因围护墙施工、基坑开挖以及降水引起的基坑内外地层位移,应按下列条件控制:

①不得导致基坑的失稳;

②不得影响地下结构的尺寸、形状和地下工程的正常施工;

③对周边已有建筑引起的变形不得超过相关技术规范的要求或影响其正常使用;

④不得影响周边道路、管线、设施等正常使用;

⑤满足特殊环境的技术要求。

(3)基坑工程监测报警值应以监测项目的累计变化量和变化速率值两个值控制。

(4)基坑及支护,结构监测报警值应根据土质特征、设计结果及当地经验等因素确定,当无当地经验时,可按表 7-3 采用。

基坑及支护结构监测报警值

表 7-3

序号	监测项目	支护结构类型	一级			二级			三级		
			累计值		变化速率(mm/d)	累计值		变化速率(mm/d)	累计值		变化速率(mm/d)
			绝对值(mm)	相对基坑深度(h)控制值		绝对值(mm)	相对基坑深度(h)控制值		绝对值(mm)	相对基坑深度(h)控制值	
1	围护墙(边坡)顶部水平位移	放坡、土钉墙、喷锚支护、水泥土墙	30~35	0.3%~0.4%	5~10	50~60	0.6%~0.8%	10~15	70~80	0.8%~1.0%	15~20
		钢板桩、灌注桩、型钢水泥土墙、地下连续墙	25~30	0.2%~0.3%	2~3	40~50	0.5%~0.7%	4~6	60~70	0.6%~0.8%	8~10
2	围护墙(边坡)顶部竖向位移	放坡、土钉墙、喷锚支护、水泥土墙	20~40	0.3%~0.4%	3~5	50~60	0.6%~0.8%	5~8	70~80	0.8%~1.0%	8~10
		钢板桩、灌注桩、型钢水泥土墙、地下连续墙	10~20	0.1%~0.2%	2~3	25~30	0.3%~0.5%	3~4	35~40	0.5%~0.6%	4~5
3	深层水平位移	水泥土墙	30~35	0.3%~0.4%	5~10	50~60	0.6%~0.8%	10~15	70~80	0.8%~1.0%	15~20
		钢板桩	50~60	0.6%~0.7%	2~3	80~85	0.7%~0.8%	4~6	90~100	0.9%~1.0%	8~10
		型钢水泥土墙	50~55	0.5%~0.6%		75~80	0.7%~0.8%		80~90	0.9%~1.0%	
		灌注桩	45~50	0.4%~0.5%		70~75	0.6%~0.7%		70~80	0.8%~0.9%	
		地下连续墙	40~50	0.4%~0.5%		70~75	0.7%~0.8%		80~90	0.9%~1.0%	
4	立柱竖向位移		25~35		2~3	35~45		4~6	55~65		8~10
5	基坑周边地表竖向位移		25~35		2~3	50~60		4~6	60~80		8~10
6	坑底隆起(回弹)		25~35		2~3	50~60		4~6	60~80		8~10
7	土压力		60%f_1~70%f_1			70%f_1~80%f_1			70%f_1~80%f_1		
8	孔隙水压力										
9	支撑内力		60%f_2~70%f_2			70%f_2~80%f_2			70%f_2~80%f_2		
10	围护墙内力										
11	立柱内力										
12	锚杆内力										

注:1. h—基坑设计开挖深度;f_1—荷载设计值;f_2—构件承载能力设计值。

2. 累计值取绝对值和相对基坑深度(h)控制值两者的小值。

3. 当监测项目的变化速率达到表中规定值或连续 3 天超过该值的 70%,应报警。

4. 嵌岩的灌注桩或地下连续墙报警值宜按上表数值的 50% 取用。

（5）周边环境监测报警值的限值应根据主管部门的要求确定，如无具体规定，可按表 7-4 采用。

建筑基坑工程周边环境监测报警值 表 7-4

监测对象	项 目		累计值（mm）	变化速率（mm/d）	备 注
1	地下水位变化		1000	500	—
2	管线位移	刚性管道 压力	10~30	1~3	直接观察点数据
		刚性管道 非压力	10~40	3~5	
		柔性管线	10~40	3~5	—
3	邻近建筑位移		10~60	1~3	
4	裂缝宽度	建筑	1.5~3	持续发展	
		地表	10~15	持续发展	

注：建筑整体倾斜度累计值达到 2/1000 或倾斜速度连续 3 天大于 0.0001H/d（H 为建筑承重结构高度）时报警。

（6）周边建筑、管线的报警值除考虑基坑开挖造成的变形外，尚应考虑其原有变形的影响。

（7）当出现下列情况之一时，必须立即进行危险报警，并对基坑支护结构和周边环境中的保护对象采取应急措施。

①当监测数据达到监测报警值的累计值；

②基坑支护结构或周边土体的位移突然明显增长或基坑出现流砂、管涌、隆起、陷落或较严重的渗漏等；

③基坑支护结构的支撑或锚杆体系出现过大变形、压屈、断裂、松弛或拔出的迹象；

④周边建筑的结构部分、周边地面出现较严重的突发裂缝或危害结构的变形裂缝；

⑤周边管线变形突然明显增长或出现裂缝、泄漏等；

⑥根据当地工程经验判断，出现其他必须进行危险报警的情况。

2. 边坡监测预警值

边坡工程施工过程中及监测期间遇到下列情况时应及时报警，并采取相应的应急措施：

（1）有软弱外倾结构面的岩土边坡支护结构坡顶有水平位移迹象或支护结构受力裂缝有发展；无外倾结构面的岩质边坡或支护结构构件的最大裂缝宽度达到国家现行相关标准的允许值；土质边坡支护结构坡顶的最大水平位移已大于边坡开挖深度的 1/500 或 20mm，以及其水平位移速度已连续 3d 大于 2mm/d。

（2）土质边坡坡顶邻近建筑物的累计沉降、不均匀沉降或整体倾斜已大于现行国家标准《建筑地基基础设计规范》（GB 50007—2011）规定允许值的 80%，或建筑物的整体倾斜度变化速度已连续 3d 且每天大于 0.00008。

（3）坡顶邻近建筑物出现新裂缝、原有裂缝有新发展。

（4）支护结构中有重要构件出现应力骤增、压屈、断裂、松弛或破坏的迹象。

（5）边坡底部或周围岩土体已出现可能导致边坡剪切破坏的迹象或其他可能影响安全的征兆。

（6）根据当地工程经验判断已出现其他必须报警的情况。

三、监测点布置

1．基坑监测点布置

1）一般规定

（1）基坑工程监测点的布置应能反映监测对象的实际状态及其变化趋势，监测点应布置在内力及变形关键特征点上，并应满足监控要求。

（2）基坑工程监测点的布置应不妨碍监测对象的正常工作，并应减少对施工作业的不利影响。

（3）监测标志应稳固、明显、结构合理，监测点的位置应避开障碍物，便于观测。

2）基坑及支护结构

（1）围护墙或基坑边坡顶部的水平和竖向位移监测点应沿基坑周边布置，周边中部、阳角处应布置监测点。监测点水平和竖向间距不宜大于20m，每边监测点数目不宜少于3个。水平和竖向位移监测点宜为共用点，监测点宜设置在围护墙顶或基坑坡顶上。

（2）围护墙或土体深层水平位移监测孔宜布置在基坑周边的中部、阳角处及有代表性的部位。监测点间距宜为20~50m，每边监测点数目不应少于1个。

用测斜仪观测深层水平位移时，当测斜管埋设在围护墙体内，测斜管长度不宜小于围护墙的深度；当测斜管埋设在土体中，测斜管长度不宜小于基坑开挖深度的1.5倍，并应大于围护墙的深度。以测斜管底为固定起算点时，管底应嵌入稳定的土体中。

（3）围护墙内力监测点应布置在受力、变形较大且有代表性的部位。监测点数量和横向间距视具体情况而定。竖直方向监测点应布置在弯矩极值处，竖向间距宜为2~4m。

（4）支撑内力监测点的布置应符合下列要求：

①监测点宜设置在支撑内力较大或在整个支撑系统中起控制作用的杆件上。

②每层支撑的内力监测点不应少于3个，各层支撑的监测点位置宜在竖向保持一致。

③根据选择的测试仪器特点，钢支撑的监测截面宜布置在两支点间1/3部位或支撑的端头；混凝土支撑的监测截面宜布置在两支点间1/3部位，并避开节点位置。

④每个监测点截面内传感器的设置数量及布置应满足不同传感器测试要求。

（5）立柱的竖向位移监测点宜布置在基坑中部、多根支撑交汇处、地质条件复杂处的立柱上。监测点不应少于立柱总根数的5%，逆作法施工的基坑不应少于10%，并均不应少于3根。立柱的内力监测点宜布置在受力较大的立柱上，位置宜设在坑底以上各层立柱下部的1/3部位。

（6）锚杆的内力监测点应选择在受力较大且有代表性的位置，基坑每边中部、阳角处和地质条件复杂的区段宜布置监测点。每层锚杆的内力监测点数量应为该层锚杆总数的1%~3%，并不应少于3根。各层监测点位置在竖向上宜保持一致。每根杆体上的测试点宜设置在锚头附近和受力有代表性的位置。

（7）土钉的内力监测点应选择在受力较大且有代表性的位置，基坑每边中部、阳角处和地质条件复杂的区段宜布置监测点。监测点数量和间距视具体情况而定，各层监测点位置在竖向上宜保持一致。每根杆体上的测试点应设置在受力有代表性的位置。

（8）坑底隆起（回弹）监测点应符合下列要求：

①监测点宜按纵向或横向剖面布置，剖面宜选择在基坑的中央以及其他能反映变形特征的位置，剖面数量不应少于2个；

②同一剖面上监测点横向间距宜为10～30m，数量不应少于3个。

（9）围护墙侧向土压力监测点的布置应符合下列要求：

①监测点应布置在受力、土质条件变化较大或其他有代表性的部位。

②平面布置上基坑每边不宜少于2个监测点。在竖向布置上，监测点间距宜为2～5m，下部宜加密。

③当按土层分布情况布设时，每层应至少布设1个测点，且布置在各层土的中部。

（10）孔隙水压力监测点宜布置在基坑受力、变形较大或有代表性的部位。监测点竖向布置宜在水压力变化影响深度范围内按土层分布情况布设，竖向间距宜为2～5m，数量不宜少于3个。

（11）地下水位监测点的布置应符合下列要求：

①基坑内地下水位当采用深井降水时，水位监测点宜布置在基坑中央和两相邻降水井的中间部位；当采用轻型井点、喷射井点降水时，水位监测点宜布置在基坑中央和周边拐角处，监测点数量视具体情况确定。

②基坑外地下水位监测点应沿基坑、被保护对象的周边或两者之间布置，监测点间距宜为20～50m。相邻建筑、重要的管线或管线密集处应布置水位监测点；如有止水帷幕，宜布置在止水帷幕的外侧约2m处。

③水位观测管的管底埋置深度应在最低设计水位或最低允许地下水位之下3～5m。承压水水位监测管的滤管应埋置在所测的承压含水层中。

④回灌井点观测井应设置在回灌井点与被保护对象之间。

3）基坑周边环境

（1）从基坑边缘以外1～3倍基坑开挖深度范围内需要保护的周边环境应作为监测对象。必要时尚应扩大监测范围。

（2）位于重要保护对象安全保护区范围内的监测点的布置，尚应满足相关部门的技术要求。

（3）建筑的竖向位移监测点布置应符合下列要求：

①建筑四角、沿外墙每10～15m处或每隔2～3根柱基上，且每侧不少于3个监测点；

②不同地基或基础的分界处；

③不同结构的分界处；

④变形缝、抗震缝或严重开裂处的两侧；

⑤新、旧建筑或高、低建筑交接处的两侧；

⑥烟囱、水塔和大型储仓罐等高耸构筑物基础轴线的对称部位，每一构筑物不应少于4点。

（4）建筑水平位移监测点应布置在建筑的外墙墙角、外墙中间部位的墙上或柱上、裂缝两侧以及其他有代表性的部位，监测点间距视具体情况而定，一侧墙体的监测点不宜少于3点。

（5）建筑倾斜监测点应符合下列要求：

①监测点宜布置在建筑角点、变形缝两侧的承重柱或墙上;

②监测点应沿主体顶部、底部上下对应布设,上、下监测点应布置在同一竖直线上;

③当由基础的差异沉降推算建筑倾斜时,监测点的布置同建筑竖向位移监测点的布置。

(6)建筑裂缝、地表裂缝监测点应选择有代表性的裂缝进行布置,当原有裂缝增大或出现新裂缝时,应及时增设监测点。每一条裂缝的测点至少设 2 组,测点宜设置在裂缝的最宽处及裂缝末端。

(7)管线监测点的布置应符合下列要求:

①应根据管线修建年份、类型、材料、尺寸及现状等情况,确定监测点设置;

②监测点宜布置在管线的节点、转角点和变形曲率较大的部位,监测点平面间距宜为 15 ~ 25m,并宜延伸至基坑边缘以外 1 ~ 3 倍基坑开挖深度范围内的管线;

③上水、煤气、暖气等压力管线宜设置直接监测点,在无法埋设直接监测点的部位,方可设置间接监测点。

(8)基坑周边地表竖向位移监测剖面宜设在坑边中部或其他有代表性的部位,并与坑边垂直,监测剖面数量视具体情况确定。每个监测剖面上的监测点数量不宜少于 5 个。

(9)土体分层竖向位移监测孔应布置在靠近被保护对象且有代表性的部位,数量视具体情况确定。测点在竖向上宜设置在各层土的界面上,也可等间距设置。测点深度、测点数量应根据具体情况确定。

2. 边坡监测点布置

(1)测线布置。首先应确定主要监测的范围,在该范围中按监测方案的要求,确定主要滑动方向,按主滑动方向及滑动面范围确定测线,然后选取典型断面,布置测线,再按测线布置相应观测点。对于不同工程背景的边坡工程,一般在布置测点时均有所不同。十字形布置方法对于主滑方向和变形范围明确的边坡较为适合和经济,通常在主滑方向上布设深部位移监测孔,这样可以利用有限的工作量满足边坡工程监测的要求。而放射线布置更适用于边坡中主滑方向和变形范围不能明确估计的边坡,在布置测线时,可考虑不同方向交叉布置深部位移监测孔,这样可以利用有限的工作量满足边坡工程监测的要求。

(2)监测网的形成。考虑平面及空间的展开布置,各个测线按一定规律形成监测网。监测网的形成可能是一次完成,也可分阶段按不同时期和不同要求形成。监测网的形成不但在平面上,更重要的是应体现在空间上的展开布置,如:主滑面和可能滑动面上、地质分层及界限面、不同风化带上都应有测点,这样可以使监测工作在不同阶段做到有的放矢。

(3)局部加强。对于关键部位如可能形成的滑动带,重点监测部位和可疑点应加强监测工作,在这些点上加密布点。

总之,边坡工程监测总体设计的技术思想必须有:①针对岩土体变形特征,采用多方案,多手段监测,使其互相补充和检校;②选用常规与远距离监测、机械法测试与电测、地表与地下相结合的监测技术和方法;③形成点、线、面立体的监测网络和警报系统。在边坡工程监测的过程中,监测方案必须及时调整,使监测工作能有效地监测边坡工程的岩土变形的动态变化和发展趋势,具体了解和掌握其演变过程,及时捕捉崩滑灾害的特征信息,预报崩滑险情,防患于未然。同时为危岩的稳定性评价和防治提供可靠依据。

四、监测仪器

1. 基坑监测仪器

1）一般规定

（1）监测方法的选择应根据基坑类别、设计要求、场地条件、当地经验和方法适用性等因素综合确定,监测方法应合理易行。

（2）变形测量点分为基准点、工作基点和变形监测点。其布设应符合下列要求：

①每个基坑工程至少应有3个稳定、可靠的点作为基准点；

②工作基点应选在相对稳定和方便使用的位置。在通视条件良好、距离较近、观测项目较少的情况下,可直接将基准点作为工作基点；

③监测期间,应定期检查工作基点和基准点的稳定性。

（3）监测仪器、设备和元件应满足观测精度和量程的要求,具有良好的稳定性和可靠性；应经过校准或标定,且校核记录和标定资料齐全,并应在规定的校准有效期内使用。监测过程中应定期进行监测仪器、设备的维护保养、检测以及监测元件的检查。

（4）对同一监测项目,监测时宜符合下列要求：

①采用相同的观测方法和观测路线；

②使用同一监测仪器和设备；

③固定观测人员；

④在基本相同的环境和条件下工作。

（5）监测项目初始值应在相关施工工序之前测定,并取至少连续观测3次的稳定值的平均值。

（6）地铁、隧道等其他基坑周边环境的监测方法和监测精度应符合相关标准的规定以及主管部门的要求。

（7）除使用本规范规定的监测方法外,亦可采用能达到本规范规定精度要求的其他方法。

2）水平位移监测

（1）测定特定方向上的水平位移时可采用视准线法、小角度法、投点法等；测定监测点任意方向的水平位移时可视监测点的分布情况,采用前方交会法、后方交会法、极坐标法等；当测点与基准点无法通视或距离较远时,可采用GPS测量法或三角、三边、边角测量与基准线法相结合的综合测量方法。

（2）水平位移监测基准点的埋设应按现行标准《建筑变形测量规范》（JGJ 8—2016）执行,宜设置有强制对中的观测墩,并宜采用精密的光学对中装置,对中误差不宜大于0.5mm。

（3）基坑围护墙（边坡）顶部水平位移监测精度,应根据围护墙（边坡）顶部水平位移报警值按表7-5确定。

基坑围护墙（边坡）顶部水平位移监测精度要求（mm） 表7-5

水平位移报警值（mm）	≤30	30~60	>60
监测点坐标中误差	≤1.5	≤3.0	≤6.0

注：1. 监测点坐标中误差,系指监测点相对测站点（如工作基点等）的坐标中误差,为点位中误差的 $\frac{1}{\sqrt{2}}$。

2. 本规范以中误差作为衡量精度的标准。

（4）管线水平位移监测的精度不宜低于1.5mm。

3）竖向位移监测

（1）竖向位移监测可采用几何水准或液体静力水准等方法。

（2）坑底隆起（回弹）宜通过设置回弹监测标，采用几何水准并配合传递高程的辅助设备进行监测，传递高程的金属杆或钢尺等应进行温度、尺长和拉力等项修正。

（3）围护墙（边坡）顶部、立柱及基坑周边地表的竖向位移监测精度，应根据竖向位移报警值按表7-6确定。

围护墙（边坡）顶部、立柱及基坑周边地表的竖向位移监测精度要求（mm）　　　表7-6

竖向位移报警值	≤20（35）	20~40（35~60）	≥40（60）
监测点测站高差中误差	≤0.3	≤0.5	≤1.0

注：1. 监测点测站高差中误差系指相应精度与视距的几何水准测量单程一测站的高差中误差。

2. 括号内数值对应于立柱及基坑周边地表的竖向位移报警值。

（4）管线竖向位移监测的精度不宜低于1.0mm。

（5）坑底隆起（回弹）监测的精度应符合表7-7的要求。

坑底隆起（回弹）监测的精度要求（mm）　　　表7-7

坑底回弹（隆起）报警值	≤40	40~60	60~80
监测点测站高差中误差	≤1.0	≤2.0	≤3.0

（6）各监测点与水准基准点或工作基点应组成闭合环路或附合水准路线。

4）深层水平位移监测

（1）围护墙深层水平位移的监测宜采用在墙体或土体中预埋测斜管、通过测斜仪观测各深度处水平位移的方法。

（2）测斜仪的系统精度不宜低于0.25mm/m，分辨率不宜低于0.02mm/500mm。

（3）测斜管应在基坑开挖1周前埋设，埋设时应符合下列要求：

①埋设前应检查测斜管质量，测斜管连接时应保证上、下管段的导槽相互对准、顺畅，各段接头及管底应保证密封。

②测斜管埋设时应保持竖直，防止发生上浮、断裂、扭转；测斜管一对导槽的方向应与所需测量的位移方向保持一致。

③当采用钻孔法埋设时，测斜管与钻孔之间的孔隙应填充密实。

（4）测斜仪探头置入测斜管底后，应待探头接近管内温度时再量测，每个监测方向均应进行正、反两次量测。

（5）当以上部管口作为深层水平位移的起算点时，每次监测均应测定管口坐标的变化并修正。

5）倾斜监测

（1）建筑倾斜观测应根据现场观测条件和要求，选用投点法、前方交会法、激光铅直仪法、垂吊法、倾斜仪法和差异沉降法等。

（2）建筑倾斜观测精度应符合现行标准《工程测量规范》（GB 50026—2007）及《建筑变形测量规范》（JGJ 8—2016）的有关规定。

6）裂缝监测

（1）裂缝监测应监测裂缝的位置、走向、长度、宽度，必要时尚应监测裂缝深度。

（2）基坑开挖前应记录监测对象已有裂缝的分布位置和数量，测定其走向、长度、宽度和深度等情况，监测标志应具有可供量测的明晰端面或中心。

（3）裂缝监测可采用以下方法：

①裂缝宽度监测宜在裂缝两侧贴埋标志，用千分尺或游标卡尺等直接量测，也可用裂缝计、粘贴安装千分表量测或摄影量测等；

②裂缝长度监测宜采用直接量测法；

③裂缝深度监测宜采用超声波法、凿出法等。

（4）裂缝宽度量测精度不宜低于 $0.1\mathrm{mm}$，裂缝长度和深度量测精度不宜低于 $1\mathrm{mm}$。

7）支护结构内力监测

（1）支护结构内力可采用安装在结构内部或表面的应变计或应力计进行量测。

（2）混凝土构件可采用钢筋应力计或混凝土应变计等量测；钢构件可采用轴力计或应变计等量测。

（3）内力监测值应考虑温度变化等因素的影响。

（4）应力计或应变计的量程宜为设计值的 2 倍，精度不宜低于 $0.5\%\mathrm{F}\cdot\mathrm{S}$，分辨率不宜低于 $0.2\%\mathrm{F}\cdot\mathrm{S}$。

（5）内力监测传感器埋设前应进行性能检验和编号。

（6）内力监测传感器宜在基坑开挖前至少 1 周埋设，并取开挖前连续 2d 获得的稳定测试数据的平均值作为初始值。

8）土压力监测

（1）土压力宜采用土压力计量测。

（2）土压力计的量程应满足被测压力的要求，其上限可取设计压力的 2 倍，精度不宜低于 $0.5\%\mathrm{F}\cdot\mathrm{S}$，分辨率不宜低于 $0.2\%\mathrm{F}\cdot\mathrm{S}$。

（3）土压力计埋设可采用埋入式或边界式。埋设时应符合下列要求：

①受力面与所监测的压力方向垂直并紧贴被监测对象；

②埋设过程中应有土压力膜保护措施；

③采用钻孔法埋设时，回填应均匀密实，且回填材料宜与周围岩土体一致；

④做好完整的埋设记录。

（4）土压力计埋设以后应立即进行检查测试，基坑开挖前应至少经过 1 周时间的监测并取得稳定初始值。

9）孔隙水压力监测

（1）孔隙水压力宜通过埋设钢弦式或应变式等孔隙水压力计测试。

（2）孔隙水压力计应满足以下要求：量程满足被测压力范围的要求，可取静水压力与超孔隙水压力之和的 2 倍；精度不宜低于 $0.5\%\mathrm{F}\cdot\mathrm{S}$，分辨率不宜低于 $0.2\%\mathrm{F}\cdot\mathrm{S}$。

（3）孔隙水压力计埋设可采用压入法、钻孔法等。

（4）孔隙水压力计应事前埋设，埋设前应符合下列要求：

①孔隙水压力计应浸泡饱和，排除透水石中的气泡；

②核查标定数据，记录探头编号，测读初始读数。

（5）采用钻孔法埋设孔隙水压力计时,钻孔直径宜为 110~130mm,不宜使用泥浆护壁成孔,钻孔应圆直、干净;封口材料宜采用直径 10~20mm 的干燥膨润土球。

（6）孔隙水压力计埋设后应测量初始值,且宜逐日量测 1 周以上并取得稳定初始值。

（7）应在孔隙水压力监测的同时测量孔隙水压力计埋设位置附近的地下水位。

10）地下水位监测

（1）地下水位监测宜通过孔内设置水位管,采用水位计进行量测。

（2）地下水位量测精度不宜低于 10mm。

（3）潜水水位管应在基坑施工前埋设,滤管长度应满足量测要求;承压水位监测时被测含水层与其他含水层之间应采取有效的隔水措施。

（4）水位管宜在基坑开始降水前至少 1 周埋设,并逐日连续观测水位取得稳定初始值。

11）锚杆及土钉内力监测

（1）锚杆和土钉的内力监测宜采用专用测力计、钢筋应力计或应变计,当使用钢筋束时宜监测每根钢筋的受力。

（2）专用测力计、钢筋应力计和应变计的量程宜为对应设计值的 2 倍,量测精度不宜低于 0.5%F·S,分辨率不宜低于 0.2%F·S。

（3）锚杆或土钉施工完成后应对专用测力计、应力计或应变计进行检查测试,并取下一层土方开挖前连续 2d 获得的稳定测试数据的平均值作为其初始值。

12）土体分层竖向位移监测

（1）土体分层竖向位移可通过埋设分层沉降磁环或深层沉降标,采用分层沉降仪结合水准测量方法进行量测。

（2）分层竖向位移标应在基坑开挖前至少 1 周埋设。沉降磁环可通过钻孔和分层沉降管定位埋设。沉降管安置到位后应使磁环与土层黏结牢固。

（3）土体分层竖向位移的初始值应在分层竖向位移标埋设稳定后量测,稳定时间不应少于 1 周并获得稳定的初始值;监测精度不宜低于 1.5mm。

（4）每次测量应重复进行 2 次并取其平均值作为测量结果,2 次读数较差应不大于 1.5mm。

（5）采用分层沉降仪法监测时,每次监测均应测定管口高程的变化,并换算出测管内各监测点的高程。

2.边坡监测仪器

1）一般规定

（1）仪器选型的原则

①可靠、适用;

②具有工程所要的精度、量程、直线性和重复性;

③施工期安全监测仪器应力求结构、安装和操作简单,价格便宜;

④兼顾自动化监测的需要;

⑤仪器类型宜尽量单一;

⑥综合比较。

（2）根据检测内容的不同选择不同的仪器

具体如下：

①变形监测：经纬仪和水准仪、垂线坐标仪、表面倾斜仪、测缝计、收敛计等；

②爆破影响监测：低频仪器地震检波器等；

③渗流渗压监测：渗压计测量、量水堰；

④雨量监测：雨量计或附近水文站的实测资料；

⑤河水位监测江河水位的监测：水位自测，或向附近的水文站索取所需资料；

⑥松动范围的监测：声波仪配换能器。

2）边坡变形监测

（1）地面变形监测

地面变形监测是边坡监测中的常规监测项目，通常应用的仪器有两类：

一是大地测量（精度高的）仪器，如红外线仪、经纬仪、水准仪、全站仪、GPS 等；

二是专门用于边坡变形监测的设备，如裂缝计、钢带和标桩、地面位移伸长计和全自动无线边坡监测系统、光纤应变监测系统等。

地面变形监测主要采用边坡工程监测方法中的设站观测法和仪表观测法，包括：大地测量法、摄影测量法、测量机器人监测系统、自动化监测网、光纤应变监测系统。

①大地测量法

大地测量法是在变形边坡地区设置观测桩、站、网，在变形边坡以外的稳定地段设置固定站进行观测。一般采用十字形观测网、放射形观测网、方格形观测网等。

②摄影测量法

摄影测量法是用地面摄影经纬仪，在不同的时间内，对边坡进行摄影测量，适用于大面积边坡的移动测量。优点是：它测量的不是边坡上个别观测点的移动，而是整个观测视野内边坡上所有点的移动；对人员不能到达的地方也能测量。摄影测量精度主要取决于 y 距（又称纵距）及摄影经纬仪的焦距。一般来说，纵距越小，精度越高，焦距越长，精度越高。

③测量机器人监测系统

机器人监测系统，具有自动识别目标的 ATR（Automatic Target Recognition）功能，能自动搜索、照准目标，实现角度、距离的全自动化测量，从而改进传统的变形监测方法、完善传统的变形监测理论、减轻劳动工作强度等。

④自动化监测网（3S 技术）

光纤应变监测系统，按光的载体可分为基于拉曼散射的分布式光纤检测系统、基于瑞利散射的分布式光纤监测系统和基于布里渊散射的分布式光纤检测系统（BOTDR）等三种形式。

（2）边坡表面裂缝量测

山坡和建筑物（挡土墙、房屋、水沟、路面等）上的裂缝是滑坡变形最明显的标志。对这些裂缝进行监测是最简单易行又最直接的监测，在整个监测系统中是首先要采用的。其监测的主要方法有：简易监测法、垂球法、建筑物裂缝贴片监测、滑坡裂缝和位移监测。

（3）边坡岩体表面移动的观测

测量装置主要有：简易装置、地面伸长计、钢绳伸长计等。

简易装置是指在边坡表面上观测岩体移动的简单的测量工具，一般不需要特殊的仪器设备,可以在位移地点进行观测,直接找出量测数据或经过简单计算后得出测量的结果。

(4)边坡深部位移和滑动面监测

①简单地下位移监测

简单地下位移监测分为塑料管钢棒观测法、变形井监测、剪切带。

②应变管监测

应变管是将电阻应变片粘贴在硬质聚氯乙烯管或金属管上,埋入钻孔中,管外充填密实,管随滑坡位移而变形,电阻应变片的电阻值也跟着变化,由此分析判断出地下位移和滑动面的位置。

③固定式钻孔测斜仪监测

从20世纪50年代开始人们就着手研制测斜仪,通过放入钻孔中测定土体的侧向位移,先后出现过多种形式,目前较多采用的有三种,包括惠斯登电桥摆锤式、应变计式与加速度计式三种,一个探头测一个平面方向的变化,对于双轴情况采用两个探头。

④钻孔伸长计监测

钻孔内测量岩体移动时,常采用钻孔伸长计测量钻孔轴向的位移量。伸长计既可用来进行岩体浅部的位移量测,也可用来进行岩体深部的位移量测。

⑤活动式测斜仪监测

钻孔倾斜仪运用到边坡工程中的时间不长,它是测量垂直钻孔内测点相对于孔底的位移(钻孔径向)。观测仪器一般稳定可靠,测量深度可达百米且能连续测出钻孔不同深度的相对位移的大小和方向。因此,这类仪器是观测岩体深部位移、确定潜在滑动面和研究边坡变形规律较理想的手段,目前在边坡深部位移量测中得到广泛采用。如大冶铁矿边坡、长江新滩滑坡、黄蜡石滑坡、链子崖岩体破坏等均运用了此类仪器进行岩土深层位移观测。

3)边坡应力监测

边坡处治监测中的应力监测包括:边坡内部应力监测、支护结构应力监测、锚杆(索)预应力监测。

(1)边坡内部应力测试

坡内部应力监测可通过压力盒量测滑带承重阻滑受力和支挡结构(如抗滑桩等)受力,以了解边坡体传递给支挡工程的压力以及支护结构的可靠性。值得注意的是埋设接触不良可使压力盒失效或测值很小 ,以及压力盒的性能,直接影响压力测量值的可靠性和精确度。

(2)岩石边坡地应力监测

边坡地应力监测主要是针对大型岩石边坡工程,为了了解边坡地应力或在施工过程中地应力变化而进行的一项重要监测工作。地应力监测包括绝对应力测量和地应力变化监测。

(3)边坡锚固应力测试

锚固应力测试主要包括:锚杆轴力的量测、预应力锚索应力监测 、绝对应力测量、地应力变化监测。

4)边坡地下水监测

地下水是边坡失稳的主要诱发因素,对边坡工程而言,地下水动态监测也是一项重要的监测内容,特别是对于地下水丰富的边坡,应特别引起重视。地下水动态监测以了解地下水位为主,根据工程要求,可进行地下水孔隙水压力、扬压力、动水压力、地下水水质监测等。

（1）地下水位监测

我国在 20 世纪 90 年代初成功研制了 WLT – 1020 地下水位动态监测仪,后又经过两次改进,现在性能已日臻完善。该仪器能对地下水水位和水温动态变化进行长期自动监测,也能监测河流和水库的水位变化,并能对各种塔罐内的液位和温度自动监测,广泛应用于水文地质、环境地质、地质灾害预测预报、环境保护、水资源管理、地热开采井监测、水利、矿区水文等领域。

（2）孔隙水压力监测

在边坡工程中的孔隙水压力是评价和预测边坡稳定性得一个重要因素,因此需要在现场埋设仪器进行观测。目前监测孔隙水压力主要采用孔隙水压力监测仪,根据测试原理可分为四类:①液压式孔隙水压力仪;②电气式孔隙水压力仪;③气压式孔隙水压力仪;④钢弦式孔隙水压力仪。

孔隙水压力的观测点的布置视边坡工程具体情况确定,一般的布置原则是将多个仪器分别埋于不同观测点的不同深度处,形成一个观测剖面以观测孔隙水压力的空间分布。

埋设仪器可采用钻孔法或压入法,以钻孔法为主,压入法只适用于软土层。用钻孔法时,先于孔底填少量砂,置入测头之后再在其周围和上部填砂,最后用膨胀黏土球将钻孔全部严密封好。由于两种方法都不可避免地会改变土体中的应力和孔隙水压力的平衡条件,需要一定时间才能使这种改变恢复到原来状态,所以应提前埋设仪器。

第三节　监测工程实例

一、基坑工程监测实例

1. 大众汽车基坑工程监测

1）工程概况

开挖深度:7.15m;

挡土结构:$\phi650@800$ 灌注桩,桩长 13m;

支撑:609 钢管;

止水帷幕:$\phi700@500$（双头）搅拌桩,桩长 12m。

2）环境条件

西侧电缆沟:距基坑净距约 1.52m,埋深 1.35m;

工程桩（灌注桩和树根桩）:基坑内外都有,已打好。

3）监测主要目的

①确保基坑稳定和施工的安全;

②控制基坑内外承台桩基的位移;

③有效保护电缆沟。

4）监测内容及仪器

①围护墙顶水平位移：J2-2 光学经纬仪；

②围护墙顶沉降：DSZ2 自动安平水准仪配 FS1 测微计；

③围护墙体水平位移：SX-20 型伺服式测斜仪；

④钢支撑轴力：FLJ40 型轴力计配 VW-1 振弦频率；

⑤电缆沟水平位移：J2-2 光学经纬仪；

⑥电缆沟沉降：DSZ2 自动安平水准仪配 FS1 测微计。

测点布置如图 7-1 所示。

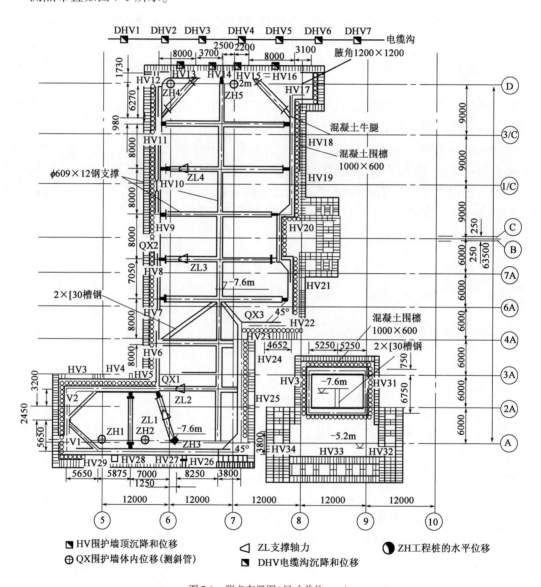

图 7-1　测点布置图(尺寸单位：mm)

5）监测预警值与预警制度

监测预警值见表 7-8。

监 测 预 警 值 表7-8

观测项目	围护桩顶水平位移(mm)	围护桩顶沉降(mm)	围护桩体水平变形(mm)	钢支撑轴力(kN)	工程桩水平位移(mm)
预警值	20	20	25	2000	20

超过预警值的80%时,在日报表中注明;达到预警值,除在日报表中注明外,专门出文通知有关各方。

6)监测结果及分析

围护桩体和土体深层侧向位移曲线如图7-2所示。

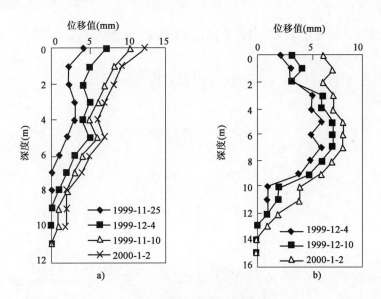

图7-2 围护桩体和土体深层侧向位移曲线
a)测斜管1;b)测斜管2

钢支撑轴力时程曲线如图7-3所示。

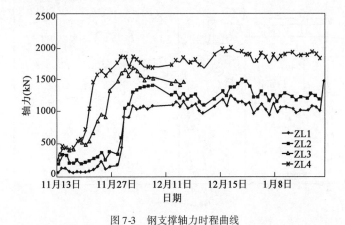

图7-3 钢支撑轴力时程曲线

7)结论

①支撑拆除前,个别围护桩顶沉降达到预警值,基坑稳定;

②支撑拆除后,局部围护桩顶沉降和水平位移超过预警值,基坑整体仍稳定;

③局部测点超过预警值是由于基坑换撑的设计和施工做得不太好造成的。

2. 木渎港泵闸基坑工程监测

1）工程概况

基坑规模:深度8.05m,长120m,宽45m;

南侧放坡:按1:2坡度放坡8m,留5m宽的缓冲平台,再按1:2坡度放坡8m,坡脚用搅拌桩加固宽2m、深4m的区域。北侧:先按1:1坡度放坡1m,将围护结构标高降低1m。

2）环境条件

北侧西部:5层办公楼及4层厂房各1栋,靠近建筑物的最小处仅1.9m。

3）监测主要目的

确保基坑稳定和施工的安全;有效保护5层办公楼及4层厂房。

4）监测内容及仪器

测点布置如图7-4所示。

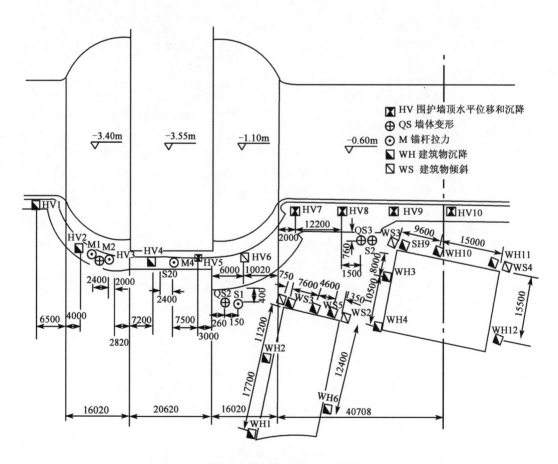

图7-4　测点布置图(高程单位:m;尺寸单位:mm)

①围护墙顶水平位移:J2-2光学经纬仪;

②围护墙顶沉降:DSZ2 自动安平水准仪配 FS1 测微计;

③围护墙体水平变形:SX-20 型伺服式测斜仪;

④土层锚杆拉力:钢筋应力计配便携式数字频率计;

⑤周围建筑物倾斜:J2-2 光学经纬仪;

⑥周围建筑物沉降:DSZ2 自动安平水准仪配 FS1 测微计;

⑦周围建筑物裂缝:裂缝计;

⑧基坑内外地下水位:钢尺。

5)监测预警值

监测预警值见表 7-9。

监 测 预 警 值　　　　　　　　　　　　　　表 7-9

观测项目	围护桩顶水平位移（mm）	围护桩顶沉降（mm）	围护桩体水平变形（mm）	土层锚杆拉力（kN）	建筑物沉降（mm）	建筑物倾斜
预警值	100(50)	100	100	295	30	0.004

6)监测结果及分析

监测结果如图 7-5 ~ 图 7-7 所示。

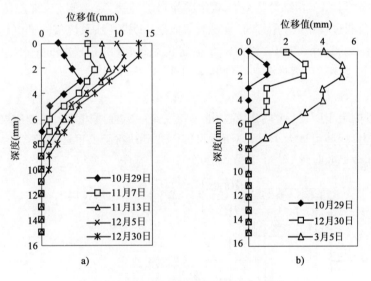

图 7-5　围护桩体和土体深层侧向位移曲线

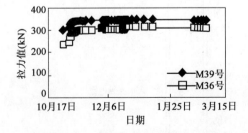

图 7-6　锚杆拉力时程曲线

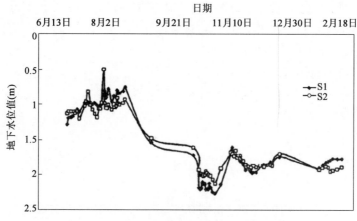

图7-7　地下水位的时程曲线

7）结语

各项监测内容均未达到预警值,说明基坑是安全稳定的。

二、边坡工程监测实例

基于常规仪器与GPS相结合的全自动化遥控边坡监测系统,目前,常规监测方法存在自动化程度不高,监测过程中人为因素影响较大等问题。另外,该系统集同轴电缆时间域反射仪(Time Domain Reflectometry,TDR)和精密全球定位系统(Global Positioning System,GPS)等高技术于一体,从而使得其功能具有独特性和全面性。

1.监测系统的构成

系统的组成取决于所设计的系统的功能。该系统一方面可以用来监测边坡表面和土体内位移、孔隙水压力、现场雨量大小、滑裂面位置等边坡滑动有关的重要参数;另一方面可实现全自动化的监测和数据的收集、存储、发送、分析的功能。自动化监测系统的构成如图7-8所示。

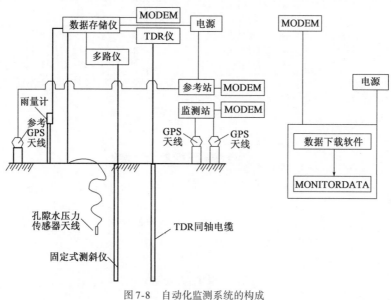

图7-8　自动化监测系统的构成

2. 现场试验及结果分析

为了验证该边坡监测系统的有效性，在香港新界香港大学嘉道理农业研究中心的一人工填土边坡上进行了试验，如图7-9～图7-13所示。该边坡由松散的完全风化花岗岩（CDG）材料填筑，施工过程中不夯实，最大填土高度4.5m，建在一倾角12°的山坡上，占地面积9m×11.7m，上面有9m×4m的加载平台，人工填土边坡倾角为33°。填土边坡还采用2排共8个7m长的土钉加固。该填土边坡将在平台上逐步加载，直到产生滑裂面、破坏为止。

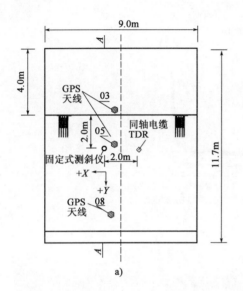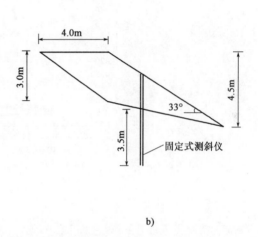

a)　　　　　　　　　　　　　　　　　b)

图7-9　在香港新界一人工填土边坡上的全自动斜坡监测仪的布置图
a)平面图；b)A-A剖面图

图7-10　在香港新界一人工填土边坡上的全自动　　　图7-11　在香港新界一人工填土边坡的全自动
斜坡监测仪的布置照片（破坏前）　　　　　　　　斜坡监测仪的布置照片（破坏后）

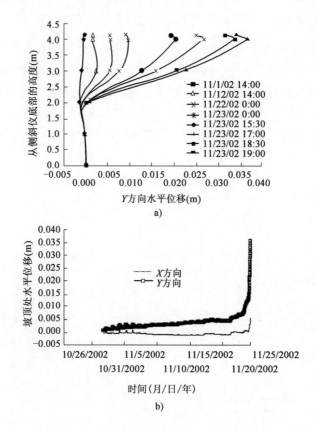

图 7-12　固定式测斜仪对实测的位移与时间的变化

a)沿原位测斜仪孔的不同时间的位移变化曲线;b)测斜仪顶部(边坡表面)的位移变化曲线(Y下坡方向为正)

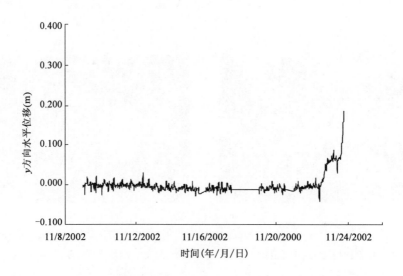

图 7-13　用精密全球定位系统(GPS A03 号点)实测的表面位移(2002.5.13 – 11.23)

3. 小结

上面介绍了自动化边坡遥控监测系统构成、集成的有关方法,同时也将应用的成果进行了描述和讨论。监测试验已经完成,监测数据验证该系统的优越性和实用性。该系统工作性能稳定、可靠,实现了全自动化的数据收集、存储、发送、分析等全过程,极大地方便了该系统的使用者。特别是在系统中嵌入了多天线 GPS,拓展了 GPS 的应用空间,降低了应用成本,具有极好的工程应用前景。

思考题与习题

7.1　边坡工程监测的目的是什么?

7.2　边坡工程监测的内容和方法、监测项目包括哪些?

7.3　边坡的变形监测、应力监测与地下水监测具体监测哪些内容?

7.4　边坡变形监测断面与测点布置主要内容有哪些?

7.5　简要说明何谓 3S 技术? 在边坡工程监测中如何发挥 3S 技术所起的作用?

第八章　边坡支护设计与施工

第一节　概　　述

　　边坡支护结构形式有很多,各有不同的适用范围,其分类方法也有很多种,一般可按照结构形式、建筑材料、施工条件及所处的环境等条件进行划分。按其结构形式和受力特点可分为重力式挡土墙、悬臂式挡土墙、扶壁式挡土墙、加筋土挡墙、土钉墙、锚定板式挡墙、框架预应力锚杆挡墙、锚杆挡土墙、悬臂式排桩挡墙、单支点和多支点排桩、抗滑桩等形式;按照建筑材料划分可分为砖、石砌、混凝土、钢筋混凝土、土体锚固体系等;按照环境条件可分为一般地区、浸水地区和地震区等。

　　边坡支护结构作为一种结构物,其类型各式各样,其适用条件取决于支挡位置的地形、工程地质条件、水文地质条件、建筑材料、支护结构的用途、施工方法、技术经济条件和当地工程经验的积累等因素。本章主要介绍重力式、扶壁式和悬臂式挡土墙三种支护形式,如图 8-1 所示。边坡支护结构近几年来在国内铁路、公路等建设工程中已经大量选用。工程实践证明,该结构具有较好的社会效益和经济效益。

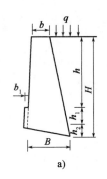 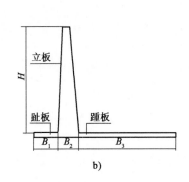 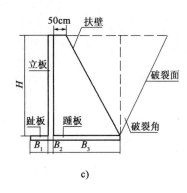

图 8-1　重力式、悬臂式和扶壁式挡土墙
a)俯斜式挡土墙;b)直立式挡土;c)扶壁式挡土墙

第二节　重力式挡土墙

一、一般规定

根据墙背倾斜情况,重力式挡墙可分为俯斜式挡墙、直立式挡墙、仰斜式挡墙等类型,如

图 8-2 所示。采用重力式挡墙时,土质边坡高度不宜大于 10m,岩质边坡高度不宜大于 12m。对变形有严格要求或开挖土石方可能危及边坡稳定的边坡不宜采用重力式挡墙,开挖土石方危及相邻建筑物安全的边坡不应采用重力式挡墙。重力式挡墙类型应根据使用要求、地形、地质和施工条件等综合考虑确定。

重力式挡土墙的墙背,可做成仰斜、垂直、俯斜、凸形折线和衡重式等形式。仰斜墙背[图 8-2a)]所受的土压力小,故墙身断面较经济。墙身与开挖面边坡较贴合,故开挖量与回填量均较小,但当墙趾处地面横坡较陡时,会使墙身增高,断面增大,故仰斜墙背适用于路堑墙及墙趾处地面平坦的路肩墙或路堤墙。仰斜墙背的坡度不宜缓于 1:0.3,以免造成施工困难。挡土墙的构造必须满足强度和稳定性的要求,同时考虑就地取材、结构合理、断面经济、施工养护的方便与安全。常用的重力式挡土墙,一般是由墙身、基础、排水设施和伸缩缝等部分组成。

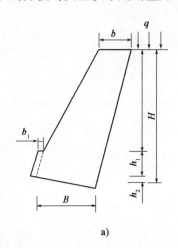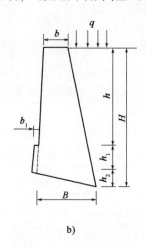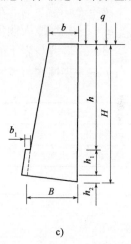

图 8-2　常见挡土墙示意图
a)仰斜式;b)俯斜式;c)直立式

俯斜墙背[图 8-2b)]所受的土压力较大。在地面横坡陡峻时,俯斜式挡土墙可采用陡直的墙面,借以减小墙高。俯斜墙背也可做成台阶形,以增加墙背与填料间的摩擦力。

垂直墙背[图 8-2c)]的特点介于仰斜和俯斜墙背之间。

二、重力式挡土墙设计

挡土墙在墙后填土土压力作用下,必须具有足够的整体稳定性和结构的强度。设计时应验算挡土墙在荷载作用下,沿基底的滑动稳定性,绕墙趾转动的倾覆稳定性和地基的承载力。当基底下存在软弱土层时,应当验算该土层的滑动稳定性。在地基承载力较小时,应考虑采用工程措施,以保证挡土墙的稳定性。

1.抗滑稳定性验算

重力式挡墙的抗滑移稳定性应按下列公式计算(图 8-3):

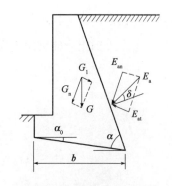

图 8-3　挡墙抗滑移稳定性验算

$$F_s = \frac{(G_n + E_{an})\mu}{E_{at} - G_t} \geqslant 1.3 \tag{8-1}$$

$$G_n = G\cos\alpha_0 \tag{8-2}$$

$$G_t = G\sin\alpha_0 \tag{8-3}$$

$$E_{at} = E_a\sin(\alpha - \alpha_0 - \delta) \tag{8-4}$$

$$E_{an} = E_a\cos(\alpha - \alpha_0 - \delta) \tag{8-5}$$

式中：E_a——每延米主动岩土压力合力(kN/m)；

F_s——挡墙抗滑移稳定系数；

G——挡墙每延米自重(kN/m)；

α——挡墙与墙底水平投影的夹角(°)；

α_0——挡墙底面倾角(°)；

δ——墙背与岩土的摩擦角(°)，可按表8-1选用；

μ——挡墙底与地基岩土体的摩擦系数，宜由试验确定，也可按表8-2选用。

土对挡土墙墙背的摩擦角 δ 表8-1

挡土墙情况	摩擦角 δ	挡土墙情况	摩擦角 δ
墙背平滑，排水不良	$(0.00 \sim 0.53)\varphi$	墙背很粗糙，排水良好	$(0.50 \sim 0.67)\varphi$
墙背粗糙，排水良好	$(0.33 \sim 0.50)\varphi$	墙背与填土间不可能滑动	$(0.67 \sim 1.00)\varphi$

岩土与挡墙底面摩擦系数 μ 表8-2

岩 土 类 别		摩擦系数 μ
黏性土	可塑	$0.20 \sim 0.25$
	硬塑	$0.25 \sim 0.30$
	坚硬	$0.30 \sim 0.40$
粉土		$0.25 \sim 0.35$
中砂、粗砂、砾砂		$0.35 \sim 0.40$
碎石土		$0.40 \sim 0.50$
极软岩、软岩、较软岩		$0.40 \sim 0.60$
表面粗糙的坚硬岩、较硬岩		$0.65 \sim 0.75$

2. 抗倾覆稳定性验算

重力式挡土墙的抗倾覆稳定性应按下列公式进行验算(图8-4)：

$$F_t = \frac{Gx_0 + E_{az}x_f}{E_{ax}z_f} \geqslant 1.6 \tag{8-6}$$

$$E_{ax} = E_a\sin(\alpha - \delta) \tag{8-7}$$

$$E_{az} = E_a\cos(\alpha - \delta) \tag{8-8}$$

$$x_f = b - z\cot\alpha \tag{8-9}$$

$$z_f = z - b\tan\alpha_0 \tag{8-10}$$

式中：F_t——挡墙抗倾覆稳定系数；

b——挡墙底面水平宽度(m);

x_0——挡墙中心到墙趾的水平距离(m);

z——岩土压力作用点到墙踵的竖直距离(m)。

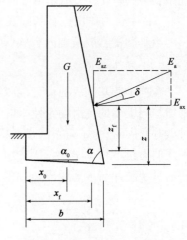

图 8-4 挡墙抗倾覆稳定性验算

3. 增加抗倾覆稳定性的方法

为增加抗倾覆稳定性,应采取加大稳定力矩和减小倾覆力矩的办法。

(1)展宽墙趾

在墙趾处展宽基础以增加稳定力臂,是增加抗倾覆稳定性的常用方法。但在地面横坡较陡处,会由此引起墙高的增加。

(2)改变墙面及墙背坡度

改缓墙面坡度可增加稳定力臂,改陡俯斜墙背或改缓仰斜墙背可减少土压力。

(3)改变墙身断面类型

当地面横坡较陡时,应使墙胸尽量陡立。这时可改变墙身断面类型,如改用卸载台式墙或者墙后假设卸荷板等,以减少土压力并增加稳定力矩。

4. 基地承载力验算

作用于基底的合力偏心距 e_0 为:

$$e_0 = \frac{b}{2} - z_n \tag{8-11}$$

$$z_n = \frac{Gx_0 + E_{az}Z_f - E_{ax}X_f}{G + E_{aZ}} \tag{8-12}$$

$$p_{\substack{\max \\ \min}} = \frac{G + E_y}{b}\left(1 \pm \frac{6e_0}{b}\right) \tag{8-13}$$

$$p_{\max} \leqslant 1.2f_a \tag{8-14}$$

在偏心荷载作用下,基底的最大和最小法向应力应满足:

$$\frac{p_{\max} + p_{\min}}{2} \leqslant f_a \tag{8-15}$$

式中:f_a——修正后的地基承载力特征值(kN/m^2);

z_n——基底竖向合力对墙趾的力臂(m);

b——基底宽度(m);

e_0——合力偏心距(m);

$p_{\max}$——基础底面边缘的最大压应力设计值;

$p_{\min}$——基础底面边缘的最小压应力设计值;

G——基础自重设计值和基础上的土重标准值。

当偏心距 $e > b/6$ 时,$p_{\max}$ 按下式计算:

$$p_{\max} = \frac{2(E_{az} + G)}{3la} \tag{8-16}$$

式中:l——垂直于力矩作用方向的基础底面边长;

　　a——合力作用点至基础底面最大压应力边缘的距离。

当基础受力层范围内有软弱下卧层时,应验算其顶面压应力。

5. 设置凸榫基础

在挡土墙基础底面设置混凝土凸榫,与基础连成整体,利用榫前土体所产生的被动土压力来增加挡土墙的抗滑稳定性,如图 8-5 所示。为了增加榫前被动阻力,应使榫前被动土楔不超过墙趾。同时,为了防止因设凸榫而增大墙背的主动土压力,应使凸榫后缘与墙踵的连线同水平线的夹角不超过 φ 角。因此应将整个凸榫置于通过墙趾并与水平线成 $45° - \varphi/2$ 角的直线和通过墙踵并与水平线成 φ 角的直线所形成的三角形范围内。

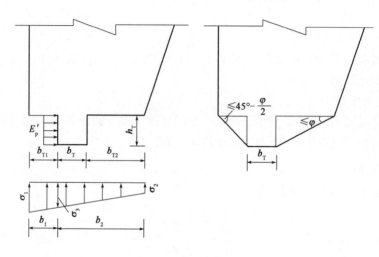

图 8-5　墙底凸榫设置

设置凸榫后的抗滑稳定系数为:

$$F_s = \frac{\dfrac{\sigma_2 + \sigma_3}{2}b_2\mu + h_T\sigma_p}{E_{ax}} \tag{8-17}$$

当 $\beta = 0$(填土表面水平),$\alpha = 0$(墙背垂直),$\delta = 0$(墙背光滑)时,榫前的单位被动土压力 σ_p 按朗金(Rankine)理论计算:

$$\sigma'_p = \gamma z \tan^2\left(45° + \frac{\varphi}{2}\right) \approx \frac{\sigma_2 + \sigma_3}{2}\tan^2\left(45° + \frac{\varphi}{2}\right) \tag{8-18}$$

考虑到产生全部被动土压力所需要的墙身位移量大于墙身设计所允许的位移量,为工程安全所不允许,因此有关规范规定,凸榫前的被动土压力按朗金被动土压力的 1/3 采用,即

$$\sigma_p = \frac{1}{3}\sigma'_p \qquad E'_p = \sigma_p h_T \tag{8-19}$$

在榫前 b_{T1} 宽度内,因已考虑了部分被动土压力,故未计其基底摩阻力。

按照抗滑稳定性的要求,在式(8-17)中取 $F_s = [F_s]$,即可得出凸榫高度 h_T 的计算式:

$$h_T = \frac{[F_s]E_x - \dfrac{\sigma_2 + \sigma_3}{2}b_2\mu}{\sigma_p} \tag{8-20}$$

凸榫宽度 b_T 根据以下两方面的要求进行计算,取其大者。

①根据凸榫根部截面的抗拉强度计算:

$$b_T = \sqrt{\frac{6M_T}{f_t}} = \sqrt{\frac{3h_T^2 \sigma_p}{f_t}}$$ (8-21)

②根据凸榫根部截面的抗剪强度计算:

$$b_T = \frac{\sigma_p h_T}{f_t}$$ (8-22)

式中:f_t——混凝土抗拉强度设计值(kPa)。

6.墙身承载力验算

(1)构件受压承载力按下式计算:

$$N \leqslant \varphi f A$$ (8-23)

式中: N——荷载设计值产生的轴向力;

A——墙体单位长度截面积;

f——砌体抗压强度设计值;

φ——高厚比 β 和轴向力的偏心距 e 对受压构件承载力的影响系数,按下式计算:

当 $\beta \leqslant 3$ 时

$$\varphi = \frac{1}{1 + 12\left(\dfrac{e}{h}\right)^2}$$ (8-24)

当 $\beta > 3$ 时

$$\varphi = \frac{1}{1 + 12\left[\dfrac{e}{h} + \sqrt{\dfrac{1}{12}\left(\dfrac{1}{\varphi_0} - 1\right)}\right]^2}$$ (8-25)

式中: e——按荷载标准值计算的轴向力偏心距,不宜超过 $0.7y$;

β——构件的高厚比,对矩形截面 $\beta = H_0/h$;

H_0——受压构件的计算高度;

h——轴向力偏心方向的边长;

y——截面重心到轴向力所在方向截面边缘的距离;

φ_0——轴心受压稳定系数,$\varphi_0 = \dfrac{1}{1 + 0.0015\beta^2}$。

当 $0.7 \leqslant e \leqslant 0.95y$ 时,除按上式进行验算外,并按正常使用极限状态验算:

$$N_k \leqslant \frac{f_{tk}A}{\dfrac{Ae}{W} - 1}$$ (8-26)

式中: N_k——轴向力标准值;

f_{tk}——砌体抗拉强度标准值;

W——截面抵抗矩;

e——按荷载标准值计算的偏心距,并不宜超过 $0.7y$。

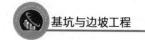

当 $e \geq 0.95y$ 时,按下式进行计算:

$$N \leq \frac{f_t A}{\dfrac{Ae}{W} - 1} \tag{8-27}$$

式中:f_t——砌体抗拉强度设计值。

(2)受剪承载力按下式计算:

$$V \leq (f_v + 0.18\sigma_k)A \tag{8-28}$$

式中:V——剪力设计值;

f_v——砌体抗剪强度设计值;

σ_k——恒载标准值产生的平均压应力,但仰斜式挡土墙不考虑其影响,其他符号同上。

三、重力式挡土墙的构造

重力式挡墙材料可使用浆砌块石、条石、毛石混凝土或素混凝土。块石、条石的强度等级不应低于 MU30,砂浆强度等级不应低于 M5.0;混凝土强度等级不应低于 C15。

重力式挡墙基底可做成逆坡。对土质地基,基底逆坡坡度不宜大于 1:10;对岩质地基,基底逆坡坡度不宜大于 1:5。

挡墙地基表面纵坡大于 5% 时,应将基底设计为台阶式,其最下一级台阶底宽不宜小于 1.00m。

块石或条石挡墙的墙顶宽度不宜小于 400mm,毛石混凝土、素混凝土挡墙的墙顶宽度不宜小于 200mm。

重力式挡墙的基础埋置深度,应根据地基稳定性、地基承载力、冻结深度、水流冲刷情况以及岩石风化程度等因素确定。在土质地基中,基础最小埋置深度不宜小于 0.50m,在岩质地基中,基础最小埋置深度不宜小于 0.30m。基础埋置深度应从坡脚排水沟底算起。受水流冲刷时,埋深应从预计冲刷底面算起。

位于稳定斜坡地面的重力式挡墙,其墙趾最小埋入深度和距斜坡面的最小水平距离应符合表 8-3 的规定。

斜坡地面墙趾最小埋入深度和距斜坡地面的最小水平距离(m) 表 8-3

地基情况	最小埋入深度（m）	距斜坡地面的最小水平距离（m）	地基情况	最小埋入深度（m）	距斜坡地面的最小水平距离（m）
硬质岩石	0.60	0.60 ~ 1.50	土质	1.00	3.00
软质岩石	1.00	1.50 ~ 3.00			

重力式挡墙的伸缩缝间距,对条石、块石挡墙宜为 20 ~ 25m,对混凝土挡墙宜为 10 ~ 15m。在挡墙高度突变处及与其他建(构)筑物连接处应设置伸缩缝,在地基岩土性状变化处应设置沉降缝。沉降缝、伸缩缝的缝宽宜为 20 ~ 30mm,缝中应填塞沥青麻筋或其他有弹性的防水材料,填塞深度不应小于 150mm。

挡墙后面的填土,应优先选择抗剪强度高和透水性较强的填料。当采用黏性土作填料时,宜掺入适量的砂砾或碎石,不应采用淤泥质土、耕植土、膨胀性黏土等软弱有害的岩土体作为填料。

挡墙的防渗与泄水布置应根据地形、地质、环境、水体来源及填料等因素分析确定。挡墙后的填土地表应设置排水良好的地表排水系统。

第三节　悬臂式挡土墙

一、一般规定

悬臂式挡土墙设计的一般规定如下：

(1)钢筋混凝土悬臂式挡土墙宜在石料缺乏、地基承载力较低的路堤地段采用。

(2)悬臂式挡土墙高度不宜大于6m,当墙高大于4m时,宜在墙面板前和墙踵板相交处加纵向肋。

(3)悬臂式挡土墙的基础埋置深度应符合下列要求：

①一般情况下不小于1.0m。

②当冻结深度不大于1.0m时,在冻结深度线以下不小于0.25m(弱冻胀土除外)同时不小于1.0m。当冻结深度大于1.0m,不小于1.25m时,还应将基底至冻结线下0.25m深度范围内的地基土换填为弱冻胀土或不冻胀土。

③受水流冲刷时,在冲刷线下不小于1.0m。

④在软质岩层地基上,不小于1.0m。

(4)其他规定：

①伸缩缝的间距不应小于20m。在基底的地层变化处,应设置沉降缝。伸缩缝和沉降缝可合并设置。其缝宽均采用2~3cm。缝内填塞沥青麻筋或沥青木板,塞入深度不得小于0.2m。

②挡土墙上应设置泄水孔,按上下左右每隔2~3m交错布置。孔径一般为$\phi50~\phi100mm$,泄水孔的坡度为4%向墙外为下坡,其进水侧应设置反滤层,厚度不得小于0.3m。在最低一排泄水孔的进水口下部应设置隔水层,在地下水较多的地段或有大股水流处,应加密泄水孔或加大其尺寸,其出水口下部应采取保护措施。

③当墙背填料为细粒土时,应在最低排泄水孔至墙顶以下0.5m高度以内,填筑不小于0.3m厚的砂砾石或土工合成材料作为反滤层。反滤层的顶部与下部应设置隔水层。

④墙身混凝土强度等级不宜低于C30,受力钢筋直径不应小于12mm。

⑤墙后填土应在墙身混凝土强度达到设计强度的70%后方可进行,填料应分层夯实,反滤层应在填筑过程中及时施作。

二、悬臂式挡土墙设计

1.墙身截面尺寸的拟定

根据构造要求,参考以往成功的设计,初步拟定出试算的墙身截面尺寸,墙高 H 是根据工程需要而确定的;墙顶宽可选用20cm。墙背取竖直面,墙面取 1:0.02~1:0.05 斜坡坡度的倾斜面,因而定出立壁的截面尺寸。

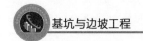

底板在与立臂相接处厚度为$(1/12 \sim 1/10)H$,而墙趾板与墙踵板端部厚度不小于30cm;其宽度B可近似取$(0.6 \sim 0.8)H$,当地下水位高或软弱地基时,B值应增大。

1)墙踵板长度的估算

墙踵板长度的确定应以满足墙体抗滑稳定性的需要为原则,如图8-6所示,即:

$$K_\text{c} = \frac{\mu \sum G}{E_\text{ax}} \geqslant 1.3 \tag{8-29}$$

当有凸榫时

$$K_\text{c} = \frac{\mu \sum G}{E_\text{ax}} \geqslant 1.0 \tag{8-30}$$

式中:K_c——滑动稳定系数;

　　μ——底板与地基土之间相互作用的摩擦系数;

　　E_ax——主动土压力水平分力(kN/m);

　　$\sum G$——墙身自重力、墙踵板以上第二破裂面(或假想墙背)与墙背之间的土体自重力和土压力的竖向分量之和(kN),一般情况下墙趾板上的土体重力将忽略。

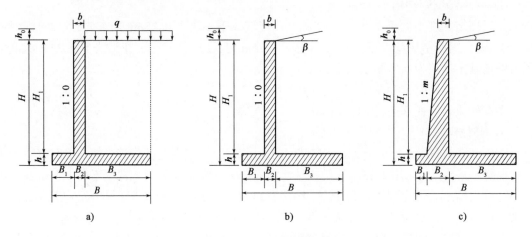

图8-6 墙踵板长度计算简图

①当立臂墙顶填土面有均布活荷载q、且立臂面坡度为零时,如图8-6a)所示,可将均布荷载q转化为具有墙后填土性质的等代土层厚度h_0,并考虑到墙趾板上一般无荷载作用,因而不考虑墙趾板长度B_1范围内的抗滑效应,则:

$$B_3 = \frac{K_\text{c} E_\text{ax}}{\mu (H + h_0) \eta \gamma} - B_2 \tag{8-31}$$

式中:γ——填土重度(kN/m^3);

　　h_0——均布活荷载q的等代土层厚度(m);

　　E_ax——主动土压力竖向分力(kN/m);

　　K_c——抗滑安全系数;

　　η——重度修正系数,由于未考虑墙趾板及其上部土重对抗滑动的作用,因而将填土的重度根据不同的γ和μ提高$3\% \sim 20\%$,见表8-4。

重 度 修 正 系 数　　　　　　　　　　　　表 8-4

重度 γ	摩擦系数 μ								
(kN/m³)	0.30	0.35	0.40	0.45	0.50	0.60	0.70	0.84	1.00
16	1.07	1.08	1.09	1.10	1.12	1.13	1.15	1.17	1.20
18	1.05	1.06	1.07	1.08	1.09	1.11	1.12	1.14	1.16
20	1.03	1.04	1.04	1.05	1.06	1.07	1.08	1.10	1.12

②当立臂墙顶填土面与水平线呈 β 角,立臂面坡的坡度为零时,如图 8-6b)所示。

$$B_3 = \frac{K_c E_{ax} - \mu E_{az}}{\mu \cdot (H + \frac{1}{2}B_3 \tan\beta)\eta\gamma} \tag{8-32}$$

③当立臂墙顶填土面与水平线呈 β 角,且立臂面坡的坡度为 1∶m 时,上两式应加上立臂面坡修正长度 ΔB_3,如图 8-6c)所示。

$$\Delta B_3 = \frac{1}{2}mH_1 \tag{8-33}$$

2)墙趾板长度

(1)当立臂墙顶填土面有均布活荷载 q,且立臂面坡度为零时,如图 8-6a)所示,墙趾板长度为:

$$B_1 = \frac{0.5\mu H(2\sigma_0 + \sigma_H)}{K_c(\sigma_0 + \sigma_H)} - 0.25(B_2 + B_3) \tag{8-34}$$

其中,$\sigma_0 = \gamma h_0 K$;$\sigma_H = \gamma H K$。

(2)当立臂墙顶填土面与水平线呈 β 角,立臂面坡的坡度为零时,如图 8-6b)所示,墙趾板长度为:

$$B_1 = \frac{0.5(H + B_3 \tan\beta)}{K_c} - 0.25(B_2 + B_3) \tag{8-35}$$

如果由 $B = B_1 + B_2 + B_3$ 计算出的墙体底板基底应力 σ 大于修正后的地基承载力特征值 f_a,即 $\sigma > f_a$,或偏心距 $e > B/6$ 时,应采取加宽基础的方法加大 B_1,使其满足要求。

2. 土压力计算

对挡土墙后填土面的有关荷载,如铁路列车活载、公路汽车荷载以及其他地面堆载等均可简化为按等效的均布荷载,再将其转化为具有墙后填土性质的等代土层厚度 h_0,由此来计算作用于挡土墙上的土压力。

(1)按库仑理论计算

用墙踵下缘与立臂板上边缘连线作为假想墙背,按库仑公式计算,如图 8-7 所示。此时,墙背摩擦角 δ 值取土的内摩擦角 φ,ρ 应为假想墙背的倾角;计算 $\sum W$ 时,要计入墙背与假想墙背之间 $\triangle ADB$ 的土体自重力。

(2)按朗肯理论计算

用墙踵的竖直面作为假想墙背,如图 8-7b)所示。

$$E_a = \frac{1}{2}\gamma H^2 K_a \left(1 + \frac{2h_0}{H}\right) \tag{8-36}$$

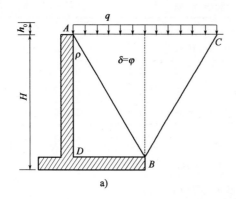 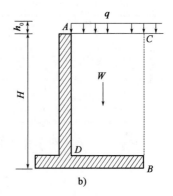

图 8-7 悬臂式挡土墙土压力计算简图

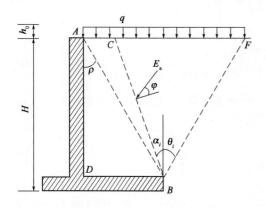

图 8-8 墙背出现第二破裂面的情况

式中：$K_a = \tan^2\left(45° - \dfrac{\varphi}{2}\right)$。

（3）按第二破裂面理论计算

当墙踵下边缘与立板上边缘连线的倾角大于临界角时，在墙后填土中将会出现第二破裂面，则应按第二破裂面理论计算。稳定计算时，应记入第二破裂面与墙背之间的土体作用（图 8-8）。

$$E_a = \frac{1}{2}\gamma H^2 K_b\left(1 + \frac{2h_0}{H}\right) \tag{8-37}$$

$$K_b = \frac{\tan^2\left(45° - \dfrac{\varphi}{2}\right)}{\cos\left(45° + \dfrac{\varphi}{2}\right)} \tag{8-38}$$

$$\alpha_i = \theta_i = 45° - \frac{\varphi}{2} \tag{8-39}$$

3. 墙体内力计算

（1）内壁的内力

立臂为固定在墙底板上的悬臂梁，主要承受墙后的主动土压力与地下水压力。假定不考虑墙前土压力作用，而立臂厚度较薄，自重可略去不计，立臂按悬臂梁受弯构件计算。根据立臂受力情况，如图 8-9 所示，各截面的剪力、弯矩方程为：

$$V_{1z} = \frac{(\sigma_1 + \sigma_2)\left(1 - \dfrac{z}{H_1}\right)z}{2} + \sigma_{1z} \tag{8-40}$$

$$M_{1z} = \frac{z^2}{6}\left[2\sigma_1 + \sigma_2 - (\sigma_2 - \sigma_1)\frac{z}{H_1}\right] \tag{8-41}$$

式中：V_{1z}、M_{1z}——z 深度立臂截面的剪力（kN/m）、弯矩（kN·m/m）；

σ_1、σ_2、σ_{1z}——立臂顶、底面与 z 深度处的立臂侧压力（kPa/m）。

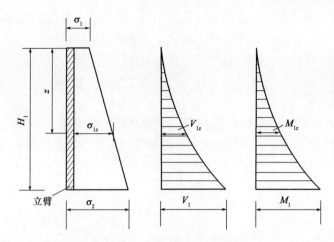

图 8-9　立壁结构内力计算简图

（2）墙踵板的内力

墙踵板是以立臂底端为固定端的悬臂梁。墙踵板上作用有第二破裂面（或假想墙背）与墙背之间的土体（含其上的列车、汽车等活载）的自重力、墙踵板自重力、主动土压力的竖直分量、地基反力、地下水浮托力、板上水重和静水压力等荷载作用。在不考虑地下水作用时，其内力计算简图如图 8-10 所示。

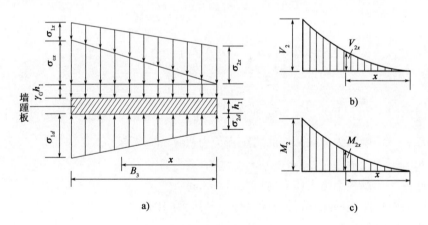

图 8-10　踵板结构内力计算简图

$$V_{2x} = \frac{\left[2\gamma_{G}h_1 + \sigma_{cx} + \sigma_{1x} + \sigma_{2x} - (\sigma_{1d} + \sigma_{2d}) \right]\left(1 - \dfrac{x}{B_3}\right)x}{2} + (\gamma_{G}h_1 + \sigma_{2x} - \sigma_{2d})x \quad (8\text{-}42)$$

$$M_{2x} = \frac{x^2}{6}\left[3\gamma_{G}h_1 + \sigma_{cx} + \sigma_{1x} + 2\sigma_{2x} - (\sigma_{1d} + 2\sigma_{2d}) - \left[\sigma_{cx} + \sigma_{1x} - \sigma_{2x} - (\sigma_{1d} - \sigma_{2d}) \right]\frac{x}{B_3} \right]$$

$$(8\text{-}43)$$

式中：V_{2x}、M_{2x}——距墙踵为 x 截面处的墙踵板剪力（kN/m）、弯矩（kN·m/m）；

　　　　γ_{G}——钢筋混凝土墙踵板的重度（kN/m³）；

　　　　h_1——墙踵板的厚度（m）；

σ_{1x}、σ_{2x}——出现第二破裂面或假想墙背上土压力的竖直分量(kPa/m);

σ_{cx}——当第二破裂面出现时第二破裂面与墙踵板之间土体自重应力(kPa/m);

σ_{1d}、σ_{2d}——墙踵板后缘、前缘处地基压力(kPa/m);

B_3——墙踵板长度(m)。

(3)墙趾板的内力

墙趾板的内力计算类似于墙踵板,被视为以立臂底端为固定端的悬臂梁。墙踵板上作用有墙趾板自重、上覆土体自重应力、地基反力等荷载作用。在不考虑地下水作用时,其内力计算简图如图8-11所示。

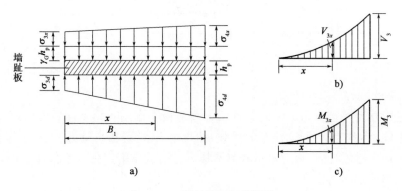

图8-11 趾板结构内力计算简图

$$V_{3x} = \frac{\left[2\gamma_G h_p + \sigma_{3x} + \sigma_{4x} - (\sigma_{3d} + \sigma_{4d})\right]\left(1 - \dfrac{x}{B_1}\right)x}{2} + (\gamma_G h_p + \sigma_{3x} - \sigma_{3d})x \quad (8-44)$$

$$M_{3x} = \frac{x^2}{6}\left\{3\gamma_G h_p + 2\sigma_{3x} + \sigma_{4x} - (2\sigma_{3d} + \sigma_{4d}) - \left[(\sigma_{4x} + \sigma_{3x}) - (\sigma_{4d} + \sigma_{3d})\right]\frac{x}{B_1}\right\} \quad (8-45)$$

式中:V_{3x}、M_{3x}——距墙趾为x截面处的墙趾板剪力(kN/m)、弯矩($kN \cdot m/m$);

h_p——墙趾板的厚度(m);

σ_{3x}、σ_{4x}——墙趾板上覆土体自重应力(kPa/m);

σ_{3d}、σ_{4d}——墙趾板前缘、墙踵板后缘处地基压力(kPa/m);

B_1——墙趾板长度(m)。

4.凸榫设计

(1)凸榫位置

为使榫前被动土压力能够完全形成,墙背主动土压力不致因设置凸榫而增大,必须将整个凸榫置于过墙趾与水平成$45° - \varphi/2$角及通过墙踵与水平成φ角的直线所包围的三角形范围内,如图8-12所示。因此,凸榫位置、高度和宽度必须符合下列要求:

$$B_{T1} \geqslant h_T \tan\left(45° + \frac{\varphi}{2}\right) \quad (8-46)$$

$$B_{T2} = B - B_{T1} - B_T \geqslant h_T \cos\varphi \quad (8-47)$$

凸榫前侧距墙趾的最小距离$B_{T1\min}$:

$$B_{T1\min} \geqslant B - \sqrt{B\left\{ B - \frac{2K_cE_x - B\mu\sigma_1}{\sigma_1\left[\cot(45° + \frac{\varphi}{2}) - \mu\right]} \right\}} \tag{8-48}$$

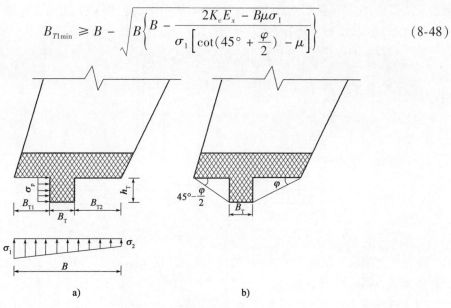

图 8-12　凸榫的结构设计

（2）凸榫高度

$$h_T = \frac{K_cE_x - \frac{(B - B_{T1})(\sigma_2 + \sigma_3)\mu}{2}}{\sigma_p} \tag{8-49}$$

$$\sigma_p = \frac{\sigma_2 + \sigma_3}{2}\tan^2(45° + \frac{\varphi}{2}) \tag{8-50}$$

其中：σ_1、σ_2、σ_3——墙趾、墙踵及凸榫前缘处基底的压应力；

　　　其余符号意义同前。

（3）凸榫宽度

$$B_T = \sqrt{\frac{3.5KM_T}{f_t}} \tag{8-51}$$

其中：

$$M_T = \frac{h_T}{2}\left[K_cE_x - \frac{(B - B_{T1})(\sigma_2 + \sigma_3)\mu}{2} \right] \tag{8-52}$$

式中：K——混凝土受弯构件的强度设计安全系数，取 2.65；

　　　M_T——凸榫所承受的总弯矩（kN·m/m）；

　　　f_t——混凝土抗拉设计强度（MPa）。

5. 墙身钢筋混凝土配筋设计

（1）立臂配筋设计

经计算，已确定钢筋的面积。钢筋的设计则是确定钢筋直径和钢筋的布置。立臂受力钢筋沿内侧竖直放置，一般钢筋直径不小于 12mm，底部钢筋间距一般采用 100~150mm。因立臂承受弯矩越向上越小，可根据材料图将钢筋切断。当墙身立臂较高时，可将钢筋分别在不同高度分两次切断，仅将 1/4~1/3 受力钢筋延伸到板顶。顶端受力钢筋间距不应大于 500mm。

钢筋切断部位,应在理论切断点以上再加一钢筋锚固长度,而其下端插入底板一个锚固长度。锚固长度 L_a 一般取$(25 \sim 30) d$(d 为钢筋直径)。悬臂式挡土墙配筋如图 8-13 所示。

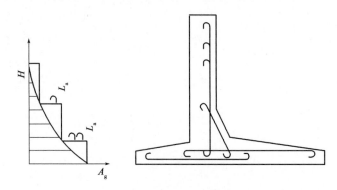

图 8-13　悬臂式挡土墙配筋

在水平方向也应配置不小于 $\phi6$ 的分布钢筋,其间距不大于 $400 \sim 500\text{mm}$,截面积不小于立臂底部受力钢筋的 10%。

对于特别重要的悬臂式挡土墙,在立臂的墙面一侧和墙顶,也按构造要求配置少量钢筋或钢丝网,以提高混凝土表层抵抗温度变化和混凝土收缩的能力,防止混凝土表层出现裂缝。

(2)底板配筋设计

墙踵板受力钢筋,设置在墙踵板的顶面。受力筋一端插入立臂与底板连接处以左不小于一个锚固长度;另一端按材料图切断,在理论切断点向外伸出一个锚固长度。

墙趾板的受力钢筋,应设置于墙趾板的底面。该筋一端伸入墙趾板与立臂连接处以右不小于一个锚固长度,另一端一半延伸到墙趾,另一半在 $B_1/2$ 处再加一个锚固长度处切断。配筋如图 8-13 所示。

在实际设计中,常将立臂的底部受力钢筋 $1/2$ 或全部弯曲作为墙趾板的受力钢筋。立臂与墙踵板连接处最好做成贴角予以加强,并配以构造筋,其直径与间距可与墙踵板钢筋一致,底板也应配置构造钢筋。钢筋直径及间距均应符合有关规范的规定。

(3)裂缝宽度验算

悬臂式挡土墙的立臂和底板,按受弯构件设计。除构件正截面受弯承载能力、斜截面承载力需要验算之外,还要进行裂缝宽度验算。其最大裂缝宽度可按下列公式计算:

$$w_{\max} = \alpha_{cr} \psi \frac{\sigma_{sk}}{E_s} \left(1.9c + 0.08 \frac{d_{eq}}{\rho_{te}} \right) \tag{8-53}$$

$$\begin{cases} \psi = 1.1 - 0.65 \dfrac{f_{tk}}{\rho_{te}\sigma_{sk}} \\[2mm] d_{eq} = \dfrac{\sum n_i d_i^2}{\sum n_i v_i d_i} \\[2mm] \rho_{te} = \dfrac{A_s + A_p}{A_{te}} \\[2mm] \sigma_{sk} = \dfrac{M_k}{0.87 h_0 A_s} \end{cases} \tag{8-54}$$

式中: α_{cr}——构件受力特征系数,对于钢筋混凝土受弯构件取 2.1;

ψ——裂缝间纵向受拉钢筋应变不均匀系数,当 $\psi < 0.2$ 时,取 $\psi = 0.2$;当 $\psi > 1$ 时,取 $\psi = 1$。对直接承受重复荷载的构件,取 $\psi = 1$;

σ_{sk}——按荷载效应标准组合计算的钢筋混凝土构件纵向受拉钢筋的应力(kPa);

E_s——钢筋弹性模量(kPa);

c——最外层纵向受拉钢筋外边缘至受拉区底边的距离(m);

ρ_{te}——按有效受拉混凝土截面面积计算的纵向受拉钢筋配筋率,当 $\rho_{te} < 0.01$ 时,取 $\rho_{te} = 0.01$;

f_{tk}——混凝土轴心抗拉强度标准值(kPa);

A_{te}——有效受拉混凝土截面面积(m^2);

A_s——受拉区纵向钢筋截面面积(m^2);

d_{eq}——受拉区纵向钢筋的直径(m); d_i 为受拉区第 i 种纵向钢筋的直径(m);

d_i——受拉区第 i 种纵向钢筋的直径(m);

n_i——受拉区第 i 种纵向钢筋的根数;

v_i——受拉区第 i 种纵向钢筋的相对黏结特性系数,光面钢筋取 0.7,螺纹钢筋取 1.0;

M_k——按荷载效应标准组合计算的弯矩值(kN·m);

h_0——截面的有效高度(m)。

钢筋面积计算可按下列公式计算:

$$A_s = \frac{f_{ck}}{f_y} b h_0 \left(1 - \sqrt{1 - \frac{2M}{f_{ck} b h_0^2}} \right) \tag{8-55}$$

式中: f_{ck}——混凝土轴心抗压强度标准值(kPa);

f_y——钢筋的抗拉强度设计值(kPa);

b——截面宽度,取单位长度(m);

M——截面设计弯矩(kN·m)。

三、悬臂式挡土墙的构造

1. 立臂

悬臂式挡土墙是由立臂、墙趾板和墙踵板三部分组成。为便于施工,立臂内侧(即墙背)做成竖直面,外侧(即墙面)可做成坡度为 1:0.02~1:0.05 的斜坡,具体坡度值将根据立臂的强度和刚度要求确定。当挡土墙墙高不大时,立臂可做成等厚度。墙顶的最小厚度通常采用 20cm。当墙较高时,宜在立臂下部将截面加厚。

2. 墙趾板和墙踵板

墙趾板和墙踵板一般水平设置,通常做成变厚度,底面水平,顶面则自与立臂连接处向两侧倾斜。当墙身受抗滑稳定控制时,多采用凸榫基础。

墙踵板长度由墙身抗滑稳定验算确定,并具有一定的刚度。靠近立臂处厚度一般取为墙

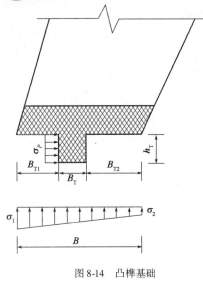

图8-14 凸榫基础

高的 $1/12 \sim 1/10$，且不应小于30cm。

墙趾板的长度应根据全墙的倾覆稳定、基底应力（即地基承载力）和偏心距等条件来确定，其厚度与墙踵板相同。通常底板的宽度 B 由墙的整体稳定来决定，一般可取墙高度 H 的 $0.6 \sim 0.8$ 倍。当墙后地下水位较高，且地基承载力为很小的软弱地基时，B 值可能会较大增加。

3. 凸榫

为提高挡土墙抗滑稳定性，底板可设置凸榫，如图8-14所示。凸榫的高度，应根据凸榫前土体的被动土压力能够满足全墙的抗滑稳定要求而定。凸榫的厚度除了满足混凝土的抗剪和抗弯的要求以外，为了便于施工，还不应小于30cm。

第四节　扶壁式挡土墙

一、一般规定

扶壁式挡土墙设计的一般规定：

(1)钢筋混凝土扶壁式挡土墙,宜在石料缺乏或地基承载力较低的路堤地段采用。装配式的扶壁式挡土墙不宜在不良地质地段或地震动峰值加速度为0.2g及以上地区采用。

(2)扶壁式挡土墙高度不宜大于10m。

(3)扶壁式挡土墙的基础埋置深度应符合下列要求：

①一般情况下不小于1.0m。

②当冻结深度不大于1.0m时,在冻结深度线以下不小于0.25m(弱冻胀土除外)同时不小于1.0m。当冻结深度大于1.0m,不小于1.25m时,还应将基底至冻结线下0.25m深度范围内的地基土换填为弱冻胀土或不冻胀土。

③受水流冲刷时,在冲刷线下不小于1.0m。

④在软质岩层地基上,不小于1.0m。

(4)其他规定：

①伸缩缝的间距不应小于20m。在基底的地层变化处,应设置沉降缝。伸缩缝和沉降缝可合并设置。其缝宽均采用 $2 \sim 3$cm。缝内填塞沥青麻筋或沥青木板,塞入深度不得小于0.2m。

②挡土墙上应设置泄水孔,按上下左右每隔 $2 \sim 3$m 交错布置。孔径一般为 $\phi50 \sim \phi100$mm,泄水孔的坡度为4%向墙外为下坡,其进水侧应设置反滤层,厚度不得小于0.3m。在最低一排泄水孔的进水口下部应设置隔水层,在地下水较多的地段或有大股水流处,应加密

泄水孔或加大其尺寸,其出水口下部应采取保护措施。

③当墙背填料为细粒土时,应在最低排泄水孔至墙顶以下 0.5m 高度以内,填筑不小于 0.3m 厚的砂砾石或土工合成材料作为反滤层。反滤层的顶部与下部应设置隔水层。

④墙身混凝土强度等级不宜低于 C30,受力钢筋直径不应小于 12mm。

⑤墙后填土应在墙身混凝土强度达到设计强度的 70% 后方可进行,填料应分层夯实,反滤层应在填筑过程中及时施作。

二、扶壁式挡土墙设计

1. 土压力的计算

同悬臂式挡土墙。

2. 墙踵板和墙趾板长度的确定

同悬臂式挡土墙。

3. 墙身内力计算

由于扶壁式挡土墙为多向结构的组合,结构类型为空间结构。在计算墙身内力时,一般采用简化的平面问题,按近似的方法计算各个构件的弯矩和剪力。

1)墙趾板

同悬臂式挡土墙。

2)墙面板

墙面板为三向固结板。在计算时,通常将墙面板沿墙高和墙长方向划分为若干个单位宽度的水平和竖直板条,分别计算两个方向的弯矩和剪力。

(1)墙面板的计算荷载

在计算墙面板的内力时,为考虑墙面板与墙踵板之间固结状态的影响,采用如图 8-15 所示的替代土压应力图形。如图 8-15 所示中,图形 afge 为按土压力公式计算的法向土压应力;有水平划线的梯形 abde 部分的土压力由墙面板传至扶壁,在墙面板的水平板条内产生水平弯矩和剪力;有竖直划线的图形 afb 部分的土压力通过墙面板传至墙踵板,在墙面板竖直板条的下部产生较大的弯矩。在计算跨中水平正弯矩时,采用图形 abde,在计算扶壁两侧固结端水平负弯矩时,采用图形 abce。

$$\sigma_{pj} = \frac{\sigma_{H1}}{2} + \sigma_0 \tag{8-56}$$

式中:σ_{H1}——墙面板底端由填料引起的法向土压应力(kPa);

σ_0——均布荷载引起的法向土压应力(kPa)。

(2)墙面板的水平内力

在计算时,假定每一水平板条为支承在扶壁上的连续梁,荷载沿板条按均匀分布,其大小等于该板条所在深度的法向土压应力。各板条的弯矩和剪力按连续梁计算,其计算方法见《建筑结构设计手册》(静力计算)。为了简化设计,也可按图 8-16 中给出的弯矩系数,计算受力最大板条跨中和扶壁两端的弯矩和剪力,然后按此弯矩和剪力配筋。其中:

跨中正弯矩:

$$M_{\text{中}} = \frac{\sigma_{\text{pj}}L^2}{20} \tag{8-57}$$

扶壁两端负弯矩：

$$M_{\text{端}} = -\frac{\sigma_{\text{pj}}L^2}{12} \tag{8-58}$$

式中：$M_{\text{中}}$、$M_{\text{端}}$——受力最大板条跨中和扶壁两端的弯矩；

L——扶壁之间的净距；

σ_{pj}——墙面板受力最大板条的法向土压应力。

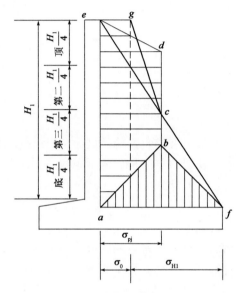

图 8-15 墙面板的等代土压应力

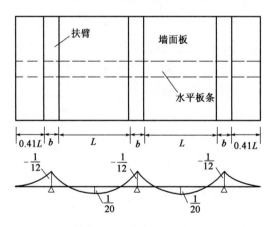

图 8-16 墙面板的水平弯矩

水平板条的最大剪力发生在扶壁的两端，其值可假设等于两扶壁之间水平板条上法向土压力之和的 $1/2$。受力最大板条扶壁两端的剪力为：

$$V_{\text{端}} = -\frac{\sigma_{\text{pj}}L}{2} \tag{8-59}$$

（3）墙面板的竖直弯矩

作用于墙面板的土压力（图8-15中的 afb 部分），在墙面板内产生竖直弯矩。

墙面板跨中竖直弯矩沿墙高的分布如图8-17a）所示。负弯矩使墙面板靠填土一侧受拉，发生在墙面板的下 $H_1/4$ 范围内，最大负弯矩位于墙面板的底端，其值按下述经验公式计算：

$$M_底 = -(0.03\sigma_{pj} + \sigma_0)H_1L \tag{8-60}$$

式中：$M_底$——墙面板底端的竖直负弯矩；

　　H_1——墙面板的高度。

最大正弯矩位于墙面板的下 $H_1/4$ 分点附近，其值等于最大竖直负弯矩的1/4。板的上 $H_1/4$ 处弯矩为零。

墙面板竖直弯矩沿墙长方向呈抛物线分布，如图8-17b）所示，设计时，可采用中部 $2L/3$ 范围内的竖直弯矩不变，两端各 $L/6$ 范围内的竖直弯矩较跨中减少1/2的简化办法。

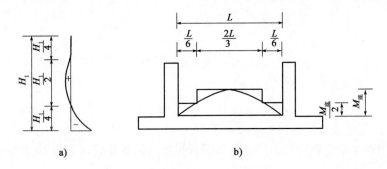

图8-17　墙面板的竖直弯矩

3）墙踵板

（1）墙踵板的计算荷载

作用于墙踵板的外力，除了作用在悬臂式挡土墙墙踵板上四种外力以外，尚须考虑墙趾板弯矩在墙踵板上引起的等代荷载。

墙趾板弯矩引起的等代荷载的竖直压应力可假设为抛物线分布，如图8-18a）所示。该应力图形在墙踵板内缘点的应力为零，墙踵处的应力可根据等代荷载对墙踵板内缘点的力矩与墙趾板弯矩 M_{3B} 相等的原则求得，即：

$$\sigma = \frac{2.4M_{3B}}{B_3^2} \tag{8-61}$$

式中：M_{3B}——墙趾板在与墙面板衔接处的弯矩；

　　B_3——墙踵板的长度。

将上述荷载在墙踵板上引起的竖直压应力叠加，即可得到墙踵板的计算荷载，如图8-18b）所示。图中 CD（或 $CD'E$）为叠加后作用于墙踵板的竖直压应力。由于墙面板对墙踵板的支撑约束作用，在墙踵板与墙面板衔接处，墙踵板沿墙长方向板条的弯曲变形为零，向墙踵方向变形逐渐增大，故可近似地假设墙踵板的计算荷载为三角形分布，如图8-18b）中的 CFE。墙踵处的竖直压应力为：

$$\sigma_{w} = \sigma_{y2} + \gamma_{k}h_{1} - \sigma_{2} + 2.4\frac{M_{3B}}{B_{3}^{2}} \qquad (8\text{-}62)$$

式中：σ_{y2}——墙踵处的竖直土压应力；

  γ_{k}——钢筋混凝土的重度；

  h_{1}——墙踵板的厚度；

  σ_{2}——墙踵处地基压力。

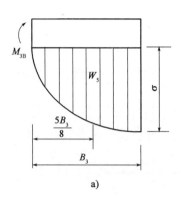 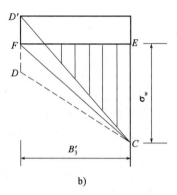

图 8-18　墙面板的计算荷载

（2）墙踵板的内力计算

由于假设了墙踵板与墙面板为铰支连接，作用于墙面板的水平土压力主要通过扶壁传至墙踵板，故不计算墙踵板横向板条的弯矩和剪力。

墙踵板纵向板条弯矩和剪力的计算与墙面板相同。计算荷载取墙踵板的计算荷载即可。

4）扶壁

扶壁承受相邻两跨墙面板中点之间的全部水平土压力，扶壁自重和作用于扶壁的竖直土压力可忽略不计。另外，虽然在计算墙面板内力时，考虑图 8-15 中图形 afb 所示的土压力通过墙面板传至墙踵板，但在计算扶壁内力时，可不考虑这一影响。各截面的弯矩和剪力按悬臂梁计算，计算方法与悬臂式挡土墙的立板相同。

5）墙身钢筋混凝土配筋设计

扶壁式挡土墙的墙面板、墙趾板和墙踵板按一般受弯构件（板）配筋，扶壁按变截面的 T 形梁配筋。

（1）墙趾板

同悬臂式挡土墙。

（2）墙面板

①水平受拉钢筋

墙面板的水平受拉钢筋分为内侧和外侧钢筋两种。

内侧水平受拉钢筋 N_{2}，布置在墙面板靠填土的一侧，承受水平负弯矩。该钢筋沿墙长方向的布置情况如图 8-18b）所示；沿墙高方向的布筋，从图 8-15 所示的计算荷载 $abde$ 图形可以看出，距墙顶 $H_{1/4}$ 至 $7H_{1/8}$ 范围，按第三个 $H_{1/4}$ 墙高范围板条（即受力最大板条）的固端负弯矩 $M_{端}$ 配筋，其他部分按 $M_{端}/2$ 配筋，如图 8-19a）所示。

外侧水平受拉钢筋 N_3，布置在中间跨墙面板临空一侧，承受水平正弯矩。该钢筋沿墙长方向通长布置，如图 8-19 所示，但为了便于施工，可在扶壁中心切断，沿墙高方向的布筋，从图 8-15 所示的计算荷载 $abce$ 图形可以看出，从距墙顶 $H_{1/8}$ 至 $7H_{1/8}$ 范围，应按图中 $H_{1/2}$ 墙高范围板条也即受力最大板条的跨中正弯矩 M 中配筋。如图 8-19 中所示其他部分按 $M_{中}/2$ 配筋。

②竖直纵向受力钢筋

墙面板的竖直纵向受力钢筋，也分为内侧和外侧钢筋两种。

内侧竖直受力钢筋布置在墙面板靠填土一侧，承受墙面板的竖直负弯矩。该钢筋向下伸入墙踵板不少于一个钢筋锚固长度，向上在距墙踵板顶面 $H_{1/4}$ 加钢筋锚固长度处切断，如图 8-19a) 所示。沿墙长方向的布筋从图 8-19b) 可以看出，在跨中 $2L/3$ 范围内按跨中的最大竖直负弯矩 $M_{底}$ 配筋，其两侧各 $L/6$ 部分按 $M_{端}/2$ 配筋。两端悬出部分的竖直内侧钢筋可参照上述原则布置。

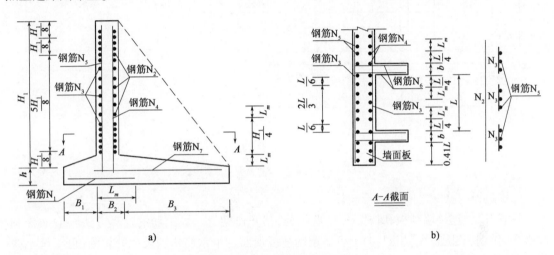

图 8-19　墙面板钢筋布置示意图

外侧竖直受力钢筋 N_3，布置在墙面板的临空一侧，承受墙面板的竖直正弯矩，按 $M_{底}/4$ 配筋。该钢筋可通长布置，兼做墙面板的分布钢筋之用。

③墙面板与扶壁之间的 U 形拉筋

钢筋 N_6［图 8-19b)］为连接墙面板和扶壁的水平 U 形拉筋，其开口朝扶壁的背侧。该钢筋的每一肢承受宽度为拉筋间距的水平板条的板端剪力 $V_{端}$，在扶壁的水平方向通长布置［图 8-20a)］。

（3）墙踵板

①顶面横向水平钢筋

墙踵板顶面横向水平钢筋，是为了使墙面板承受竖直负弯矩的钢筋 N_4 得以发挥作用而设置。该钢筋位于墙踵板顶面，并与墙面板垂直，如图 8-20a) 所示，承受与墙面板竖直最大负弯矩相同的弯矩。钢筋 N_7 沿墙长方向的布置与 N_4 相同，在垂直于墙面板方向，一端伸入墙面板一个钢筋锚固长度，另一端延长至墙踵，作为墙踵板顶面纵向受拉钢筋 N_8 的定位钢筋。如果钢筋 N_7 较密，其中 $1/2$ 可以在距墙踵板内缘 $B3/2$ 加钢筋锚固长度处切断。

钢筋 N_8 和 N_9(图 8-20)为墙踵板顶面和底面的纵向水平受拉钢筋,承受墙踵板扶壁两端负弯矩和跨中正弯矩。该钢筋沿墙长方向的切断情况与 N_2 和 N_3 相同;在垂直墙面板方向,可将墙踵板的计算荷载划分为 2~3 个分区,每个分区按其受力最大板条的法向压应力配置钢筋。

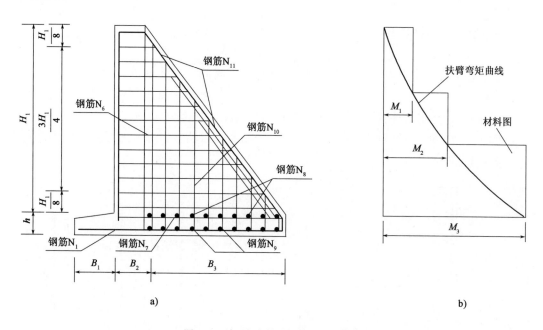

图 8-20　墙踵板与扶壁钢筋布置示意图

②墙踵板与扶壁之间的 U 形拉筋

钢筋 N_{10} 为连接墙踵板和扶壁的 U 形拉筋,其开口朝上。该钢筋的计算方法与墙面板和扶壁之间的水平拉筋 N_6 相同;向上可在距墙踵板顶面一个钢筋锚固长度处切断,也可延至扶壁顶面,作为扶壁两侧的分布钢筋之用;在垂直墙面板方向的分布与墙踵板顶面的纵向水平钢筋 N_8 相同。

(4)扶壁

钢筋 N_{11} 为扶壁背侧的受拉钢筋。在计算 N_{11} 时,通常近似地假设混凝土受压区的合力作用在墙面板的中心处。扶壁背侧受拉钢筋的面积可按下式计算:

$$A_s = \frac{M}{f_y h_0 \cos\theta} \tag{8-63}$$

式中:A_s——扶壁背侧受力钢筋面积;

　　　M——为计算截面的弯矩;

　　　f_y——钢筋的抗拉强度设计值;

　　　h_0——扶壁背侧受拉钢筋重心至墙面板中心的距离;

　　　θ——扶壁背侧受拉钢筋与竖直方向的夹角。

在配置钢筋 N_{11} 时,一般根据扶壁的弯矩图[图 8-20b)]选择取 2~3 个截面,分别计算所需受拉钢筋的根数。为了节省混凝土,钢筋 N_{11} 可按多层排列,但不得多于 3 层,而且钢筋间距必须满足规范的要求,必要时可采用束筋。各层钢筋上端应在按计算不需要此钢筋的截面处向上延长一个钢筋锚固长度,下端埋入墙底板的长度不得少于钢筋的锚固长度,必要时可将钢筋沿横向弯入墙踵板的底面。

三、扶壁式挡土墙的构造

扶壁式挡土墙由墙面板、墙趾板、墙踵板和扶壁组成,通常还设置凸榫。墙趾板和凸榫的构造与悬臂式挡土墙相同。

墙面板通常为等厚的竖直板,与扶壁和墙路板固结相连。其厚度,低墙决定于板的最小厚度,高墙则根据配筋要求确定。墙面板的最小厚度与悬臂式挡土墙相同。

墙踵板与扶壁的连接为固结,与墙面板的连接考虑铰接较为合适,其厚度的确定方式与悬臂式挡土墙相同。

扶壁为固结于墙踵板的 T 形变截面悬臂梁,墙面板可视为扶壁的翼缘板。扶壁的经济间距与混凝土钢筋、模板和劳动力的相对价格有关,应根据试算确定,一般为墙高的 1/3 ~ 1/2。其厚度取决于扶壁背面配筋的要求,通常为两扶壁间距的 1/8 ~ 1/6,但不得小于 30cm。

扶壁两端墙面板悬出端的长度,根据悬臂端的固端弯矩与中间跨固端弯矩相等的原则确定,通常采用两扶壁间净距的 0.41 倍。

第五节 边坡支护工程实例

工程实例一:兰州某扶壁式挡墙工程实例

拟建围墙位于兰州某小区 1 号地块南侧在建围墙休息平台处。原设计为框架预应力锚杆支护,后变更设计为 C30 扶壁式挡土墙。扶壁式挡土墙是一种钢筋混凝土薄壁式挡土墙,相对于框架预应力锚杆支护其主要特点是构造简单、施工方便,墙身断面较小,自身质量轻,可以较好地发挥材料的强度性能,能适应承载力较低的地基,适用于缺乏石料及地震地区。一般在较高的填方路段采用来稳定路堤,以减少土石方工程量和占地面积。扶壁式挡土墙,断面尺寸较小,踵板上的土体重力可有效地抵抗倾覆和滑移,竖板和扶壁共同承受土压力产生的弯矩和剪力。该案例中设计墙高 4.50 ~ 9.75m,填料内摩擦角 $\varphi = 30°$,填料重度 $\gamma = 20kN/m^3$,黏聚力 $c = 16.8kPa$,扶壁式挡墙配筋如图 8-21 所示。

工程实例二:西宁某衡重式挡墙工程实例

西宁某中学由于学校操场边坡原土钉墙支护工程出现裂缝、地表渗水等现象,已影响到边坡的安全和正常使用,需对操场西侧边坡进行长久性支护。边坡设计要求安全合理、经济美观。边坡支护设计采用衡重式挡土墙方案。

衡重式挡土墙的最大优点是可利用衡重平台上的填土重,使得墙身整体重心后移,使基底应力趋于均衡,增加墙身的稳定性,这样可适当提高挡土的高度。衡重式挡土墙照片、断面见图 8-22、图 8-23。

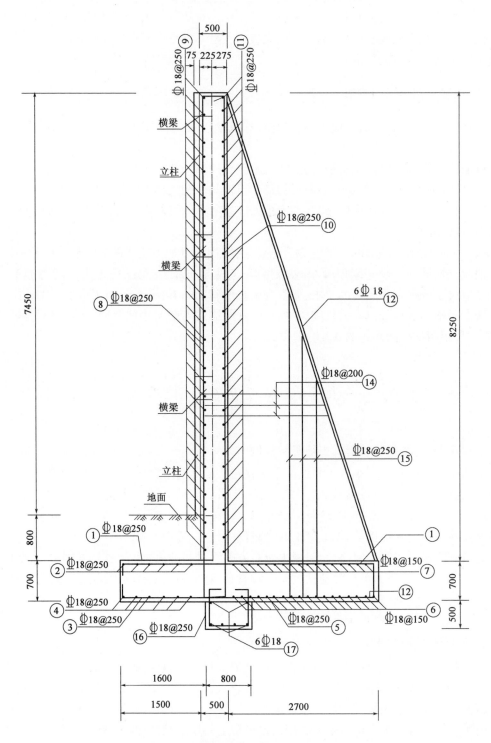

图 8-21　扶壁式挡墙配筋图(尺寸单位:mm)

图 8-22　衡重式挡墙

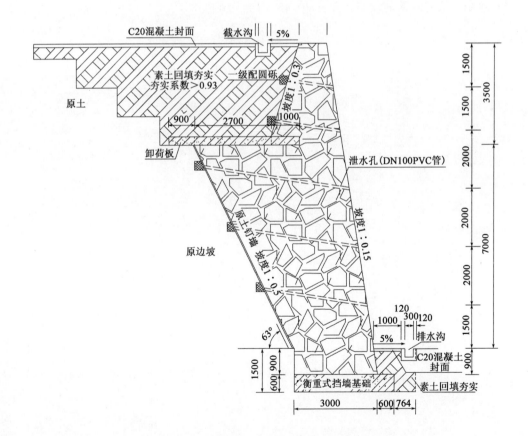

图 8-23　衡重式挡土墙断面示意图(尺寸单位:mm)

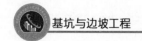 **思考题与习题**

8.1 边坡工程与基坑工程有哪些异同?

8.2 简述边坡工程的一般设计原则。

8.3 试从墙背、排水沟构造设置等因素分析,简述提高重力式挡土墙稳定性的主要措施。

8.4 试分析凸榫的作用及其设计方法。

8.5 简述悬臂式挡土墙的立臂、墙踵板、墙趾板的内力计算方法。

8.6 分析扶壁式挡土墙墙面板的内力分布特点、计算方法及配筋特点。

8.7 简述重力式、悬臂式与扶壁式挡土墙的适用范围及土压力计算方法及区别。

8.8 设计一墙高为 6m,采用 M10 水泥砂浆砌筑的毛石挡墙。墙后填土为水平填筑,即 $\beta = 0$,土的重度 $\gamma = 16.5\text{kN/m}^3$,内摩擦角 $\varphi = 22°$,黏聚力 $c = 13\text{kPa}$,与墙背摩擦角 $\delta = 0$,基础底面与地基的摩擦系数 $\mu = 0.45$。

8.9 设计一无石料地区挡土墙,墙背填土与墙前地面高差为 5m,填土表面水平,上有均布荷载 $p_k = 15\text{kN/m}^2$,地基承载力特征值为 120kN/m^2,填土的重度 $\gamma = 17.5\text{kN/m}^3$,内摩擦角 $\varphi = 25°$,基础底面与地基的摩擦系数 $\mu = 0.45$,墙背竖直光滑。

参 考 文 献

[1] 郭院成.基坑支护[M].郑州：黄河水利出版社，2012.

[2] 孔德森，吴燕开.基坑支护工程[M].北京：冶金工业出版社，2012.

[3] 姜晨光.基坑工程理论与实践[M].北京：化学工业出版社，2009.

[4] 刘宗仁，刘雪雁.基坑工程[M].哈尔滨：哈尔滨工业大学出版社，2008.

[5] 刘国彬，王卫东.基坑工程手册[M].2 版.北京：中国建筑工业出版社，2009.

[6] 济南大学，江苏省第一建筑安装有限公司，中国京冶工程技术有限公司，等.GB 50739—2011　复合土钉墙基坑支护技术规范[S].北京：中国计划出版社，2012.

[7] 朱彦鹏，罗晓辉，周勇.支挡结构设计[M].北京：高等教育出版社，2008.

[8] 郑善义.框架预应力锚杆支护结构的设计与分析研究[D].兰州：兰州理工大学，2007.

[9] 陈肇元，崔京浩.土钉支护在基坑工程中的应用[M].2 版.北京：中国建筑工业出版社，2000.

[10] 陈忠达.公路挡土墙设计[M].北京：人民交通出版社，1999.

[11] 陈忠汉，黄书秩，程丽萍.深基坑工程[M].2 版.北京：机械工业出版社，2003.

[12] 赵明阶，何光春，王多垠.边坡工程处治技术[M].北京：人民交通出版社，2004.

[13] 中华人民共和国行业标准编写组.JGJ 120—2012　建筑基坑支护技术规程[S].北京：中国建筑工业出版社，2012.

[14] 中华人民共和国行业标准编写组.GB 50330—2013　建筑边坡工程技术规范[S].北京：中国建筑工业出版社，2013.

本书配套数字教学资源

序号	资源类型	资源名称	简介	来源	时长	页码
1	视频 1	甘肃省甘谷县第一中学体育场边坡加固工程现场钻孔施工视频	视频主要演示了粉质黏土层边坡工程现场采用潜孔钻机进行钻孔的全过程	原创制作	01 分 47 秒	54
2	视频 2	兰州市庙滩子整体改造工程 7 号地块基坑工程钻孔施工视频	视频主要演示了砂卵石层基坑工程现场采用潜孔钻机＋跟管进行钻孔的全过程	原创制作	05 分 57 秒	54
3	视频 3	兰州市庙滩子整体改造工程 7 号地块基坑混凝土灌注桩开挖施工	视频主要演示了在富含地下水的第三系砂岩层中现场进行混凝土灌注桩开挖施工的过程	原创制作	01 分 37 秒	79
4	视频 4	兰州市庙滩子整体改造工程 7 号地块基坑支护桩护壁施工	视频主要演示了在富含地下水的第三系砂岩层中现场进行支护桩护壁施工的过程	原创制作	00 分 26 秒	79
5	视频 5	兰州理工大学后家属院 1 号地块边坡预应力锚索现场张拉实验(1)	视频主要演示了黄土边坡工程现场进行预应力锚索张拉前准备工作过程	原创制作	00 分 37 秒	152
6	视频 6	兰州理工大学后家属院 1 号地块边坡预应力锚索现场张拉实验(2)	视频主要演示了黄土边坡工程现场进行预应力锚索张拉的全过程	原创制作	02 分 27 秒	152